太湖流域水环境综合治理规划研究

——以苏州市为例

STUDY ON INTEGRATED WATER ENVIRONMENT MANAGEMENT PLANNING OF THE TAIHU LAKE BASIN

— A CASE STUDY OF SUZHOU CITY

金文龙 周 静 张金萍 编著

河海大学出版社

HOHAI UNIVERSITY PRESS

·南京·

图书在版编目(CIP)数据

太湖流域水环境综合治理规划研究 ：以苏州市为例 / 金文龙，周静，张金萍编著. -- 南京 ：河海大学出版社，2024. 12.（2025.7 重印）-- ISBN 978-7-5630-9511-7

Ⅰ. X143

中国国家版本馆 CIP 数据核字第 2025ZN0248 号

书　　名　太湖流域水环境综合治理规划研究——以苏州市为例
　　　　　　TAIHU LIUYU SHUIHUANJING ZONGHE ZHILI GUIHUA YANJIU—YI SUZHOUSHI WEI LI

书　　号　ISBN 978-7-5630-9511-7

责任编辑　杜文渊

文字编辑　李河沐

特约校对　李　浪　杜彩平

装帧设计　王娜娜

出版发行　河海大学出版社

地　　址　南京市西康路 1 号(邮编:210098)

网　　址　http://www.hhup.com

电　　话　(025)83737852(总编室)　(025)83787763(编辑室)
　　　　　　(025)83722833(营销部)

经　　销　江苏省新华发行集团有限公司

排　　版　南京布克文化发展有限公司

印　　刷　广东虎彩云印刷有限公司

开　　本　787 毫米×1092 毫米　1/16

印　　张　19.5

字　　数　400 千字

版　　次　2024 年 12 月第 1 版

印　　次　2025 年 7 月第 2 次印刷

定　　价　98.00 元

目　录

第一章

苏州市水资源概况

第一节　水资源现状

一、降雨与蒸发

（一）降雨

根据《苏州市水资源公报》，2015—2019 年，全市降雨量空间分布基本均衡，时间上来看，2015 年和 2016 年降雨量较大，与水资源总量变化趋势基本一致。2015—2019 年苏州市降雨量详见表 1.1、图 1.1。

表 1.1　2015—2019 年苏州市降雨量

年份	降雨量(亿 m^3)
2015	132.00
2016	141.20
2017	94.69
2018	104.70
2019	93.20

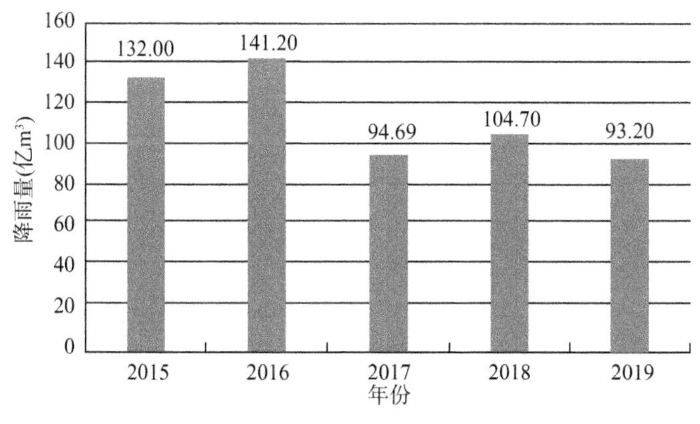

图 1.1　2015—2019 年苏州市降雨量情况

(二)蒸发

苏州市范围内有枫桥、西山和瓜泾口三个蒸发站,多年平均蒸发量(E601 型蒸发器)925 mm,其中汛期蒸发量 552 mm,约占全年蒸发量的 60%。

二、水资源总量

现状水平年选择 2019 年,典型水文年根据 1951 年以来年降雨量排频结果确定,推荐典型水文年如下:丰水年选 2014 年(保证率为 27.5%),平水年选 2011 年(保证率为 47.8%),枯水年选 2013 年(保证率为 75.4%),特枯年选 1997 年(保证率为 89.9%)。

根据《苏州市水资源公报》,2007—2019 年苏州市水资源总量(地表水资源量、地下水资源量)详见表 1.2。

表 1.2 2007—2019 年苏州市水资源总量①

年份	地表水资源量(亿 m^3)	地下水资源量(亿 m^3)	重复计算量(亿 m^3)	水资源总量(亿 m^3)	典型水文年
2007	27.48	9.436	5.866	31.07	
2008	32.64	9.207	5.807	36.04	
2009	40.95	9.552	6.032	44.47	
2010	26.44	8.944	5.554	29.83	
2011	27.09	8.245	5.105	30.23	平水年
2012	31.81	8.98	5.291	35.5	
2013	19.82	8.691	4.581	23.93	枯水年
2014	43.79	8.954	5.658	47.08	丰水年
2015	64.28	9.721	6.542	67.46	
2016	73.84	10.22	6.432	77.63	
2017	29.91	9.661	5.761	33.81	
2018	34.72	10.26	6.453	38.53	
2019	33.295	9.580	5.911	36.964	现状水平年
多年平均	37.39	9.342	5.769	40.965	

注:1. 地下水资源量仅计算浅层地下水资源量;2. 未计算太湖水资源量。

由表 1.2 可知,2007—2019 年苏州市水资源总量除 2013 年、2015 年和 2016 年外相对稳定。

① 由于四舍五入,数据加和可能存在微小差异,后同。

三、出入境水资源量

根据《苏州市水资源公报》，2007—2019 年苏州市出、入境水资源量如表 1.3、图 1.2 所示。2015 年，苏州市出境水资源量与入境水资源量差距最大，主要是由于 2015 年降水量丰沛，区域内本地产水量较大。

表 1.3　2007—2019 年苏州市出、入境水资源量

年份	入境水资源量(亿 m^3)	出境水资源量(亿 m^3)	典型水文年
2007	155.8	159.3	
2008	175.6	183.9	
2009	159.2	183.1	
2010	186.6	199.4	
2011	186.9	202.3	平水年
2012	185.6	202.2	
2013	174.6	190.5	枯水年
2014	196.8	214.3	丰水年
2015	225.8	257.6	
2016	292.3	305.1	
2017	220.7	219.7	
2018	214.0	210.0	
2019	237.2	246.4	现状水平年
多年平均	200.85	213.37	

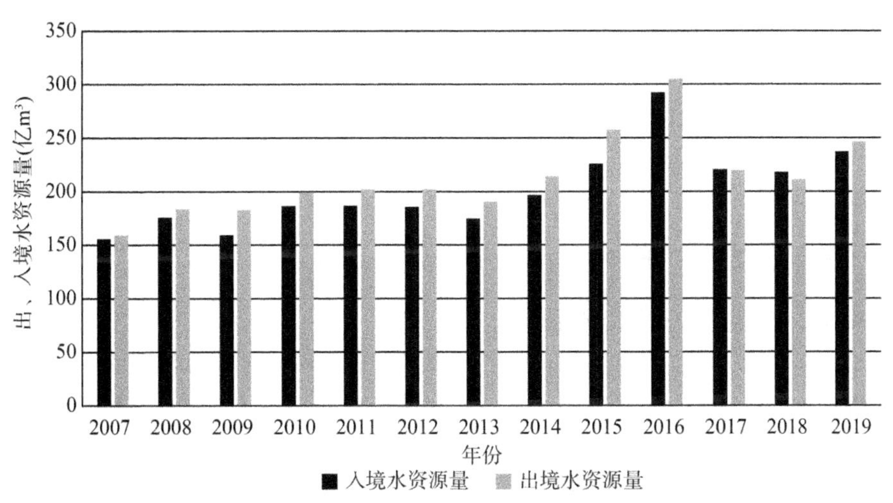

图 1.2　2007—2019 年苏州市出、入境水资源量

（一）现状水平年出、入境水资源量

现状水平年选择2019年，苏州全市入境水资源量237.2亿m^3，出境水资源量246.4亿m^3。苏州市入境水资源量主要来自太湖来水、浙江来水以及长江引水。出境水资源量主要入上海，占苏州全市出境水资源量的55.1%。2019年苏州市出入境水量详见图1.3。

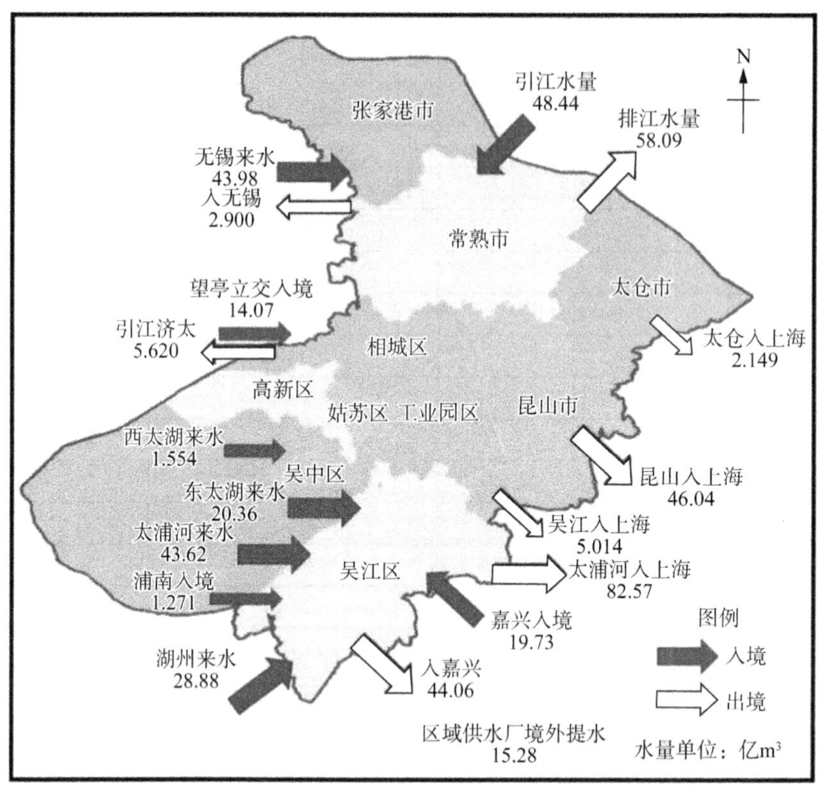

图1.3　2019年苏州市出入境水量示意图

（二）不同典型水文年出、入境水资源量

1. 丰水年出、入境水资源量

丰水年选2014年(保证率为27.5%)，苏州全市入境水资源量196.8亿m^3，出境水资源量214.3亿m^3。苏州市入境水资源量主要来自太湖来水、浙江来水以及无锡市来水。出境水资源量主要入上海，占苏州全市出境水资源量的62.8%。

2. 平水年出、入境水资源量

平水年选2011年(保证率为47.8%)，苏州全市入境水资源量186.9亿m^3，出境水资源量202.3亿m^3。苏州市入境水资源量主要来自浙江来水、太湖来水以及长江引水。出境水资源量主要入上海，占苏州全市出境水资源量的53.1%。

3. 枯水年出、入境水资源量

枯水年选2013年(保证率为75.4%)，苏州全市入境水资源量174.6亿 m^3，出境水资源量190.5亿 m^3。苏州市入境水资源量主要来自浙江来水、太湖来水以及无锡市来水。出境水资源量主要入上海，占苏州全市出境水资源量的64.1%。

(三) 多年平均出、入境水资源量

多年平均条件下，苏州全市入境水资源量200.85亿 m^3，出境水资源量213.37亿 m^3。

四、引、排长江水资源量及水质情况

(一) 引、排长江水资源量

苏州市共3个区县紧邻长江，分别为张家港市、常熟市、太仓市。每年苏州市引、排长江水资源量较大，有助于苏州市的供水安全保障及通江引排保障。2007—2019年苏州市引、排长江水资源量详见表1.4和图1.4。

表1.4　2007—2019年苏州市引、排长江水资源量

年份	引江水资源量(亿 m^3)	排江水资源量(亿 m^3)	典型水文年
2007	36.78	20.70	
2008	36.32	20.68	
2009	27.18	32.80	
2010	28.40	28.25	
2011	40.76	28.94	平水年
2012	23.36	32.47	
2013	32.39	20.66	枯水年
2014	27.04	34.31	丰水年
2015	16.02	58.55	
2016	16.01	99.73	
2017	34.21	41.81	
2018	36.93	40.22	
2019	48.44	58.09	现状水平年
多年平均	31.06	39.79	

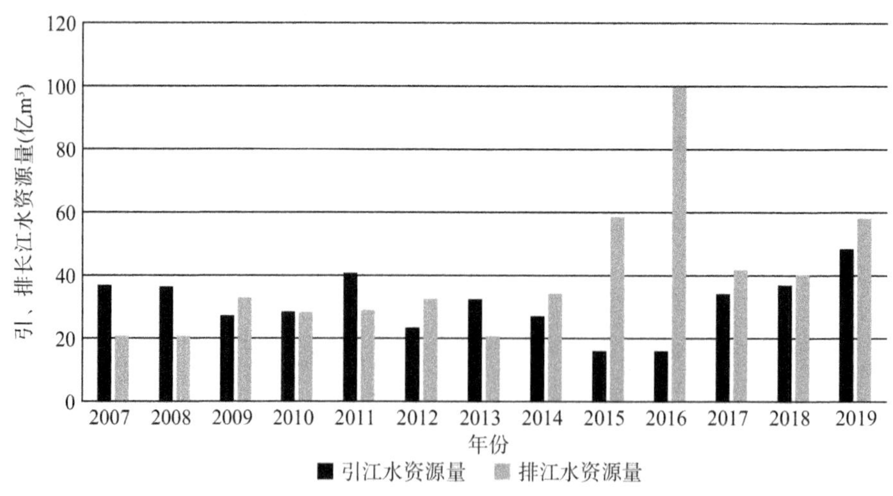

图 1.4　2007—2019 年苏州市引、排长江水资源量

（二）长江水质情况

苏州市沿江地区区域内有 2 个长江水质考核断面，分别为白茆口和浏河。根据 2018 年 1 月至 2021 年 4 月的断面水质监测数据可知，2 个断面的水质均达到Ⅱ类标准，水质达标率均为 100%。

第二节　区域供排水概况

一、供水及用水现状

（一）饮用水水源地分布及设计取水规模

苏州市共有县级以上集中式饮用水水源地（含应急备用水源地）13 个，涉及苏州张家港市、常熟市、太仓市、昆山市、吴江区、吴中区、工业园区及高新区等四市四区。

1. 张家港新海坝水源地

张家港市长江新海坝水源地属于河道型水源地，取水河道为长江。张家港市二水厂、三水厂和四水厂以长江新海坝水源地为取水水源，水源地总取水能力为 70 万 m^3/d，供水水质合格率 100%。

2. 张家港一干河新港桥水源地

张家港一干河新港桥水源地为应急水源，一干河流经张家港市锦丰镇、杨舍镇、高新区，取水口设置在沙洲湖内，分别保证第二水厂及第三水厂 5 万 m^3/d、

20 万 m^3/d 的供水量。

3. 常熟长江浒浦水源地

常熟长江浒浦水源地属于应急备用水源地，位于常浒河入江口西侧，紧邻常熟市第三自来水厂和滨江自来水厂取水泵房，工程总投资 4.6 亿元，设计等级为Ⅱ等，防洪标准 50 年一遇，围堤顶标高 7.3 m，库底高程－2.8 m（黄海高程），库区面积 1 474 亩，实际总库容 635 万 m^3，死库容 129 万 m^3，通过翻、输水泵房及根据长江潮位变化（泄水闸）来输供水。在突发性水污染情况下，可保障常熟市区 5～7 天左右的安全供水量。

4. 常熟尚湖水源地

常熟市尚湖水源地位于城区西部，紧靠虞山，湖水面积约 8 km^2，水位变化范围为 1.8～2.75 m，常年控制在 2.5 m 左右，水源补给依靠自然降水和长江引水，尚湖水源地设有江苏中法水务股份有限公司二水厂取水口，设计取水规模 9 万 m^3/d，能满足二水厂 7.5 万 m^3/d 的现状生产能力。

5. 太仓市浏河水源地

太仓市浏河水源地位于太仓市浏河镇，紧邻太仓三水厂，设计日供水量为 60 万 m^3。

6. 昆山市傀儡湖水源地

傀儡湖水源地在昆山市西部，位于阳澄湖东侧，由阳澄湖补给来水。全湖面积 6.73 km^2，蓄水量约 2 200 万 m^3，水源水质常年保持在地表水Ⅱ类标准。目前，傀儡湖水源约占昆山原水总量的 40%，长江水源占比约 60%。

7. 吴江区庙港水源地

吴江区庙港水源地位于东太湖吴江七都镇庙港社区，太浦河喇叭口南侧，与太湖北亭子港水源地一起作为集中供水水源，实行联网供水，总供水规模约 90 万 m^3/d。

8. 吴江区太湖北亭子港水源地

吴江区太湖北亭子港水源地属于应急备用水源地，位于吴江区太湖新城横扇街道，紧邻吴江区第二水厂。水源地常水位时蓄水区水面约 366.7 万 m^2，蓄水量约为 751 万 m^3，可以在吴江区遭遇水污染突发事件时，保证全区居民 14 天的基本生活用水和特别工业用水需求。

9. 吴中区太湖寺前水源地

太湖寺前水源地位于吴中区胥口镇寺前村，设计取水规模为 160 万 m^3/d，主要满足苏州吴中供水有限公司 15 万 m^3/d 吴中水厂、40 万 m^3/d 吴中新水厂和苏州工业园区清源华衍水务有限公司 45 万 m^3/d 星港街水厂等共 3 处水厂的取水生产需求。

10. 吴中区太湖渔洋山水源地

太湖渔洋山水源地位于太湖度假区渔洋山最西端，环太湖大道以西，该水源地取水规模为 45 万 m^3/d，现有规模分别为 30 万 m^3/d 和 15 万 m^3/d 的胥江水厂、新区一水厂共 2 个取水口。

11. 工业园区阳澄湖水源地

阳澄湖位于苏州相城区、工业园区和昆山市交界处，阳澄湖水源地是苏州市第二水源地，位于阳澄湖东湖南部，紧邻阳澄湖东桥及沪宁城际铁路，阳澄湖水源地为相城水厂供水 20 万 m^3/d。

12. 高新区太湖金墅港水源地

太湖金墅港水源地位于贡湖湾东南角，金墅湾河口西侧，该水源地取水规模为 60 万 m^3/d，现有规模均为 30 万 m^3/d 的白洋湾水厂和相城水厂共 2 个取水口。

13. 高新区太湖镇湖水源地

苏州市太湖镇湖水源地处于太湖东部，贡湖湾东南角，隶属于苏州高新区镇湖街道上山村，该水源地为湖库型水源地，取水设计规模为 60 万 m^3/d，满足苏州市高新区自来水有限公司(第二水厂)30 万 m^3/d 的生产需求。

2015—2019 年苏州市各饮用水水源地分布及设计取水规模见表 1.5。

表 1.5　2015—2019 年苏州市各饮用水水源地分布及设计取水规模

序号	县(市、区)	饮用水水源地	设计取水规模(万 t/a)
1	张家港市	张家港新海坝水源地	23 725
2	张家港市	张家港一干河新港桥水源地	9 125
3	常熟市	常熟长江浒浦水源地	21 900
4	常熟市	常熟尚湖水源地	2 737.5
5	太仓市	太仓市浏河水源地	21 900
6	昆山市	昆山市傀儡湖水源地	21 900
7	吴江区	吴江区庙港水源地	21 900
8	吴江区	吴江区太湖北亭子港水源地	21 900
9	吴中区	吴中区太湖寺前水源地	29 200
10	吴中区	吴中区太湖渔洋山水源地	17 520
11	工业园区	工业园区阳澄湖水源地	7 300
12	高新区	高新区太湖金墅港水源地	21 900
13	高新区	高新区太湖镇湖水源地	10 950

(二) 自来水厂年供水量变化趋势

根据 2015—2019 年苏州市水源地评估数据，2015—2019 年苏州市各自来水厂分年供水量变化情况见表 1.6 和图 1.5。

表 1.6　2015—2019 年苏州市各自来水厂分年供水量变化情况

序号	自来水厂	水源地	供水量(万 t)				
			2015 年	2016 年	2017 年	2018 年	2019 年
1	张家港市给排水公司第三、第四水厂	张家港市长江新海坝水源地	16 732.86	16 732.86	16 732.86	16 956.00	17 708.70
2	新港桥(备用)	张家港市一干河新港桥应急水源地	0	0	0	0	0
3	常熟三水厂	常熟市长江浒浦水源地	18 932.85	19 349.02	19 799.18	19 409.00	18 815.00
4	常熟二水厂	常熟市尚湖水源地	1 868.24	2 114.02	1 864.439	2 540.00	2 417.00
5	太仓三水厂	太仓市长江浏河口水源地	5 827.00	5 836.00	6 357.00	8 126.00	11 025.00
6	昆山三水厂、四水厂	昆山市傀儡湖水源地	20 059.43	13 004.59	11 604.46	13 867.00	13 979.00
7	吴江第一水厂	吴江区太湖庙港水源地	14 235.00	14 044.00	14 044.00	14 054.00	12 844.00
8	吴江第二水厂	吴江区太湖北亭子港水源地	6 935.00	8 218.00	8 218.00	8 659.00	8 849.00
9	吴中供水公司、工业园区星港街水厂	苏州市太湖寺前水源地	8 960.00	14 640.00	11 784.00	14 600.00	14 600.00
10	苏州胥江水厂、苏州新区新宁一水厂	太湖渔洋山水源地	13 357.65	19 284.40	20 320.00	20 515.00	21 423.00
11	园区阳澄湖水厂	工业园区阳澄湖水源地	0	4 235.00	5 577.50	6 311.74	5 460.00
12	苏州白洋湾水厂、相城水厂	太湖金墅港水源地	13 943.04	13 484.97	15 546.00	16 465.00	16 948.00
13	高新区第二水厂	苏州市太湖镇湖(上山)水源地	6 977.00	7 593.00	8 115.00	8 228.00	8 277.00
14	太仓二水厂	太仓市长江浪港水源地	4 246.00	4 730.00	4 675.00	—	—
	合计		132 074.07	143 265.86	144 637.44	149 730.74	152 345.70

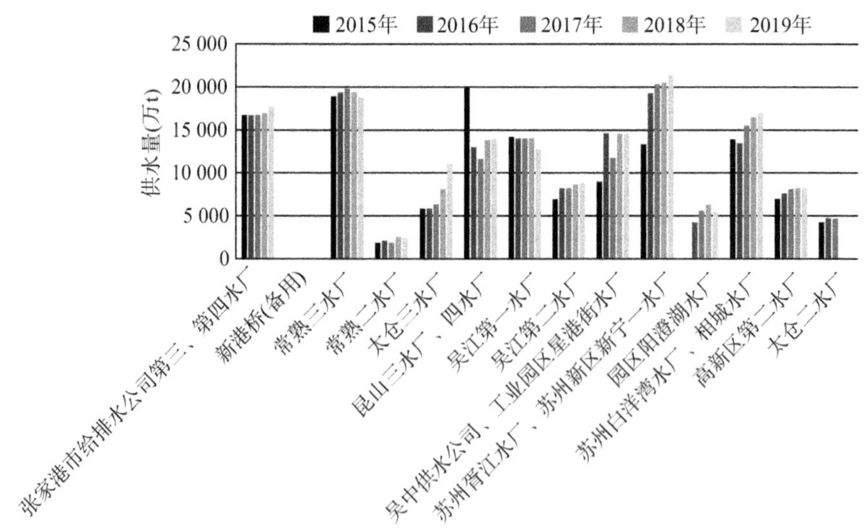

图 1.5　2015—2019 年苏州市各自来水厂分年供水量变化情况

(三) 各县(市、区)用水量

1. 各县(市、区)居民生活用水量(不包含第三产业、建筑业)

2015—2019 年苏州市居民生活用水量(不包含第三产业、建筑业)分别为 61 797.38 万 m^3、66 605.10 万 m^3、65 117.22 万 m^3、69 099.63 万 m^3、68 302.00 万 m^3。按照当前的饮用水水源地设计取水规模,可以满足苏州市居民生活用水。2015—2019 年苏州市各县(市、区)居民生活用水量(不包含第三产业、建筑业)变化情况见表 1.7 和图 1.6。

表 1.7　2015—2019 年苏州市各县(市、区)居民生活用水量(不包含第三产业、建筑业)

(单位:万 m^3)

序号	县(市、区)	2015 年	2016 年	2017 年	2018 年	2019 年
1	张家港市	7 441.00	7 212.00	6 907.00	7 167.00	7 257.00
2	常熟市	7 374.00	7 550.00	7 905.00	8 222.00	8 326.00
3	太仓市	3 072.00	3 617.00	3 649.00	3 762.00	3 834.00
4	昆山市	9 241.00	10 555.50	10 000.00	11 774.60	12 218.00
5	吴江区	9 084.00	9 167.00	8 820.00	8 576.00	7 677.00
6	吴中区	5 441.38	5 713.60	6 243.22	6 848.03	7 997.00
7	相城区	3 943.00	5 285.00	5 490.00	5 833.00	4 736.00
8	姑苏区	8 093.00	8 776.00	6 812.00	7 058.00	5 853.00
9	工业园区	3 991.00	4 662.00	4 927.00	5 430.00	5 769.00

续表

序号	县(市、区)	2015 年	2016 年	2017 年	2018 年	2019 年
10	高新区	4 117.00	4 067.00	4 364.00	4 429.00	4 635.00
	合计	61 797.38	66 605.10	65 117.22	69 099.63	68 302.00

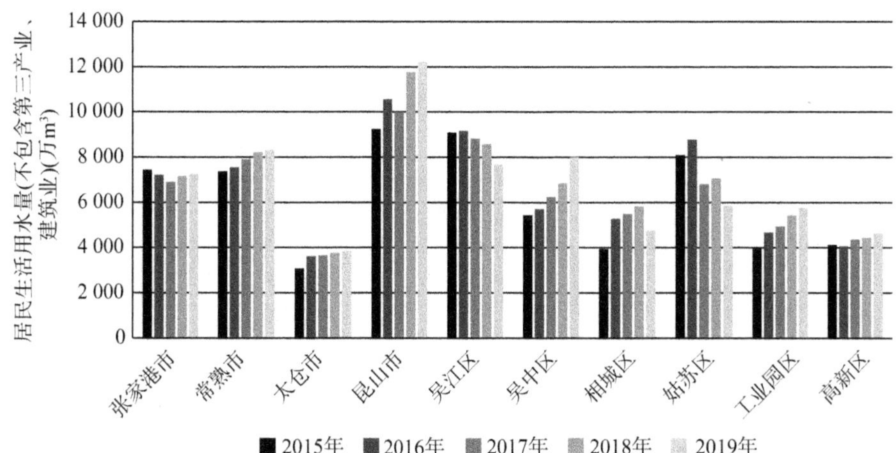

图 1.6　2015—2019 年苏州市各县(市、区)居民生活用水量(不包含第三产业、建筑业)变化图

2. 各县(市、区)工业企业用水量

2015—2019 年苏州市工业企业自来水用水量波动幅度较小，2019 年较 2018 年，工业企业用水量呈现下降趋势，主要是由于全市开展的工业企业节水行动，各工业企业通过技改等措施，节约了自来水用水量。2015—2019 年苏州市各县(市、区)工业企业用水量变化情况见表 1.8 和图 1.7。

表 1.8　2015—2019 年苏州市各县(市、区)工业企业用水量　(单位:万 m^3)

序号	县(市、区)	2015 年	2016 年	2017 年	2018 年	2019 年
1	张家港市	7 358.00	7 054.00	6 955.00	6 739.00	6 318.00
2	常熟市	10 053.00	10 089.00	11 186.00	11 170.00	10 422.00
3	太仓市	4 679.00	4 640.00	4 980.00	4 939.00	4 661.00
4	昆山市	17 643.00	17 312.70	15 322.00	16 706.50	15 559.00
5	吴江区	8 029.00	8 271.00	8 589.00	8 852.00	8 295.00
6	吴中区	6 347.70	5 968.25	6 030.07	6 057.60	6 342.00
7	相城区	3 861.00	3 615.00	3 933.00	4 092.00	4 758.00
8	姑苏区	1 388.00	1 367.00	1 004.00	944.00	1 059.00
9	工业园区	5 240.00	5 916.00	6 102.00	6 187.00	6 248.00

续表

序号	县(市、区)	2015 年	2016 年	2017 年	2018 年	2019 年
10	高新区	4 409.00	4 695.00	5 398.00	5 366.00	5 122.00
	合计	69 007.70	68 927.95	69 499.07	71 053.10	68 784.00

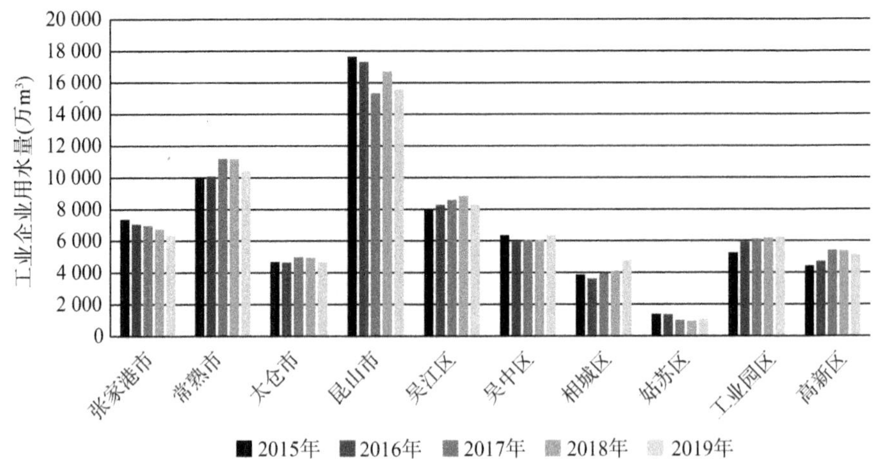

图 1.7　2015—2019 年苏州市各县(市、区)工业企业用水量变化图

(四) 各县(市、区)工业企业取水量

苏州市依据《关于进一步加强水资源论证工作的意见》(水资管〔2020〕225 号)等规范开展水资源论证、取水许可审批和验收工作。2015—2019 年苏州市各县(市、区)工业企业自取地表水和地下水情况见表 1.9 和图 1.8。

表 1.9　2015—2019 年苏州市各县(市、区)工业企业自取情况

序号	县(市、区)	实际取水量(万 m³)				
		2015 年	2016 年	2017 年	2018 年	2019 年
1	张家港市	14 003.00	14 535.34	15 081.00	14 875.00	14 567.00
2	常熟市	6 955.00	6 594.00	6 414.00	6 444.00	6 648.00
3	太仓市	3 006.00	3 164.00	2 761.00	2 877.00	2 921.00
4	昆山市	849.00	1 820.80	1 451.00	2 165.40	1 248.00
5	吴江区	6 598.00	5 925.00	6 385.00	7 049.00	7 869.00
6	吴中区	578.14	481.42	607.90	582.44	509.00
7	相城区	849.00	819.00	721.00	699.00	163.00
8	姑苏区	7.00	1.00	5.00	2.00	2.00

续表

序号	县(市、区)	实际取水量(万 m³)				
		2015 年	2016 年	2017 年	2018 年	2019 年
9	工业园区	1 032.00	853.00	841.00	999.00	1 006.00
10	高新区	714.00	595.00	490.00	515.00	436.00
	合计	34 591.14	34 788.56	34 756.90	36 207.84	35 369.00

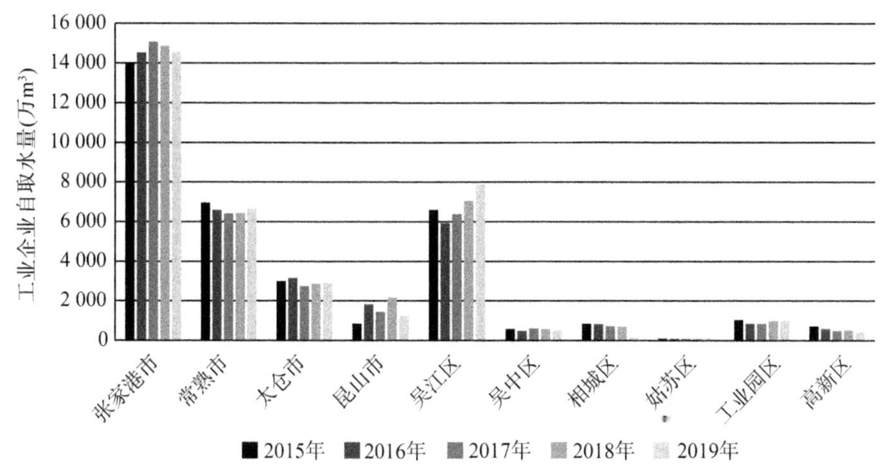

图 1.8　2015—2019 年苏州市各县(市、区)工业企业自取情况

(五) 各县(市、区)农业用水取水量

苏州市大力推进节水农业,严格执行农业用水取水许可制度,实施小型农田水利重点县(市)工程,并进一步配套完善农田灌排工程体系。2015—2019 年苏州市农业用水取水量分别为 143 050.94 万 m³、141 474.40 万 m³、136 139.21 万 m³、125 266.05 万 m³、123 577.82 万 m³,呈现逐年降低趋势。2015—2019 年苏州市各县(市、区)农业用水取水量情况见表 1.10 和图 1.9。

表 1.10　2015—2019 年苏州市各县(市、区)农业用水取水量　(单位:万 m³)

序号	县(市、区)	2015 年	2016 年	2017 年	2018 年	2019 年
1	张家港市	23 053.12	22 972.64	22 392.93	20 985.29	21 232.16
2	常熟市	37 185.33	36 720.13	34 572.98	32 120.11	32 000.46
3	太仓市	23 529.27	23 205.25	21 319.53	19 644.58	18 159.81
4	昆山市	14 642.05	13 896.31	13 497.04	12 317.10	12 207.84
5	吴江区	26 270.16	26 301.32	26 359.74	24 019.70	24 936.46
6	吴中区	7 845.85	7 823.60	7 654.75	6 713.39	6 007.94

续表

序号	县(市、区)	2015 年	2016 年	2017 年	2018 年	2019 年
7	相城区	5 497.76	5 511.25	5 373.01	4 799.17	4 411.35
8	姑苏区	0.00	0.00	0.00	0.00	0.00
9	工业园区	2 910.22	2 927.41	2 894.91	2 743.41	2 783.43
10	高新区	2 117.18	2 116.49	2 074.32	1 923.30	1 838.37
	合计	143 050.94	141 474.40	136 139.21	125 266.05	123 577.82

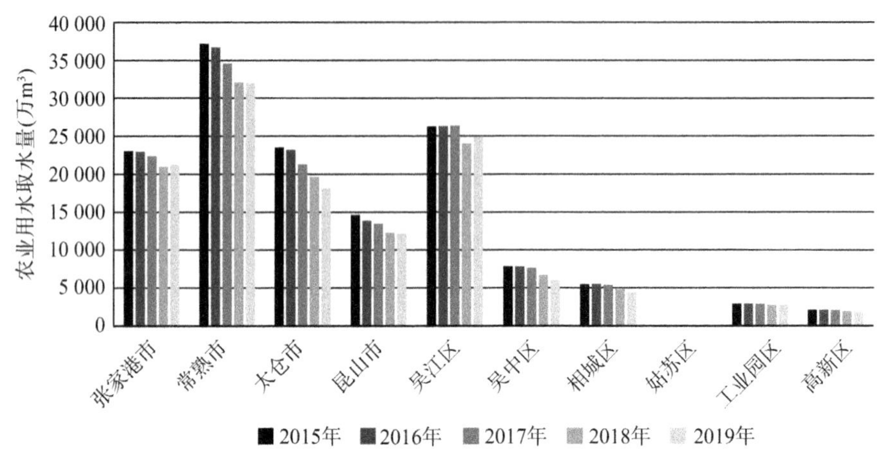

图 1.9　2015—2019 年苏州市各县(市、区)农业用水取水量

二、污水处理厂及直排企业排水情况

(一) 区域污水处理厂污水收纳及排放情况

苏州市区域范围内当前共有污水处理厂 174 家,其中,县(市)80 家(张家港市 16 家,常熟市 31 家,太仓市 11 家,昆山市 22 家),市区 94 家(吴江区 62 家,吴中区 10 家,相城区 11 家,姑苏区 2 家,工业园区 4 家,高新区 5 家),基本覆盖各居民集聚地和工业企业集聚地。总设计处理污水能力 532.17 万 t/d,2020 年实际处理污水 139 832.4 万 t,整体来看,当前全市各污水处理厂的设计处理能力,总体能够基本满足当下区域污水处理需求,但县(市、区)污水处理能力局部存在不平衡。

各污水处理厂执行的排放标准不一,但均能达到国家要求的相关污水排放要求,主要包含《化学工业水污染物排放标准》(DB 32/939—2020)、《电镀污染物排放标准》(GB 21900—2008)、《太湖地区城镇污水处理厂及重点工业行业主要水污染物排放限值》(DB 32/1072—2018)、《城镇污水处理厂污染物排放标准》(GB 18918—2002)、《污水综合排放标准》(GB 8978—1996)等,污水处理厂排放的污水达到国家标准的一级A标准的有95家，约占苏州市污水处理厂总数的54.6%。

(二) 直排企业分布及污水排放情况

截至2019年，苏州市区域范围内直排企业共有240家，其中，张家港市18家，常熟市53家，太仓市78家，昆山市36家，吴江区22家，吴中区10家，相城区6家，姑苏区4家，高新区13家。

第三节　区域水平衡分析

一、区域水资源平衡分析

(一) 2015年区域水资源平衡分析

2015年全市入境水量225.8亿 m^3。其中太湖来水86.46亿 m^3(其中太浦闸来水41.29亿 m^3，大部分直接进入上海；望亭立交来水16.65亿 m^3)；无锡入境水量50.96亿 m^3(其中大运河来水19.01亿 m^3)；沿江大小闸门抽引长江水量16.02亿 m^3(其中八大闸抽引水11.66亿 m^3，小闸引水4.363亿 m^3)；浙江来水量58.13亿 m^3；区域供水厂境外(太湖、长江)提水14.26亿 m^3。

2015年苏州市入境水量比上年度增加了29.0亿 m^3，太浦河来水、望亭立交来水、无锡来水和浙江来水均比上年度明显增加。而由于2015年降水量丰沛，区域内本地产水量较大，沿江八大闸引水量比上年度减少了11.02亿 m^3。望虞河常熟枢纽抽引长江水量9.684亿 m^3，引水时间主要集中在1—2月、11月，3个月合计抽引水量8.235亿 m^3，约占全年引水的85.0%。望虞河常熟枢纽抽引水量中入太湖水量3.878亿 m^3，约占望虞闸抽引水量的40.0%。

2015年全市出境水量257.6亿 m^3。其中入太湖水量3.878亿 m^3；入无锡0.635亿 m^3；沿江大小闸排入长江58.55亿 m^3(其中八大闸排水50.01亿 m^3，小闸排水8.536亿 m^3)；入上海143.3亿 m^3(其中太浦河入上海80.83亿 m^3，昆山入上海57.25亿 m^3，吴江入上海3.780亿 m^3，太仓入上海1.443亿 m^3)；入浙江嘉兴51.19亿 m^3。

2015年出境水量比上年度增加了43.3亿 m^3，主要是排入长江水量、入浙江嘉兴水量和太浦河入上海水量明显增加。

(二) 2016年区域水资源平衡分析

2016年全市入境水量292.3亿 m^3。其中太湖来水137.7亿 m^3(其中太浦闸来水68.03亿 m^3，大部分直接进入上海；望亭立交来水34.47亿 m^3)；无锡入境水量69.88亿m^3(其中大运河来水23.32亿m^3);沿江闸门抽引长江水量16.01亿m^3(其中八大闸抽引水8.408亿m^3,小闸引水7.603亿m^3);浙江来水量53.68亿m^3;区域供水厂境外(太湖、长江)提水15.01亿m^3。

2016年苏州市入境水量比上年度增加了66.5亿m^3,太浦河来水、无锡来水和望亭立交来水均明显增加,相比上年度,太浦河来水增加了26.74亿m^3,无锡来水增加了18.92亿m^3,望亭立交来水量增加了17.82亿m^3。而由于2016年降水量丰沛,望虞河常熟枢纽抽引长江水量4.577亿m^3,比上年度引水量减少了5.107亿m^3,时间主要集中在3月和9月,2个月合计抽引水量4.313亿m^3,约占全年引水的94.2%。

2016年全市出境水量305.1亿m^3。其中入太湖水量1.445亿m^3;沿江大小闸门排入长江99.73亿m^3(其中八大闸排水84.90亿m^3,其他小闸排水14.83亿m^3);入无锡2.231亿m^3;入上海151.7亿m^3(其中太浦河入上海95.70亿m^3,昆山入上海49.65亿m^3,吴江入上海5.458亿m^3,太仓入上海0.920亿m^3);入浙江嘉兴50.01亿m^3。

2016年出境水量比上年度增加了47.5亿m^3,主要是排入长江水量和太浦河入上海水量明显增加,相比上年度,沿江大小闸排江水量增加了41.18亿m^3,太浦河入上海水量增加了14.87亿m^3。

(三) 2017年区域水资源平衡分析

2017年全市入境水量220.7亿m^3。其中太湖来水68.12亿m^3;沿江闸门抽引长江水量34.21亿m^3;无锡入境水量44.72亿m^3;浙江来水量58.30亿m^3;区域供水厂境外(太湖、长江)提水15.30亿m^3。

由于苏州市2016年为丰水年,2017年为平水年,2017年苏州市入境水量比上年度明显减少,减少了71.6亿m^3,太浦河来水、无锡来水、望亭立交来水和太湖来水均明显减少,相比上年度,太浦河来水减少了27.39亿m^3,无锡来水减少了25.16亿m^3,太湖来水减少了69.58亿m^3。

2017年全市出境水量219.7亿m^3。其中入太湖水量5.699亿m^3;沿江大小闸门排入长江41.81亿m^3;入无锡1.307亿m^3;入上海128.9亿m^3;入浙江嘉兴41.92亿m^3。

2017年出境水量比上年度减少了85.4亿m^3,主要是排入长江水量和太浦河入上海水量明显减少,相比上年度,沿江口门排江水量减少了57.92亿m^3;太浦河入上海水量减少了18.83亿m^3。

(四) 2018年区域水资源平衡分析

2018年全市入境水量214.0亿m^3。其中太湖来水64.57亿m^3;沿江闸门抽引长江水量36.93亿m^3;无锡入境水量45.36亿m^3;浙江来水量51.49亿m^3;区域供水厂境外(太湖、长江)提水 15.63 亿 m^3。

2018 年苏州市入境水量比上年度略有减少,减少了 6.7 亿 m^3,相比上年度,太湖来水减少了 3.554 亿 m^3,沿江闸门引水增加了 2.718 亿 m^3,无锡来水增加了 0.640 亿 m^3,浙江来水减少了 6.805 亿 m^3,境外提水增加了 0.330 亿 m^3。

2018 年全市出境水量 210.0 亿 m^3。其中入太湖水量 5.388 亿 m^3;沿江大小闸门排入长江 40.22 亿 m^3;入无锡 4.179 亿 m^3;入上海 126.4 亿 m^3;入浙江嘉兴 33.84 亿 m^3。

2018 年出境水量比上年度减少了 9.6 亿 m^3,主要是入浙江嘉兴水量明显减少,相比上年度减少了 8.081 亿 m^3。

(五) 2019 年区域水资源平衡分析

2019 年全市入境水量 237.2 亿 m^3。其中太湖来水 80.87 亿 m^3;沿江闸门抽引长江水量 48.44 亿 m^3;无锡入境水量 43.98 亿 m^3;浙江来水量 48.61 亿 m^3;区域供水厂境外(太湖、长江)提水 15.28 亿 m^3。

2019 年苏州市入境水量比上年度略有增加,增加了 23.2 亿 m^3,相比上年度,太浦河来水增加了 9.489 亿 m^3,望亭立交来水增加了 8.015 亿 m^3,沿江闸门引水增加了 11.51 亿 m^3,浙江来水减少了 2.886 亿 m^3。

2019 年全市出境水量 246.4 亿 m^3。其中入太湖水量 5.620 亿 m^3;沿江大小闸门排入长江 58.09 亿 m^3;入无锡 2.900 亿 m^3;入上海 135.8 亿 m^3;入浙江嘉兴 44.06 亿 m^3。

2019 年出境水量比上年度增加了 36.42 亿 m^3,主要是排入长江水量、吴江入嘉兴水量和太浦河入上海水量明显增加,相比上年度分别增加了 17.87 亿 m^3、10.22 亿 m^3 和 5.709 亿 m^3。

对现有年份及数据进行分析,丰水年(2014 年)入境水量为 196.8 亿 m^3,平水年(2011 年)入境水量为 186.9 亿 m^3,枯水年(2013 年)入境水量为 174.6 亿 m^3。多年平均条件下的入境水量为 200.85 亿 m^3,较丰水年(2014 年)入境水量多约 2.06%,较平水年(2011 年)入境水量多约 7.46%,较枯水年(2013 年)入境水量多约 15.03%。当处于枯水年时,由于降雨量相对较少,入境水量会增加,进行相应补充以达到区域水平衡;反之,当处于丰水年时,入境水量会相应减少。

丰水年(2014 年)出境水量为 214.3 亿 m^3,平水年(2011 年)出境水量为 202.3 亿 m^3,枯水年(2013 年)出境水量为 190.5 亿 m^3。多年平均条件下的出境水量为 213.37 亿 m^3,较丰水年(2014 年)出境水量少约 0.43%,较平水年(2011 年)出境水量多约 5.47%,较枯水年(2013 年)出境水量多约 12.01%。

二、区域供排水平衡分析

（一）区域用水平衡分析

1. 用水结构

2015—2019年苏州市居民生活用水(不包含第三产业、建筑业)比例在20%～24%，其中2019年占比最高，达到23.07%；2015年最低，为20.03%。工业企业用水比例在33%～36%，其中2018年占比最高，达到35.56%；2016年最低，为33.26%。农业用水取水比例在41%～47%，其中2015年最高，达到46.38%；2018年最低，为41.53%。2015—2019年苏州市生活、工业、农业用水情况如表1.11和图1.10所示。其中工业企业用水情况如表1.12和图1.11所示。

表1.11　2015—2019年苏州市生活、工业、农业用水情况

年份	居民生活		工业企业		农业用水		合计(万 m^3)
	用水量(万 m^3)	占比(%)	用水量(万 m^3)	占比(%)	用水量(万 m^3)	占比(%)	
2015	61 797	20.03	103 599	33.59	143 051	46.38	308 447
2016	66 605	21.36	103 717	33.26	141 474	45.37	311 796
2017	65 117	21.31	104 256	34.13	136 139	44.56	305 512
2018	69 100	22.91	107 261	35.56	125 266	41.53	301 627
2019	68 302	23.07	104 153	35.18	123 578	41.74	296 033

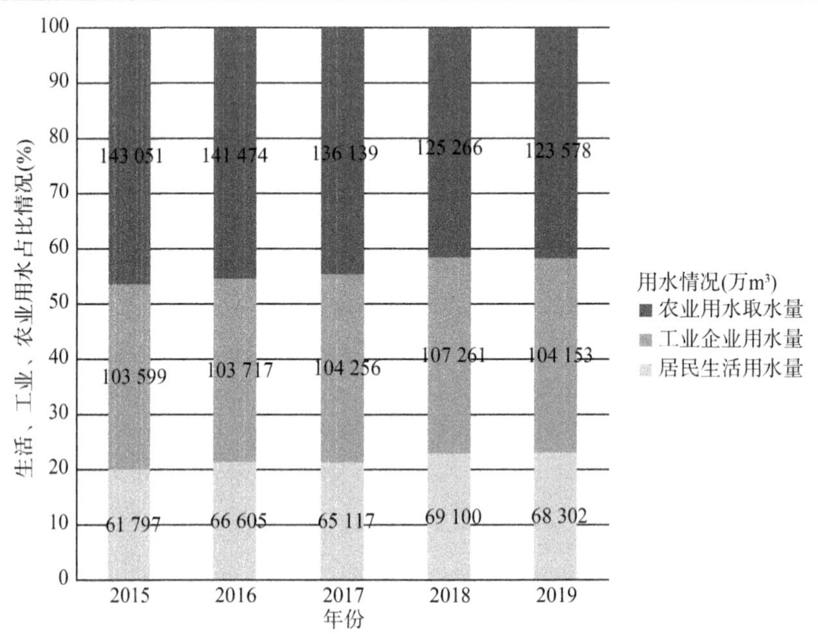

图1.10　2015—2019年苏州市生活、工业、农业用水情况

表 1.12　2015—2019 年苏州市工业企业用水情况

年份	工业企业				合计（万 m³）
	自来水用水量（万 m³）	占比（%）	自取水取水量（万 m³）	占比（%）	
2015	69 008	66.61	34 591	33.39	103 599
2016	68 928	66.46	34 789	33.54	103 717
2017	69 499	66.66	34 757	33.34	104 256
2018	71 053	66.24	36 208	33.76	107 261
2019	68 784	66.04	35 369	33.96	104 153

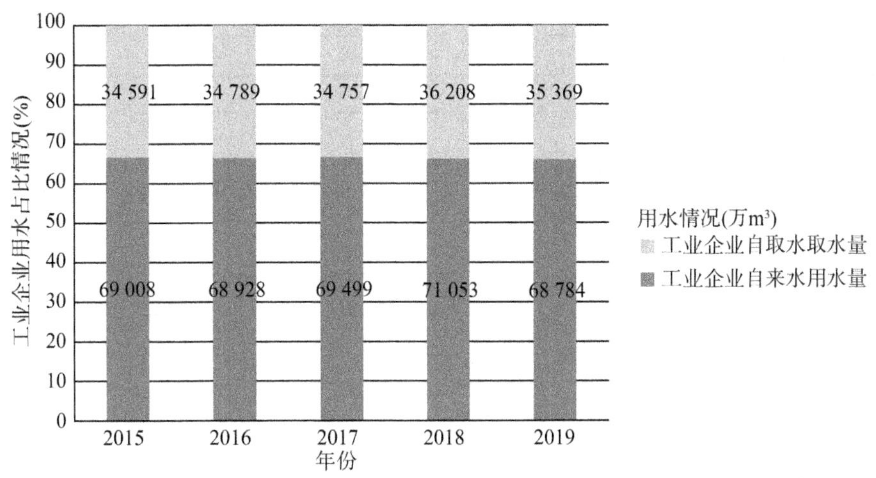

图 1.11　2015—2019 年苏州市工业企业用水情况

2. 区域分布

从区域用水分布来看，2019 年苏州市各县（市、区）中，居民生活用水（不包含第三产业、建筑业）姑苏区占比最高，为 84.65%；太仓市占比最低，为 12.96%。工业企业用水高新区占比最高，为 46.20%；姑苏区占比最低，为 15.35%。农业用水取水太仓市占比最高，为 61.39%；姑苏区占比最低，为 0.00%。2019 年苏州市各县（市、区）生活、工业、农业用水情况如表 1.13 和图 1.12 所示。

表 1.13　2019 年苏州市各县（市、区）生活、工业、农业用水情况

序号	县（市、区）	居民生活		工业企业		农业用水		合计（万 m³）
		用水量（万 m³）	占比（%）	用水量（万 m³）	占比（%）	取水量（万 m³）	占比（%）	
1	张家港市	7 257	14.70	20 885	42.30	21 232.16	43.00	49 374.16
2	常熟市	8 326	14.51	17 070	29.74	32 000.46	55.75	57 396.46
3	太仓市	3 834	12.96	7 585	25.64	18 159.81	61.39	29 578.81
4	昆山市	12 218	29.63	16 807	40.76	12 207.84	29.61	41 232.84

续表

序号	县(市、区)	居民生活		工业企业		农业用水		合计(万 m^3)
		用水量(万 m^3)	占比(%)	用水量(万 m^3)	占比(%)	取水量(万 m^3)	占比(%)	
5	吴江区	7 677	15.74	16 164	33.14	24 936.46	51.12	48 777.46
6	吴中区	7 997	38.34	6 851	32.85	6 007.94	28.81	20 855.94
7	相城区	4 736	33.66	4 921	34.98	4 411.35	31.36	14 068.35
8	姑苏区	5 853	84.65	1 061	15.35	0.00	0.00	6 914.00
9	工业园区	5 769	36.50	7 254	45.89	2 783.43	17.61	15 806.43
10	高新区	4 635	38.52	5 558	46.20	1 838.37	15.28	12 031.37
	合计	68 302	23.07	104 153	35.18	123 577.82	41.74	296 032.82

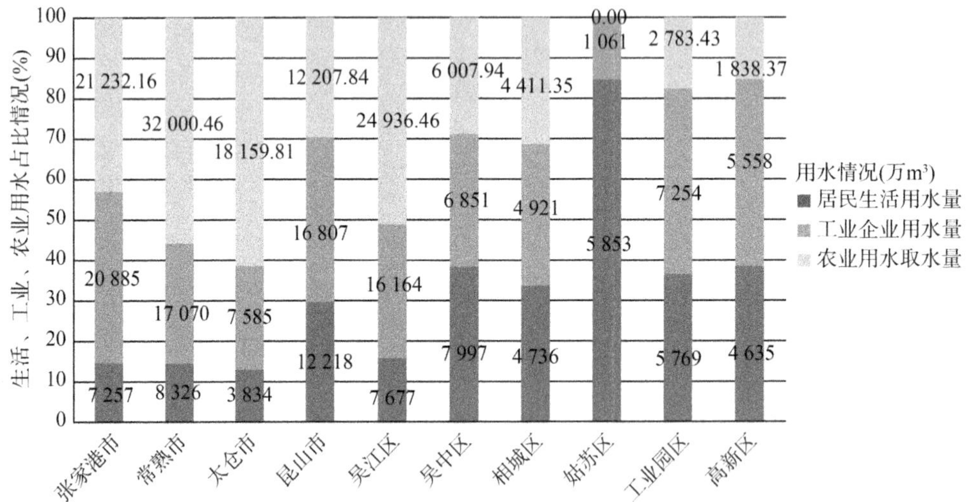

图 1.12　2019 年苏州市各县(市、区)生活、工业、农业用水情况

对于工业企业用自来水和自取水而言，2019 年苏州市各县(市、区)中，姑苏区工业企业用水中 99.81%为自来水。其次为相城区，96.7%为自来水。张家港市为最低，30.25%为自来水，其余为自取水。2019 年苏州市各县(市、区)工业企业用水情况如表 1.14 和图 1.13 所示。

表 1.14　2019 年苏州市各县(市、区)工业企业用水情况

序号	县(市、区)	工业企业用水量				合计(万 m^3)
		自来水用水量(万 m^3)	占比(%)	自取水取水量(万 m^3)	占比(%)	
1	张家港市	6 318	30.25	14 567	69.75	20 885
2	常熟市	10 422	61.05	6 648	38.95	17 070

续表

序号	县(市、区)	工业企业用水量				合计(万 m^3)
		自来水用水量(万 m^3)	占比(%)	自取水取水量(万 m^3)	占比(%)	
3	太仓市	4 664	61.49	2 921	38.51	7 585
4	昆山市	15 559	92.57	1 248	7.43	16 807
5	吴江区	8 295	51.32	7 869	48.68	16 164
6	吴中区	6 342	92.57	509	7.43	6 851
7	相城区	4 758	96.69	163	3.31	4 921
8	姑苏区	1 059	99.81	2	0.19	1 061
9	工业园区	6 248	86.13	1 006	13.87	7 254
10	高新区	5 122	92.16	436	7.84	5 558
	合计	68 784	66.04	35 369	33.96	104 153

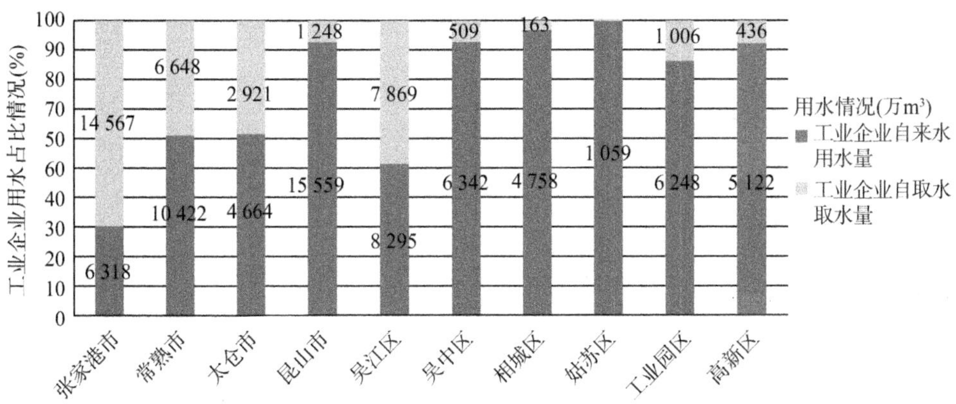

图 1.13　2019 年苏州市各县(市、区)工业企业用水情况

(二) 区域用水与排水平衡分析

1. 总体情况

2016—2019 年苏州市用水与排水情况见表 1.15 和图 1.14。

总体来看,2016—2019 年苏州市总用水量大于总排水量,说明污水集中收集处理情况仍需要不断完善,且雨污管网混接、生活污水与工业污水混接、管网破损导致污水渗出外水渗入的现象较为显著。

对于污水处理厂集中收集处理情况而言,2016—2019 年苏州市生活、工业用水集中收集处理率呈现增长趋势,截至 2019 年底,污水处理厂处理的生活、工业污水总量为 13.29 亿 m^3,污水处理量占总用水量的 63.83%,较 2016 年增加了 6.71 个百分点。

表 1.15　2016—2019 年苏州市用水与排水情况

年份	用水量(亿 m^3)				耗水量(亿 m^3)				实际排水量(亿 m^3)			理论排水量(用水量—耗水量)(亿 m^3)	实际排水量/理论排水量(%)	漏排率(%)
	生活		一般工业(不含火电)	小计	生活		一般工业(不含火电)	小计	生活	一般工业(不含火电)	小计			
	城镇	农村			城镇	农村								
2016	8.06	1.78	10.41	20.25	1.61	0.36	1.87	3.84	4.65	6.91	11.56	16.41	70.44	29.56
2017	8.38	1.64	10.44	20.46	1.68	0.33	1.88	3.89	5.01	7.01	12.02	16.57	72.54	27.46
2018	8.52	1.67	10.65	20.84	1.70	0.33	1.91	3.94	6.08	6.82	12.90	16.90	76.33	23.67
2019	8.75	1.65	10.42	20.82	1.75	0.33	1.87	3.95	6.71	6.58	13.29	16.87	78.78	21.22

注:数据来源:用水量、耗水量数据,由苏州市水务局提供;实际排水量数据,从苏州市各县(市、区)水平衡报告中获取。

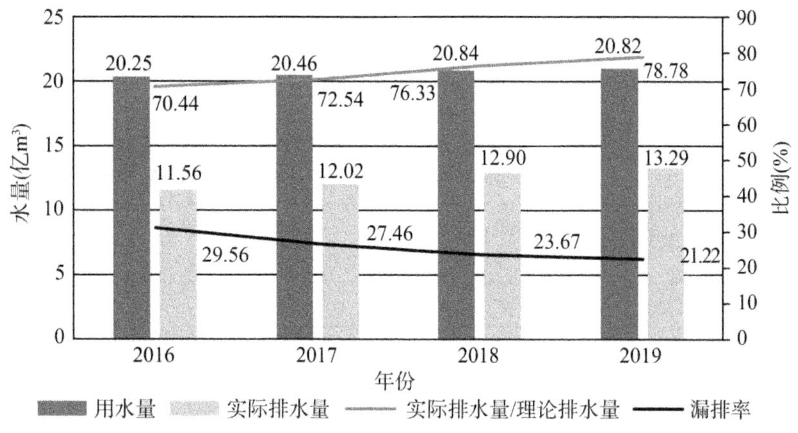

图 1.14　2016—2019 年苏州市用水与排水情况

对于生活、工业用水总漏排情况而言，2016—2019 年苏州市生活、工业用水总漏排率呈现降低趋势，截至 2019 年底，总漏排率为 21.22%，较 2016 年降低了 8.34 个百分点。

2. 典型年情况

以 2017 年(第二次全国污染源普查数据年份)为典型年进行分析。根据《苏州市水资源公报》，2017 年苏州市城镇和农村生活、一般工业用水量约 20.46 亿 m^3(不含直流火电用水)、总耗水量 3.89 亿 m^3，故实际排水量约 16.57 亿 m^3；根据第二次污染源普查数据，全市污水收集处理总量约 14.55 亿 m^3。全市污水处理量约为实际排水总量的 87.8%。

表 1.16　2017 年苏州市供排水平衡分析表　　(单位:亿 m^3)

类别	生活		一般工业(不含火电)	小计
	城镇	农村		
用水量	8.38	1.64	10.44	20.46
耗水量	1.68	0.33	1.88	3.89
实际排水量	6.7	1.31	8.56	16.57
污水收集处理总量	10.03	0.04	4.48	14.55

(三) 区域污水收集处理能力平衡分析

根据资料，2020 年苏州市污水处理厂设计处理能力为 209 023.35 万 m^3，污水实际处理量为 139 832.45 万 m^3，污水处理厂总体运行负荷率为 66.90%，总体污水处理厂设计处理能力满足污水处理厂运行负荷基本要求。

但从 2020 年苏州市各污水处理厂实际运行情况来看，各县(市、区)污水处理厂运行负荷率差异较大，其中，姑苏区、高新区、昆山市所辖污水处理厂运行负荷率分别达到了 90.61%、88.01%和 78.64%。太仓市、吴江区所辖污水处理厂运行负荷率最低，分别为 56.33%和 48.46%。2020 年苏州市各县(市、区)污水处理厂运行负荷率见表 1.17 和图 1.15。

表 1.17　2020 年苏州市各县(市、区)污水处理厂运行负荷率

序号	县(市、区)	污水设计处理能力(万 m^3)	污水实际处理量(万 m^3)	污水处理厂运行负荷率(%)
1	张家港市	15 330.00	9 519.00	62.09
2	常熟市	22 318.55	14 113.37	63.24
3	太仓市	11 552.25	6 506.82	56.33
4	昆山市	32 667.50	25 688.85	78.64
5	吴江区	55 943.55	27 107.77	48.46
6	吴中区	19 345.00	14 667.46	75.82
7	相城区	9 709.00	7 332.98	75.53
8	姑苏区	8 030.00	7 275.73	90.61
9	工业园区	23 907.50	18 625.80	77.91
10	高新区	10 220.00	8 994.67	88.01
	合计	209 023.35	139 832.45	66.90

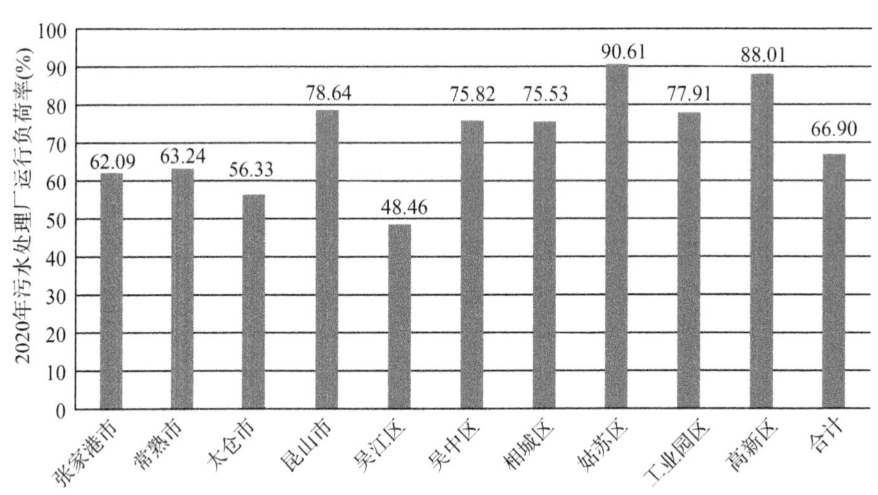

图 1.15　2020 年苏州市各县(市、区)污水处理厂运行负荷率

第四节　苏州市水资源存在问题及建议

一、存在问题

（一）工业污水集中收集能力和效率总体偏低

苏州市工业产业高度发达，但区域专业工业污水处理厂分类、分质收集处理体系较弱、能力不足。从实际生产用水量和收集处理量来看，工业废水收集处理量低于工业废水实际产生量，一方面是因为部分工业废水接入了城镇综合污水厂统一处理，另一方面是可能存在工业区内雨污管网混接、管网破损等问题。

（二）城镇生活污水收集体系有待进一步加强

苏州市城镇生活自来水用水量远低于城镇生活污水处理水量，且呈现较大的增长趋势。城镇生活污水管网体系的建设增加了生活污水收集效率的同时，由于管网的破损、错接等原因，也增加了工业污水、雨水、地下水等外水接入率，城镇生活污染点源一面源化问题日益凸显。随着"十四五"城镇污水管网体系的进一步深入建设，由此导致的污水外排、污水渗漏等问题对环境的影响也将进一步增加，亟须各部门加强统筹，强化顶层规划和设计，有序开展产城深度融合区域污水收集管网建设。

（三）城镇生活污水处理厂处理体系有待进一步优化

2020 年苏州市污水处理厂设计处理能力为 209 023.35 万 m^3，污水实际处理量为 139 832.45 万 m^3，污水处理厂总体运行负荷率为 66.90%，总体污水处理厂设计处理能力满足污水处理厂运行负荷基本要求。但从 2020 年苏州市各污水处理厂实际运行情况来看，各县(市、区)污水处理厂运行负荷率差异较大，其中，姑苏区、高新区、昆山市所辖污水处理厂运行负荷率分别达到了 90.61%、88.01%和 78.64%。太仓市、吴江区所辖污水处理厂运行负荷率最低，分别为 56.33%和 48.46%。为有效发挥污水处理厂运行处理效率，应当打破区域行政管理壁垒，积极探索各污水处理厂污水收集互联互通机制，实现苏州市污水处理厂能力互补，效率提升。

二、对策建议

（一）积极推进专业化工业污水收集处理体系

一是深入推进工业节水。推动工业企业绿色发展和产业转型升级，严控高耗水行业产能扩张，加快淘汰高耗水工艺、技术和设备，加强节水技术改造，推进节水型工业园区建设。深入实施水效领跑者引领行动，综合考虑企业的取水量、节水潜力、技术发展趋势以及用水统计、计量、标准等情况，从火力发电、纺织染整、造纸、化工等行业中，选择技术水平先进、用水效率领先的企业实施水效领跑者引领行动。

二是加快提升工业园区污水处理厂建设工程。整治工业企业排水，推进工业废水处理能力建设，加强化工、印染、电镀等行业废水治理，抓好工业园区（集聚区）废水集中处理工作。加快推进工业废水与生活污水分质处理，工业园区逐步配套建设独立工业废水处理设施，加快推进工业企业进园区，已建有独立工业废水处理设施的工业园区，鼓励园区内企业生活污水接入工业废水处理设施统一集中处理。远离市政管网的工业企业，积极探索工业“绿岛”建设，逐步构建系统完善的工业废水和生活污水处理体系。

三是有序推进工业污水分类分质收集管网体系建设。对工业废水接入市政污水管网的工业企业全面排查评估，经评估认定不能接入市政污水管网的，按规定要求自行处理直接排放的废水和尾水，不得接入市政污水管网，已经接入的限期退出；可继续接入的，须经预处理达标后方可接入，企业应当依法取得排污许可和排水许可。开展工业园区（集聚区）和工业企业内部的雨污分流改造，重点消除污水直排和雨污混接等问题。结合所在排水分区实际，鼓励有条件的相邻企业，打破企业间的地理边界，统筹开展雨污分流改造，实施管网统建共管。整治达标后的企业或小型工业园区，绘制雨水、污水管网布局走向图，明确总排口接管位置，并在主要出入口上墙公示，接受社会公众监督。

四是着力加大工业污水排口监测监控体系建设。加强对纳管企业的水质监测，督促企业在污水排放口与城镇污水主管连接处设置检查井、闸门，安装水质在线监测系统和流量控制设施。加强工业废水的收集和管理，及时开展管网检查及维修，坚决杜绝跑冒滴漏、管网破损渗漏等现象，确保工业废水收集处理到位。严厉打击偷排乱排行为，对污水未经处理直接排放或不达标排放的相关企业严格执法。

（二）完善城镇生活污水收集体系

按照区域自来水用水总量分布情况，以排污口排查整治为抓手，有序推进各县（市、区）排水提质增效达标区建设。全面排查污水管网覆盖情况，全面排查区域雨污混接、工业污水和生活污水混接、污水直排等主要问题，分片区、网格化划定管网覆盖空白区、薄弱区，按照雨污分流，基本实现达标区内污水管网全覆盖、全收集、全输送、全处理，构建“源头管控到位、厂网衔接配套、管网养护精细、污水处理优质、污泥处置安全”的城镇污水收集处理新格局。

（三）系统实施城镇生活污水处理

有序推进重点区域污水处理厂新扩建。评估现有城镇污水处理设施能力与运行效能，统筹城镇发展和初雨污染治理需求，加快城镇污水处理能力建设。加快补齐城镇污水收集和处理设施短板，着力解决突出问题与薄弱环节，找出污水收集、处理的缺口，引导制订城镇生活污水处理厂新扩建工程实施计划。

第二章

苏州市土地利用及水利工程概况

第一节　土地开发利用概况

根据苏州市2018年度土地变更调查成果，全市土地总面积1 298.6万亩，吴中区土地面积最大，占苏州市26%，姑苏区最小，占1%。农用地436.05万亩，占全市土地总面积的33.58%；建设用地387.9万亩，占29.87%；未利用土地474.6万亩，占36.55%。农用地中，耕地239.0万亩，占农用地总面积的54.8%；园地56.76万亩，占13.02%；林地13.01万亩，占2.98%；其他农用地面积127.27万亩，占29.19%。建设用地中，城乡及工矿建设用地面积331.17万亩，占建设用地总面积的85.38%，交通水利用地占14.62%。2015—2018年苏州市未利用地和农业用地面积呈现逐年减少趋势，建设用地面积逐年增加。

第二节　水系及水利工程概况

一、水文水系

苏州市属于长江流域（太湖流域），区内河湖资源丰富，河道纵横，湖泊众多，河湖相连，形成“一江、百湖、万河”的独特水网水系格局。全市约有大小河道21 879条，总长为21 637 km，包含长江、太湖在内的水域总面积为3 205.005 km^2，水面率为37.0%，是江苏省水面覆盖率最高的城市。长江干流沿苏州北边界，呈西北东南走向，与苏州境内张家港、十一圩港、常浒河、白茆塘、七浦塘、杨林塘、浏河、吴淞江等若干通江骨干河道垂直相交，完成水质水量交换。太湖是苏州重要饮用水源地和洪水调蓄区，望虞河、太浦河、苏南运河等是承接太湖排涝的主要通道。全市湖泊湖荡星罗棋布，苏州市大小湖荡353个，总面积为21.98万 hm^2，其中，500亩以上的湖荡131个，千亩以上的湖荡87个。太湖为全市最大湖泊，湖面面积为2 338 km^2，当水位3.0 m时总容蓄量为45.6亿 m^3，整个太湖约四分之三的湖面面积位于苏州界内。除太湖外，较大的湖泊有阳澄湖、淀山湖、澄湖、昆承湖、元荡、独墅湖等，主要分布在吴江区、昆山市。苏州市列入江苏省湖泊保护名录（《省政府办公厅关于公布江苏省湖泊保护名录（2021修编）的通知》）的湖泊有48个（全省154个），占全省总数的31%左右，苏州是江苏省湖泊湖荡最为密集的城市。

（一）沿江支流

张家港:位于太湖流域,是苏州市阳澄、虞西、新沙三区域和无锡市澄锡地区的一条通江引排骨干河道。河道自西北向东南,由长江张家港船闸穿流武澄锡与阳澄河网至浏河,沿途流经张家港市、江阴市、常熟市、相城区、昆山市,全长 107.8 km,其中苏州境内长 79.06 km,现状为Ⅴ级航道,规划为Ⅲ级。现状河道底宽 22～60 m,底高 0.0 m。

十一圩港:亦称二干河,位于太湖流域武澄锡虞区澄锡虞高片地区,是太湖流域武澄锡虞区的骨干排水河道,同时也是江阴和张家港两市境内调蓄、排水、供水和航运的骨干河道,南接张家港河,北入长江,全长 27.4 km,苏州境内 26.5 km,集水面积 349.59 km^2,为Ⅵ级航道。现状河底宽 15～30 m,河口宽 55～70 m,河底高－1.5～1 m。两岸沿线支流众多,主要有北中心河、南横套河、盐铁塘、东横河、华妙河等,除盐铁塘和华妙河外,其他支河已建闸控制。

杨林塘:杨林塘又名杨林河、杨林浦,是阳澄淀泖区五大通江引排骨干河道之一。河道西起巴城湖,向东经昆山市巴城、周市等镇入太仓市,经双凤、城厢至浮桥镇杨林口入长江,河道全长 40.25 km,其中昆山段长 14.45 km,太仓段长 25.8 km,集水与排涝面积 746.7 km^2,同时也是《江苏省干线航道网规划》(2017—2035)中连申线苏南段的重要组成部分。现状河底宽 12～30 m,河底高－1.0～0.0 m,河口宽 35～50 m。

杨林塘以盐铁塘为界,东部为平原,西部为圩区,地势自东向西倾斜,地面高程 3.5～4.5 m。河道在昆山境内称西杨林塘,在太仓境内称东杨林塘。沿岸支河水系密布,主要支流有张家港、盐铁塘、半泾河、石头塘等,并通过这些支流,北与白茆塘、七浦塘相通,南与浏河等主要通江河道沟通。

白茆塘:白茆塘位于阳澄淀泖区西北部的常熟东部,与常浒河、七浦塘、杨林塘、浏河一起,组成阳澄淀泖区五大通江引排河道。河道西起常熟城区小东门,向东经常熟国家高新技术产业开发区、古里、支塘、董浜和碧溪新区等,于姚家滩入长江,全长 41.3 km,汇流面积 583 km^2。现状大部分河段河底宽度 24～35 m、河底高程－2.8～0.0 m(镇江吴淞标高,下同),白茆新闸上下游引河底宽 67～75 m、底高程－1.5 m。

沿线有东环河、肖泾、大滃、尤泾、连泾、三泾、盐铁塘、横沥塘、建新塘等骨干支河 10 多条,大大小小支河共计 62 条。其中,北港塘、横浦塘、中心河、大姚泾、小姚泾、老白茆塘等 19 条河道于近年整治,其余大部分河道多年未进行治理,淤积深度多在 0.5～1.0 m。19 个支河口建有船闸、防洪闸、排灌闸站或涵洞等控制建筑物,其余支河口均敞开。

常浒河:常浒河,因常熟至浒浦而得名,位于太湖流域阳澄淀泖区,为阳澄区主要排水干河之一,同时也承担常熟市虞山、古里、海虞、梅李四镇及碧溪新区的防洪与排涝任务，自常熟市大东门始流，经九里、兴隆、塘桥、梅李、白宕至袁家墩入长江，全长 22.2 km，现状为Ⅴ级航道。现状河底宽 30～40 m，河口宽 46～74.5 m，河底高程－1.0～0.0 m。常浒河两岸沿线支流众多，主要支河有迈步塘、花板塘、淼泉塘、油麻泾、横六泾、罗卜泾、里睦塘、南小塘、碧白塘、洞坝河等。

北福山塘：北福山塘原与南福山塘为一河，1958 年开挖望虞河后，分为南北两河。自望虞河起，向北经陈桥、萧家桥，至福山镇，呈弧形向东北折，经福山农场、虞江公司，在常张界东入江，全长 15.5 km，其中闸外段长 1.65 km。是福山片主要引排、航运河道。北福山塘河道顺直，上游段底宽 15～20 m，底高程 0.5 m 左右，边坡 1∶2；下游段底宽 22 m，底高程 0 m，边坡 1∶5～3；闸外段底宽 40 m，底高程 0 m，边坡 1∶3。河口宽 30～45 m。主要支河有三千泾、曲塘泾、崔浦。

七浦塘：七浦塘位于苏州市东北部，是太湖流域阳澄淀泖区五大骨干通江河道之一，具有防洪排涝、水资源、水环境及航运等综合功能。河道自阳澄湖至吴塘以东沿迷泾河、荡茜河入江，途经相城区、昆山市、常熟市、太仓市，涉及 5 个镇 26 个村，全长 48.4 km，水域面积 2.35 km^2。

2012—2015 年实施了七浦塘拓浚整治，现状底宽阳澄湖—斜路港段 30 m、斜路港—吴塘段 35 m、吴塘—长江段 25 m，底高程－2 m，河面宽 50～150 m，两岸堤防完好，顶高程 5.2～5.5 m。河道沿线支流众多，约有 160 余条，其中骨干河道有张家港、尤泾、吴塘、盐铁塘、石头塘等。

娄江-浏河：娄江-浏河，位于苏州市中部，是阳澄淀泖区五大通江骨干河道之一，具有行洪、排涝、航运、景观等综合功能。河道西起环城河、东至长江，沿途流经苏州市姑苏区、工业园区、昆山市和太仓市，全长 73.3 km，集水与排涝面积 1 063.38 km^2。

河道以昆山市青阳港为界，分东西两段，由环城河相衔接，西段娄江长 33.65 km，河底宽 20～80 m，河底高程－2.5～－1.0 m，河口宽 60～100 m；东段浏河长 27.47 km，河底宽 80～100 m，河底高程－2.5～－2.0 m，河口宽 120～150 m。娄江-浏河支流众多、水网发达，两岸骨干河道有外塘河、青秋浦、界浦、尤泾、张家港、小虞河、皇仓泾、汉浦塘、金鸡河、青阳港、夏驾河、吴塘、盐铁塘、半泾河、十八港、石头塘、汤泾河等。

（二）环太湖支流

望虞河：位于无锡、苏州两市交界处，太湖流域武澄锡虞地区与阳澄淀泖地区之间，是沟通太湖和长江的流域性骨干河道，也是太湖流域综合治理中的一条分区界河，南起太湖滨沙墩口，北至长江边耿泾口，沿线经过苏州市相城区、无锡市新吴区、锡山区和常熟市，全长 62.3 km，其中河道段 60.3 km，入湖段 0.9 km，入江段 1.1 km。现状望虞河河道底宽一般为 80～82 m，河底高程－3.0 m。

苏东运河：苏东运河是吴中境内重要河道。起点太湖（金湾），终点京杭大运河

(新郭),河道总长度 32.9 km,吴中区段河道总长度 26.38 km。为县级河道,河道等级Ⅴ级,河道功能为排涝和供水。

浒光运河:浒光运河是滨湖片区联系京杭大运河与太湖水系的省、市、区三级重要骨干河道,现状为交通航运Ⅵ级航道,规划为Ⅴ级旅游航道。河道西起太湖铜坑港闸,向东北连接京杭大运河,全长约 18.0 km。浒光运河高新区段西起吴中光福镇,终点为京杭大运河,总长 11.8 km,涉及高新区科技城(东渚街道)、通安镇和浒墅关经开区三个行政区。浒光运河两侧建有硬质驳岸 21.6 km,自然护坡2 km,现状河道水面平均宽度 30~40 m。浒光运河高新区段沿线有 17 条支流河道,其中西侧支流河道有前进河西段、石桥河、渚镇河、中桥港、严山河、黄石板河、金墅港、山桥浜、南庄河北段;东侧支流河道有前进河东段、诺贝尔河、白龙河、东塘河、树山河、徐家桥浜、建林河、南庄河南段。

胥江:胥江吴中辖区段起于太湖口胥口枢纽船闸,止于横塘浜,流经木渎镇和胥口镇。全长 9.65 km,河宽为 30~60 m。现状为Ⅵ级航道,航道宽度为 22.2~35.3 m,两侧大部分设有挡墙,挡墙高程 5.0 m。胥江主要功能:工业用水、引排水、通航。胥江沿线有大小支河 28 条,其中主要支河有顺堤河、上沿山河、木光运河、泾一河、木横河、走马塘河、白塔浜、万罗山河、长石河等 10 余条。

木光运河:木光运河北起浒光运河,南至胥江,流经光福镇、穹窿山、木渎镇、胥口镇,为区域性骨干河道。全长 8.9 km,平均河面宽 20~30 m。木光运河主要功能:工业用水、农副业用水、引排水。

(三) 其他骨干河道

江南运河:运河苏州段西起苏锡两市交界的新安沙墩港,南至江浙两省交界处的鸭子坝,流经相城区、高新区、姑苏区、吴中区和吴江区,穿滨湖、淀泖和浦南三区域,长 81.8 km。运河苏州段在太浦河以南段(吴江区平望镇)又名澜溪塘,故运河苏州段西起新安沙墩港,南至太浦河,全长 64.0 km,汇流面积 2 500 km^2。苏南运河苏州段作为苏州水系的大动脉,串联起南北东西,上段西岸与众多入太湖河道连接,东岸与沿长江水系沟通,下段与淀泖区河道相连通,主要支流有浒光运河、胥江、苏东河、望虞河、元和塘、娄江、吴淞江、苏申外港线、太浦河等,支河口共计 167 处,其中 103 处支河口建有防洪闸、排涝站或闸站等控制建筑物,其余 64 处支河口敞开。

吴淞江:位于苏州市中南部,西起东太湖瓜泾口,东至花桥四江口入上海市境内,最终汇入黄浦江,古为太湖排洪入海的天然大川,是“太湖三江”的主干,具有行洪、排涝、供水、航运和景观等综合功能。苏州市境内河道沿途流经吴江区、吴中区、工业园区和昆山市,全长 56.8 km,排涝面积 757.93 km^2。

河道东西横贯阳澄淀泖区,现状河面宽 50~69 m,底宽 11~55 m,河底高程 −4.7~−0.7 m。两岸支河众多,北岸骨干河道有斜塘河、界浦港、青阳港、夏驾河等,南岸骨干河道有长牵路港、屯浦塘、大直港、诸天浦、千灯浦等。吴淞江东太湖口建有瓜泾口枢纽,包括一座净宽 32 m 的节制闸和一座净宽 12 m 的船闸。

吴淞江具有防洪、排涝、供水、航运及景观等功能,在区域经济社会和生态环境方面发挥着重要的作用。

太浦河:太浦河上承东太湖,下接黄浦江,是排泄太湖洪水的主要通道之一,兼排杭嘉湖区部分涝水,也是流域向下游地区供水的骨干河道。河道西起东太湖边的时家港,向东至平望北与苏南运河相交,再经汾湖至南大港入西泖河接黄浦江,全长 57.6 km。涉及江苏、浙江和上海两省一市,其中江苏境内河道长 40.73 km。现状为Ⅳ级航道。

太浦河从太浦闸至苏南运河段长 14.32 km,河底宽 40 m,河底高程－2.5 m;苏南运河至老运河段长 1.35 km,河底宽 117.4 m,河底高程－2.5～－2.14 m;老运河至杨家荡段长 2.94 km,河底宽 117.4 m,河底高程－4.5～－2.5 m;杨家荡至苏沪交界长 22.12 km,河底宽 90～212 m,河底高程－5.0 m(其中汾湖段底宽 50 m,底高程－1.5 m);苏沪交界至西泖河段长度 16.87 km,河底宽 106～134 m,河底高程－5.0 m。

(四) 主要湖泊

太湖:太湖位于长江三角洲的南缘,是一个典型的大型浅水湖泊,为中国五大淡水湖之一,界 30°55′40″N～31°32′58″N 和 119°52′32″E～120°36′10″E,位于江苏省南部,北临江苏无锡,南濒浙江湖州,西依江苏常州武进,东近江苏苏州。太湖湖面面积 2 338 km^2,南北长 68.5 km,东西平均宽 56 km,湖岸线长 405 km,湖泊平均水深 1.9 m,最大水深 2.6 m,湖泊容积 48.7 亿 m^3。其西和西南侧为丘陵山地,东侧以平原及水网为主。太湖水系呈由西向东泄泻之势,平均年出湖径流量为 75 亿 m^3,蓄水量为 44 亿 m^3。太湖水面面积的 75%在苏州市境内,是苏州重要的水源地。

阳澄湖:阳澄湖是《江苏省湖泊保护名录》中的湖泊之一,是苏州市防洪、排涝、引水和灌溉的重要调蓄湖泊。阳澄湖保护区面积 556.33 km^2,涉及常熟市虞山街道、沙家浜镇、辛庄镇、常熟高新技术产业开发区的部分区域,昆山市巴城镇、昆山高新区的部分区域,相城区阳澄湖度假区、阳澄湖镇、太平街道、渭塘镇、元和街道、相城经济开发区、北河泾街道的部分区域,姑苏区平江街道的部分区域,工业园区娄葑街道、唯亭街道的部分区域。

湖体总面积 117.4 km^2,南北长约 17 km,东西宽约 11 km。湖中两条带状圩埂(莲花岛和美人腿)将湖体分割为东湖、中湖、西湖三部分,其中东湖面积 51.7 km^2、中湖 34.1 km^2、西湖 31.6 km^2,分别占 44.1%、29.0%、26.9%。

湖体周边河道顺应自然水势,水流由西向东为主,进水口分布于西部和西北部,出水口位于东部和南部。环湖出入湖河道约 73 条,其中骨干进出河道 59 条,包括西线 17 条、北线 12 条、东线 15 条、南线 15 条，常年有水流动进出的河道约 30 条。

淀山湖：位于上海市青浦区与江苏省苏州市昆山市交界，总面积 62～63 km^2，是上海最大的淡水湖泊。淀山湖是上海的母亲河——黄浦江的源头，上游承接太湖吴江地区来水，经急水港、大朱厍、白石矶等 24 条河港汊入湖；经拦路港东西泖河、斜塘，下泄入黄浦江。淀山湖是弱感潮湖泊，不仅有调节径流的作用，还具有灌溉、养殖、航运、水产、供水和旅游等多种功能。湖区盛产鱼、虾、蟹等，是水产养殖的良好场所。苏申航线经过湖区，是沟通苏南与上海市区的重要水上通道。淀山湖是上海市的主要水源地之一。

元荡：元荡位于太浦河之北、黎里镇东部，分属吴江与上海市，其湖泊总面积为 12.90 km^2，其中吴江部分 9.93 km^2，周长 17 491 m，常水位 2.86 m，湖泊容积 2 592 万 m^3，湖底平均高程 0.25 m。元荡出入湖通道主要有东渚港、成大港、东二图港、修字圩西港、顾家全港、倪家路、吴家村港、陈家湾、八荡河、天决口等 25 处，其中西侧八荡河为主要入湖河道，东北侧天决口为下泄淀山湖的主要通道。

（五）水文资料

主要包括苏州市各县（市/区）降雨、水位、流量等监测资料。其中雨量站 26 个、水位站 8 个、流量站 10 个。站点名称见表 2.1，具体包括：

(1) 基准年（2019 年）21 个雨量站逐时降雨量，丰水年（2014 年）、平水年（2011 年）、枯水年（2013 年）19 个雨量站及特枯年（1997 年）16 个雨量站的逐日降雨量；

(2) 基准年（2019 年）8 个水位站逐时水位；

(3) 基准年（2019 年）10 个流量站逐日引排水量。

表 2.1　苏州市水文资料站点统计

站点类型	站点名称	年份	监测频率
雨量站	枫桥、洞庭西山、胥口、望亭、湘城、平望、金家坝、王江泾、唯亭、白茆闸、常熟、浒浦闸、望虞闸、张家港闸、十一圩港闸、昆山、陈墓、周巷、七浦闸、浏河闸、直塘	2019 年	逐时降水量
	洞庭西山、胥口、望亭、湘城、苏州、瓜泾口、平望、太浦闸、王江泾、常熟、浒浦闸、望虞闸、张家港闸、十一圩港闸、张桥、昆山、陈墓、七浦闸、浏河闸	2014 年、2013 年、2011 年	逐日降水量
	洞庭西山、胥口、望亭、湘城、瓜泾口、平望、芦墟、白茆闸、常熟、望虞闸、十一圩港闸、昆山、陈墓、周巷、七浦闸、浏河闸	1997 年	逐日降水量
水位站	太湖、常熟、湘城、琳桥、陈墅、枫桥、平望、王江泾	2019 年	逐时水位

续表

站点类型	站点名称	年份	监测频率
流量站	常熟枢纽、望亭枢纽、太浦闸、七浦闸、杨林闸、浏河闸、浒浦闸、白茆闸、张家港闸、十一圩港闸	2019 年	逐日引排水量

二、水利工程体系

目前，苏州市已形成长江堤防控制线、环太湖堤防控制线、望虞河东岸控制线、太浦河北岸控制线以及淀山湖昆山堤段控制线五条外围防洪屏障，基本挡住了长江和太湖流域 50 年一遇洪水的入侵。

（一）水利工程体系

长江堤防控制线 长江堤防设计防洪标准为 50 年一遇高潮位，设计防洪水位为 6.18 m，堤防等级为Ⅱ级。张家港及江阴交界至常熟福山港堤（墙）顶高程为 9.00～9.25 m，福山港至浒浦闸段为 9.00～9.20 m，浒浦闸至太仓与上海宝山交界处为 9.20 m，堤顶宽度 6 m，青坎高程 6.75 m，青坎宽度 1～2 m。沿线主要有张家港闸、十一圩闸、浒浦闸、白茆闸、荡茜枢纽节制闸、七浦闸、杨林闸、浏河闸等 8 个口门，七浦塘江边枢纽、常熟海洋泾枢纽 2 座泵站，七浦塘江边枢纽泵站设计流量为 120 m^3/s，海洋泾枢纽泵站设计流量为 30 m^3/s。

环太湖堤防控制线 苏州境内太湖堤防设计防洪标准为 50 年一遇向 100 年一遇过渡，堤防等级为Ⅱ级，其中东太湖堤防等级为Ⅰ级，设计防洪水位为 4.65 m。堤顶高程 7 m，堤顶宽度 6 m，堤内青坎高程 4.50 m，堤内青坎宽 10 m，局部为 5 m。主要口门建筑物有胥口、瓜泾口、大浦口、戗港、三船路闸等。

望虞河东岸控制线 望虞河堤防设计防洪标准为 50 年一遇，堤防等级为Ⅲ级，设计防洪水位为 4.2 m。太湖至望亭立交堤顶高程为 7.0 m，望亭立交至鹅真荡为 6.0 m，鹅真荡至常熟枢纽为 5.5 m，常熟枢纽至长江为 8.0 m。东岸堤顶宽度为 6.5 m，西岸为 5.0 m。青坎高程 4.5 m，宽度分别为 5 m、2 m。主要口门建筑物有琳桥港船闸、冶长泾闸、永昌泾闸、虞山船闸等。

太浦河北岸控制线 太浦河堤防设计防洪标准为 50 年一遇，堤防等级为Ⅲ级，设计防洪水位为 4.58 m。太浦闸以上段堤顶高程 7.0 m，太浦闸以下段为 5.5～5.6 m，堤顶宽度 10 m。青坎高程 4.5 m，青坎宽 10 m。主要口门建筑物有北窑港闸、东西港闸、西林塘闸、东溪河闸、沧浦港闸等。

江南运河防洪工程 江南运河苏州段堤防设计防洪标准为 100 年一遇（其中苏州城市中心区为 200 年一遇，太浦河至草荡段为 50 年一遇）。太浦河以北段堤顶高程 5.8～6.5 m，太浦河以南段堤顶高程 5.8～6.0 m。主要口门建筑物有青龙桥枢纽、胥江枢纽、仙人大港枢纽、大龙港枢纽、澹台湖枢纽等。

淀山湖堤防控制线 淀山湖堤防设计防洪标准为 50 年一遇，堤防等级为Ⅱ

级，设计防洪水位为4.45 m。堤顶高程6.0 m，堤顶宽度分别为5 m、10 m、12 m。外青坎高程4.5 m，宽度不小于3 m，内青坎高程不低于4.0 m，宽度2～3 m。沿线布置有穿堤建筑物27座，其中挡洪闸13座，泵站13座，套闸1座，泵站总排涝流量73 m^3/s。

（二）调度原则

1. 统筹洪水与水量调度

当流域或区域发生洪水时，重点保护城市和重要城镇、重要基础设施安全，强化水利工程联调联控，充分发挥河湖闸站工程防洪排涝减灾综合效益。当流域或区域发生干旱时，重点保障居民生活用水需求，配合引江济太进行水量调度，保障区域用水安全。

2. 统筹流域与区域调度

服从流域洪水和水量调度，当区域发生大洪水、超标洪水或干旱时，在科学调度区域工程基础上，积极协调望虞河、京杭大运河等流域性工程调度，全力保障区域防洪与供水安全。

3. 统筹日常与应急调度

当流域或区域发生干旱、水污染、水质恶化等事件时，在确保防洪安全的前提下，综合考虑区域用水需要，原则上可以实施水量应急调度。

（三）调度权限

1. 苏州市防汛抗旱指挥部负责沿江浒浦闸、白茆闸、荡茜枢纽节制闸、七浦闸、杨林闸、浏河闸、七浦塘江边枢纽及七浦塘沿线水闸、箱涵的运行调度。

2. 张家港市防汛抗旱指挥部负责沿江张家港闸、十一圩港闸及辖区内沿江其他口门的运行调度。常熟市、太仓市防汛抗旱指挥部负责各自辖区内沿江其他口门的运行调度。其中张家港闸、十一圩港闸实施流域、区域洪水与水量调度时，由苏州市防汛抗旱指挥部发布调度指令。

3. 苏州市防汛抗旱指挥部负责胥口和东太湖瓜泾口、三船路、大浦口、戗港闸的运行调度，相城区、高新区、吴中区、吴江区防汛抗旱指挥部负责各自辖区内环太湖其他口门的运行调度。

4. 苏州市防汛抗旱指挥部负责琳桥闸、永昌泾闸的运行调度，明确“引江济太”期间望虞河东岸开启口门的数量和流量；常熟市、相城区防汛抗旱指挥部负责各自辖区内望虞河东岸沿线其他口门的运行调度。

5. 当区域发生大洪水、超标洪水或干旱时，长江、太湖、望虞河沿线口门须服从苏州市防汛抗旱指挥部统一调度。

第三章

苏州市河网水量水质模型构建

课题组采用基于双对象共享结构的“数字流域系统平台”,成功构建了太湖流域河网水量水质模型,可对流域产汇流、河网及湖泊水流运动等水循环过程进行模拟,还能够对营养盐、藻类、重金属、有机毒物和石油类等污染物的迁移及归趋进行预测。目前,该模型已成功应用于太湖流域水文过程演变、实时洪水预报、水资源优化配置、水环境治理方案评估、防洪-供水-环境-生态多目标调控、突发水污染预警等领域,取得了较好的预测及预报效果。

该模型由区域水文模型、污染负荷模型、水动力模型、水质模型和来水组成模型组成。降雨径流模块与污染负荷模块为耦合计算模块提供水量、水质边界条件以驱动模型计算,模拟骨干河道河网水动力特征及污染物输移的时空变化过程。

第一节　模型计算原理

一、水文模型

本项目研究区域全部位于太湖流域平原地区。下垫面分布是影响平原区产流的主要因素,其中土地利用类型对产流过程的影响更为显著,为了体现不同下垫面产流特征的差异,将平原区下垫面分为 4 类(水面、水田、旱地和城镇建设用地),分别构建相应的产流模型。

水田产流量按田间水量平衡原理来确定。

将城镇建设用地下垫面分为透水层、具有填洼的不透水层和不具有填洼的不透水层 3 类。透水层主要由城镇中的绿化地带组成,道路、屋顶等为具有填洼的不透水层,具有坑洼,或下水道管网等调蓄。

旱地产流采用三层蒸发模型的三水源新安江蓄满产流模型。

(一) 水面产流模拟

逐日水面产流(净雨深)为日降雨量与蒸发量之差,即:

$$R_1 = P - \beta E \tag{3.1}$$

式 3.1 中:P 为日雨量,单位为 mm;R_1 为日净雨量,单位为 mm;E 为蒸发皿蒸发量，单位为 mm；β 为蒸发皿折算系数。

（二）水田产流模拟

水田产流量按田间水量平衡原理来确定。为了保证水稻正常生长，在水稻不同的生育期需要维持一定的水层深度，起控制作用的水层深度分为适宜水深上限、适宜水深下限和耐淹水深等，根据水稻不同生长阶段实际田面水深与特征水深间的关系，确定水田产流量和灌溉量。

（三）旱地产流模拟

由于苏州市属长江下游典型湿润地区，雨量较为丰沛。降雨形成径流的条件主要是降雨量超过土壤缺水量而产生径流，适合采用蓄满产流模型计算旱地降雨径流量。本研究中对旱地产流计算拟采用三层蒸发模型的三水源新安江蓄满产流模型。

输入为降雨 P 和水面蒸发 EM，输出为流域出口断面流量 Q 和流域蒸散发量 E。模型主要由四部分组成，即蒸散发计算、产流量计算、水源划分和汇流计算。

（四）城镇产流模拟

从产流角度分析，城镇建设用地大部分为不透水面，可采用降雨和综合径流系数计算地面产流。若将城镇下垫面进一步细分，可分为以下三类：(1)透水层，主要由绿化带构成，占城市面积的比例为 A1；(2)具有填洼的不透水层，包括带有坑洼的城市道路和屋顶，占城市面积的比例为 A2；(3)不具有填洼的不透水层，占城市面积的比例为 A3。

二、污染负荷模型

收集研究区域内的点源、污染治理及社会经济等相关资料，开展各类污染源产生、排放路径和最终去向调查。该模型由产生模块和处理模块构成，其中产生模块估算各种污染源的产生量，处理模块计算污染源经过污水处理厂等各种污染治理措施的处理后，进入水体的污染负荷。其中产生模块包括 4 种计算模式，分别是 PROD、UNPS、DNPS 和 PNPS 模式。

（一）污染负荷产生量

污染负荷产生模块包括工业点源、城镇生活、农村生活、畜禽养殖、水产养殖、城镇降雨径流污染、旱地降雨径流污染、稻田降雨径流污染。其中城镇生活、农村生活、畜禽养殖和水产养殖产生的污染物采用 PROD 模式计算其产生量；随旱地和稻田降雨径流迁移的污染负荷分别采用 DNPS 和 PNPS 模式估算；随城镇降雨径流迁移的污染负荷采用 UNPS 模式估算，各种模式计算原理和方法如下。

1. PROD 模式

PROD 模式也称为产排污系数法，用于计算城镇生活、农村生活、畜禽养殖、水产养殖等与降雨径流无关的污染源的负荷产生量。

$$W_{产i}^{j}=N_i \times R_i^j \tag{3.2}$$

其中：$W_{产i}^{j}$ 为第 i 种污染源第 j 种污染物的产污量；N_i 为第 i 种污染源的数量；R_i^j 为第 i 种污染源第 j 种污染物的产污系数。

2. UNPS 模式

UNPS 用于计算城镇地表在降雨-径流冲刷下的污染负荷量，采用污染物累积-径流冲刷模型计算，具体方法如下。

1）污染物累积模型

降雨径流携带的污染负荷与降雨量、径流量及污染物累积量等因素有关。《美国流域水环境保护规划手册》指出，径流冲刷率与总降雨量有关，与降雨强度的关系很小。当日降雨量大于 12.7 mm 时，对地表累积污染物的冲刷率大于或等于 90%，因此，模型引入"每日临界降水量"概念，代表当日降雨量等于"每日临界降水量"时，地表累积污染物冲刷率达到 90%，按式 3.3 反推地表污染物累积量。

按各种土地利用类型，分别计算单位面积单位时间所产生的污染负荷[kg/(km^2 · d)]，然后再求得总的污染负荷量，计算公式为：

$$P=\sum_{i=1}^{n} P_i=\sum_{i=1}^{n} X_i A_i \tag{3.3}$$

式 3.3 中：P 为各种土地类型的污染物累积速率，单位为 kg/d；P_i 为第 i 种土地类型的污染物累积速率，单位为 kg/d；X_i 为第 i 种土地类型单位面积污染物累积速率，单位为 kg/(km^2 · d)；A_i 为第 i 种土地类型的总面积，单位为 km^2；n 为土地类型个数。

其中，X_i 的计算式为：

$$X_i=\alpha_i \gamma_i R_{cl}/0.9 \tag{3.4}$$

式 3.4 中：α_i 为城市污染物浓度参数，单位为 mg/L；γ_i 为地面清扫频率参数；R_{cl} 为城市临界降水量，单位为 mm/d。

其中，$\gamma_i=N_i/20$（清扫间隔 $N_i<20$ h）；$\gamma_i=1$（清扫间隔 $N_i \geq 20$ h）。

污染物浓度参数 α_i，该数值在各地（南京、常州、苏州、上海等）典型实验的基础上统计得出，见表 3.1。

表 3.1　城市地表径流污染物浓度参数

城市土地利用类型	污染物浓度参数(mg/L)			
	COD	TP	TN	NH_3-N
生活区	14	0.15	0.58	0.174

续表

城市土地利用类型	污染物浓度参数(mg/L)			
	COD	TP	TN	NH_3-N
商业区	56.4	0.33	1.31	0.393
工业区	21.2	0.31	1.22	0.366
其他	10	0.04	0.27	0.081

若 $R_c=0$，则地表污染物每日的累积量按式 3.4 计算；

若 $R_c>0$，则地表污染物的累积量为 0。

其中：R_c 为城市日降水量，单位为 mm/d。

由于大城市清扫频率一般为 1 次/日，所以假设城市地表污染物的累积量不超过一日的累积量。

2) 径流冲刷模型

径流冲刷量的大小与降雨强度、历时和清扫规律等因素有关。萨特(Sartor)等人认为，可用简单一级动力反应概念来计算城区降雨-径流的冲刷量，模型为：

$$\frac{\mathrm{d}P}{\mathrm{d}t}=-kR_sP \tag{3.5}$$

式 3.5 中：P 为城市地表污染物的累积速率，单位为 kg/d；k 为降雨径流冲刷系数，单位为 1/mm，城市地区取 0.14～0.19；R_s 为城市净雨强度，单位为 mm/h。

对式 3.5 积分可得：

$$P_t=P(1-\mathrm{e}^{-kR_st}) \tag{3.6}$$

式 3.6 中：P_t 为降雨历时 t 的地表污染物冲刷速率，单位为 kg/d。

对于连续多天的降雨，降雨第 1 天地表污染物剩余量作为第 2 天的地表污染物累积量连续计算。

3. DNPS 模式

DNPS 用于计算随旱地降雨径流流失的污染负荷量。模型考虑不同分区年施肥量的差异对随降雨径流流失的旱地污染负荷流失量的影响。具体计算方法为：首先建立单位面积农田肥料年流失量与年流失率的关系，计算得到年流失量；然后根据农田单位面积年径流量(净雨深)，计算出径流中各种污染物的年平均浓度，再根据农田逐日净雨深，计算旱地污染物随降雨径流的流失过程。

1) 营养盐流失通量与径流量关系

旱地降雨径流污染负荷的估算主要考虑营养盐流失通量与径流深、施肥量的关系。大量野外田间试验表明，肥料用量对随径流流失的营养盐负荷具有非常显著的影响。以肥料施用量为横坐标，流失的营养盐负荷为纵坐标，绘制两者的相关关系，并采用式 3.7 的函数关系对其进行线性拟合。

$$W_f = m_f\eta + W_0 \tag{3.7}$$

式 3.7 中：η 为肥料年流失率，单位为%；W_f 为某一施肥水平下单位面积肥料年流失量，单位为 kg/hm^2；W_0 为零施肥条件下单位面积肥料年流失量，单位为 kg/hm^2；m_f 为单位面积年施肥量，单位为 kg/hm^2。

2) 污染物流失量估算

首先根据旱地年施肥量，按式 3.7 估算旱地在某一施肥水平下的单位面积肥料年流失量 W_f。

若 $R_d=0$，即旱地产流量为零，则污染物流失量 $W_d=0$；

若 $R_d>0$，即旱地产流，相应污染物日流失量按式 3.8 计算：

$$W_d = \frac{W_f}{H_s} \times R_d \times A_d \tag{3.8}$$

式 3.8 中：W_d 为旱地污染物日流失量，单位为 kg；H_s 为旱地标准年净雨深，单位为 mm；R_d 为旱地日净雨深，单位为 mm；A_d 为计算单元内的旱地面积，单位为 hm^2。

4. PNPS 模式

PNPS 模式用于计算随稻田降雨径流流失的污染负荷量。根据稻田田面水浓度随施肥量的变化特征，从质量守恒原理出发，考虑影响田面水浓度变化的各种因素，尤其是稻季不同阶段施肥量对田面水浓度的影响，建立稻田营养盐运移转化模型，预测稻田营养盐的径流损失量。

1) 稻田径流氮素流失模型构建

从质量平衡观点出发，抓住田面水浓度变化的各影响因素建立稻田氮素运移转化模型，从宏观上预测稻田氮素随田面排水的损失量。对于田面水中的氨氮，考虑肥料水解、氨挥发、硝化—反硝化以及田面水蒸发、渗漏、降水、灌溉和排水等因素，经过推导，建立如下氮素平衡方程：

$$\frac{d(h_1C_1)}{dt} = R_iC_{i1} + R_rC_{r1} + 100\phi_n - (R_d + R_l)C_1 - (k_v + k_n)h_1C_1 \tag{3.9}$$

$$\frac{d(h_1C_2)}{dt} = R_iC_{i2} + R_rC_{r2} + 100\phi_n - (R_d + R_l)C_2 - (k_v + k_{dn})h_1C_2 \tag{3.10}$$

$$F_{nc}^1 = (F_{nc}^0 + F_nR_n)\exp(-k_{hn}\Delta t) \tag{3.11}$$

$$\phi_n = (F_{nc}^0 + F_nR_n)(1 - \exp(-k_{hn}\Delta t))/\Delta t \tag{3.12}$$

式 3.9～3.12 中：h_1 为田面水深度，单位为 mm；C_1 和 C_2 为田面水 NH_3-N

和 TN 浓度，单位为 mg/L；R_i 为稻田灌溉速率，单位为 mm/d；C_{i1} 和 C_{i2} 为稻田灌溉水中 NH_3-N 和 TN 浓度，单位为 mg/L；R_r、R_d、R_l 分别为降水强度、实际排水速率及渗漏速率，单位为 mm/d；C_{r1} 和 C_{r2} 为降水中 NH_3-N 和 TN 浓度，单位为 mg/L；ϕ_n 为氮肥向田面水的释放通量，单位为 kg/(hm^2 · d)；k_v 为溶液中 NH_3-N 的挥发速率常数，单位为 d^{-1}；k_n 和 k_{dn} 为水土界面的硝化和反硝化速率常数，单位为 d^{-1}；F_n 为单位面积施氮量，单位为 kg/hm^2；F_{nc}^0 为前一计算时刻单位面积土地的氮肥存量，单位为 kg/hm^2；F_{nc}^1 为后一计算时刻单位面积土地的氮肥存量，单位为 kg/hm^2；F_{nc}^1 为氮肥溶解于田面水的比例，单位为%；k_{hn} 为氮肥水解速率，单位为 d^{-1}。

式 3.9 描述了田面水中 NH_3-N 的质量守恒，等号左边代表单位面积田面水 NH_3-N 的质量变化率；等号右边第一和第二项分别表示单位时间稻田灌溉水和降雨带入的 NH_3-N；第三项表示单位时间氮肥水解产生的 NH_3-N；第四项表示单位时间田面排水和渗漏带走的 NH_3-N 质量；最后一项是单位时间田面水由于氨挥发和硝化而减少的 NH_3-N。

式 3.10 描述了田面水中 TN 的质量守恒，等号左边代表单位面积田面水 TN 的质量变化率；等号右边第一和第二项分别表示单位时间稻田灌溉水和降雨带入的 TN；第三项表示单位时间氮肥水解产生的 TN；第四项表示单位时间田面排水和渗漏带走的 TN 质量；最后一项是单位时间田面水由于氨挥发和反硝化而减少的 TN。

对式 3.9 和 3.10 进行离散求解得到 TN 和 NH_3-N 田面水浓度变化过程：

$$
\begin{aligned}
C_1^1 &= \frac{A_1 \Delta t + h_1^0 C_1^0}{h_1^1 + B_1 \Delta t} \\
A_1 &= R_i C_{i1} + R_r C_{r1} + 100\varphi_n \\
B_1 &= R_d + R_l + (k_v + k_n) h_1^1
\end{aligned}
\tag{3.13}
$$

$$
\begin{aligned}
C_2^1 &= \frac{A_2 \Delta t + h_1^0 C_2^0}{h_1^1 + B_2 \Delta t} \\
A_2 &= R_i C_{i2} + R_r C_{r2} + \varphi_n \\
B_2 &= R_d + R_l + (k_v + k_{dn}) h_1^1
\end{aligned}
\tag{3.14}
$$

2）稻田径流磷素流失模型构建

模型从质量平衡观点出发，建立稻田磷素运移转化模型，以预测稻田磷素随排水的流失量。对于田面水中的 TP，考虑磷肥水解、吸附-解吸以及田面水蒸发、渗漏、降水、灌溉和排水等因素，经推导，建立了如下平衡方程：

$$
\frac{\mathrm{d}(h_1 C_3)}{\mathrm{d}t} = R_i C_{i3} + R_r C_{r3} + 100\varphi_p - (R_d + R_l) C_3 - k_a h_1 C_3 \tag{3.15}
$$

$$F_{pc}^{1}=(F_{pc}^{0}+F_{p}R_{p})\exp(-k_{hp}\Delta t) \tag{3.16}$$

$$\varphi_{p}=(F_{pc}^{0}+F_{p}R_{p})(1-\exp(-k_{hp}\Delta t))/\Delta t \tag{3.17}$$

式 3.15、3.16、3.17 中：C_3 为田面水 TP 的质量浓度，单位为 mg/L；R_i 为灌溉速率，单位为 mm/d；C_{i3} 为灌溉水中 TP 的质量浓度，单位为 mg/L；C_{r3} 为降水中 TP 的质量浓度，单位为 mg/L；k_a 为土壤对 TP 的吸附速率常数，单位为 d^{-1}；φ_p 为磷肥向田面水的释放通量，单位为 $kg/(hm^2 \cdot d)$；F_p 为单位面积施磷量，单位为 kg/hm^2；F_{pc}^0 为前一计算时刻单位面积土地的磷肥存量，单位为 kg/hm^2；F_{pc}^1 为后一计算时刻单位面积土地的磷肥存量，单位为 kg/hm^2；R_p 为磷肥溶解于田面水的比例，单位为%；k_{hp} 为磷肥水解速率，单位为 d^{-1}。

式 3.15 描述了田面水中 TP 的质量平衡，等号左边代表单位面积田面水中 TP 的质量变化率；等号右边第一和第二项分别表示单位时间灌溉水和降雨带入的 TP；第三项表示单位面积田面水中磷料的溶解量；第四项表示单位时间田面排水和渗漏带走的 TP；最后一项描述了土壤对 TP 的吸附量。

对式 3.15 进行求解得到 TP 田面水浓度变化过程：

$$\begin{aligned} C_3^1 &= \frac{A_3\Delta t + h_1^0 C_3^0}{h_1^1 + B_3\Delta t} \\ A_3 &= R_i C_{i3} + R_r C_{r3} + 100\varphi_p \\ B_3 &= R_d + R_1 + k_a h_1^1 \end{aligned} \tag{3.18}$$

3）稻田径流耗氧有机物（COD、BOD）流失模型构建

稻田 COD 流失过程不同于氮素和磷素，其浓度变化与施肥关系不大，模型假定在田面水中存在 COD 和 BOD 的浓度上限，采用水箱掺混模型估算田面水中的 COD 和 BOD 的浓度变化过程，其平衡方程如下：

$$\frac{d(h_1C_4)}{dt}=R_iC_{i4}+R_rC_{r4}+\varphi_c-(R_d+R_1)C_4 \tag{3.19}$$

$$\varphi_c=\frac{h_1(C_{max}-C_4)}{T} \tag{3.20}$$

式中：C_4 为田面水有机物的质量浓度，单位为 mg/L；R_i 为灌溉速率，单位为 mm/d；C_{i4} 为灌溉水中有机物的质量浓度，单位为 mg/L；C_{r4} 为降水中有机物的质量浓度，单位为 mg/L；φ_c 为有机物向田面水的释放通量，单位为 mg · mm/L/d；C_{max} 为田面水有机物浓度上限，单位为 mg/L；T 为田面水有机物释放周期，单位为 d。

式 3.19 描述了田面水中有机物的质量平衡，等号左边代表单位面积田面水中有机物的质量变化率；等号右边第一和第二项分别表示单位时间灌溉水和降雨带入的有机物；第三项表示单位面积田面水中有机物的释放速率；第四项表示单位时

间田面排水和渗漏带走的有机物。

对式 3.19 进行求解得到有机物田面水浓度变化过程：

$$C_4^1=\frac{h_1^0C_4^0+\left(R_iC_{i4}+R_rC_{r4}+\frac{h_1^0(C_{max}-C_4^0)}{T}\right)\cdot\Delta t}{h_1^1+(R_d+R_l)\Delta t} \tag{3.21}$$

4) 稻田径流污染物流失量估算

计算得到田面水污染物浓度随时间的变化过程后，即可根据稻田的排水量按下式计算随径流流失的污染物负荷量：

若 $R_p\leqslant0$，即水田产流量为零，则产污量 $W_p=0$；

若 $R_p>0$，即水田产流，产污量按下式计算：

$$W_p=0.01C_a\times R_p\times A_p \tag{3.22}$$

式 3.22 中：W_p 为水田日产污量，单位为 kg；C_a 为田面水污染物浓度，单位为 mg/L；R_p 为水田日净雨深，单位为 mm；A_p 为计算单元内的水田面积，单位为 hm^2。

（二）污染负荷入河量

污染负荷产生模块用于估算流域内各种污染物的产生量。在此基础上，需要根据现场调查得到的各种污染源的排放路径及处理措施的处理效率，确定各类污染源的入河系数，最终估算其污染负荷入河量。

各污染源的污染负荷入河量根据污染负荷产生量、各种污染源排放路径的比例系数以及各种处理单元的处理效率计算得到，具体计算公式如下：

$$W_{ei}=W_{pi}\times\sum_{j=1}^{m}(p_{ij}\times\prod_{k=1}^{n}(1-f_k)) \tag{3.23}$$

式 3.23 中：W_{ei} 为第 i 种污染源的污染物入河量，单位为 $kg\cdot d^{-1}$；W_{pi} 为第 i 种污染源的污染物产生量，单位为 $kg\cdot d^{-1}$；p_{ij} 为第 i 种污染源第 j 条入河路径的比例系数；m 为第 i 种污染源入河路径的数量；f_k 为第 k 种处理单元的处理效率，处理单元包括化粪池、湖荡、农村生活污染分散处理、畜禽污染物处理、土壤还田、雨/污水管网等 6 种；n 为第 i 种污染源第 j 条入河路径对应的处理单元数量。

（三）污染负荷模型参数估值

综上，与降雨无关的城镇生活、农村生活等污染源采用 PROD 模式计算；城镇地表径流污染采用 UNPS 模式计算；旱地径流污染采用 DNPS 模式计算；水田径流污染采用 PNPS 模式计算。根据各模式的计算原理和方法，选取如下重要参数，如表 3.2 所示。

表 3.2　污染负荷模型重要参数获取方式

计算模式	参数	获取方式
PROD 模式	产污系数	参考已有研究成果及相关文献
UNPS 模式	城市地表径流污染物浓度参数(mg/L)	参考已有研究成果及相关文献
DNPS 模式	施肥水平(kg/hm^2)	统计年鉴
	营养盐流失量与施肥量关系	参考已有研究成果及相关文献
PNPS 模式	肥料种类、施肥时间、施肥水平	调研确定
	稻田氨挥发通量	参考已有研究成果及相关文献

1. 污染源产污系数

根据污染负荷模型计算原理，排污系数主要包括城镇人口和农村人口的产污系数。数据来源主要包括全国污染源普查系数手册和相关参考文献的数据。

其中城镇人口排污系数主要参考全国污染源普查《城镇生活源产排污系数手册》，按照所在区域和城市类别确定排污系数。对于农村人口，主要参考典型农村生活污水排放系数调查数据。

旱地降雨产污模型参数参考《第二次全国污染源普查产排污系数手册》，构建旱地农田污染物(COD、NH_3-N、TN 和 TP)流失率与施肥量关系。

2. 入河路径比例系数

目前，根据研究区域各类型污染源入河方式和路径比例取值。重点对苏州市城镇生活、农村生活等污染类型的污染物入河途径及比例、处理方式、处理效率等开展典型调查，提高参数取值的可靠性。

(四) 污染负荷时空分配方法

平原河网区独特的地形和水系特征，使得污染物尤其是面源污染物的迁移规律不同于其他地区。污染物时空分配的目的在于将模型计算得到的污染物入河量按一定的空间比例和时间过程分配到各条概化河道上，作为河网水质模型的污染源计算条件。

1. 污染负荷时空迁移特征

结合平原河网地区的地形特征、水系结构及水量交换方式，可将其面源污染物迁移规律的特殊性概括为以下几个方面。

1) 平原河网区的地势相对低平，河道比降小，水流流向不定，往往呈现双向往复流。同时这类地区一般位于河口附近，水流受潮汐的顶托作用比较明显，运动规律更加复杂。

2) 这类地区的工农业生产水平一般比较发达，城市化率较高，人口密度较大。此外，该地区地势较低，容易遭受洪涝灾害侵袭。为了保护人民生命财产安全，需要建设大量的闸、泵等水利工程设施进行防洪排涝，使得平原河网区的水流运动受到人工调控影响。

3）平原河网地区的圩堤一般是闭合的，利用节制闸或泵站控制圩内与圩外水量的交换，因此圩区面源污染物向河网迁移的空间位置及时间过程均受到人为控制，导致圩区污染物的时空迁移特征与非圩区存在显著差异。

根据上述对平原河网区面源污染物迁移规律的分析，将污染物迁移计算分为空间分配和时间分配两个步骤，其中污染物迁移的空间分配解决污染物以何种空间比例进入概化河道，时间分配指的是经过空间分配的污染物以何种时间过程汇入河道。由于圩区污染物的迁移过程受人工调控，因此，污染物迁移的时间分配又分为非圩区和圩区污染物的时间分配两种。通过对污染负荷进行时空分配后，就可以得到每条河道的污染物入河过程，从而为水质模型计算提供边界条件。

2. 污染负荷空间分配

1）点源污染空间分配

点源污染物的空间分配分成两种情况，对于有明确排放去向的点污染源，通过设置排污口与受纳水体的关联关系即可。对于没有具体排放去向的点污染源，按照就近入河原则排入受纳水体，即排污口距离哪条河道最近，就假设排入该条河道。

2）面源污染空间分配

平原河网区独特的水系特征决定了其水系结构不同于丘陵地区，形成了平原河网区水系典型的网状结构，形成了许多由河道包围的网状多边形结构，多边形内产生的污染物必然汇入包围多边形的周边河道内。例如，多边形 S_1 内产生的污染物将汇入 L_1、L_2、L_3 和 L_4，因此要按一定的比例将多边形内产生的污染物分配到周边河道上。然而，平原河网区特殊的地貌特征决定了难以采用数字高程模型(Digital Elevation Model，DEM)来确定多边形内面源污染物的流向。这是因为平原河网区的地势低平，地面高程差别和河道比降均较小，河道的汇流区界限难以确定且水动力条件复杂。因此需要结合水系结构特征及面源污染迁移特征，提出适合这类地区的面源污染空间分配方法。

将污染负荷模型与 GIS 技术相结合，充分利用 GIS 的空间运算能力以及“栅格”化处理技术，实现圩区和非圩区各种土地利用下面源污染负荷向周边河道的自动分配。具体实现方法如下。

①计算域栅格化及空间运算

如图 3.1 所示，首先将圩区分布图层、土地利用图层和栅格图层相叠加，采用空间运算技术对上述图层进行空间叠合分析，生成每个网格单元圩区及非圩区不同土地利用类型的范围，统计相应土地利用的面积，A_{rw}^{j} 为河网多边形第 i 个网格第 j 种土地利用的面积，单位为 km^2。

②计算汇流权重因子

在将栅格面积分配到周边河道之前，需要计算汇流权重因子。

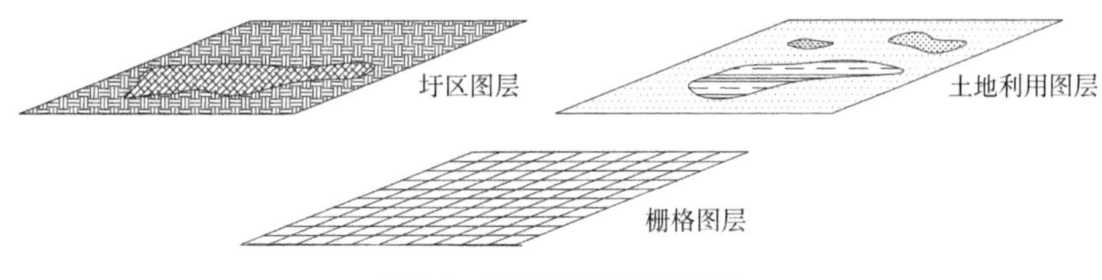

图 3.1　图层空间运算示意图

$$P_i^k = \frac{A_k / d_i^k}{\sum_{k=1}^{m} (A_k / d_i^k)} \tag{3.24}$$

式 3.24 中：P_i^k 为第 i 个栅格到第 k 条河道上的权重因子，单位为%；d_i^k 为第 i 个栅格到第 k 条河道的距离，单位为 km；A_k 为第 k 条河道的断面面积，单位为 m^2；m 为包围该栅格的河道数量。

该权重因子综合考虑了河道过流能力以及河道多边形结构特征对面源污染物空间分配的影响，能够更加全面地反映平原河网地区面源污染物的迁移特点。

③确定面源污染流向

统计每个网格到第 k 条河道的最大权重因子，按公式 3.25 计算：

$$M_i = \max\{P_i^k, k = 1, L, m\} \tag{3.25}$$

式 3.25 中：M_i 为某个河网多边形的第 i 个网格汇入第 k 条河道的最大权重因子，单位为%；m 为包围该栅格的河道数量。

如果第 i 个网格到第 k 条河道的权重因子最大，那么该网格的面源污染负荷全部汇入第 k 条河道。

④面源污染汇流区划分

依次计算河网多边形内每个网格的面源污染汇入周边河道的最大权重因子，所有汇入同一条河道的网格即构成该河道的汇流区。

⑤统计汇流区土地利用类型面积

按公式 3.26 统计河网多边形不同土地利用类型的面积：

$$A_j = \sum_{i=1}^{n} A_i^j \tag{3.26}$$

式 3.26 中：A_i^j 为某河道汇流区第 i 个网格第 j 种土地利用类型的面积，单位为 km^2；A_j 为河网多边形第 j 种土地利用类型的面积，单位为 km^2；n 为某河道汇流区的栅格数量。

依次对所有河网多边形重复上述计算过程，得到计算区域全部河道的汇流区范围及对应的各种土地利用类型面积。

⑥计算面源污染入河量

将河道汇流区的各类土地利用面积输入污染负荷模型，计算与每条河道对应的面源污染入河量 WL_k。

3. 污染负荷时间分配

1）点源污染的时间分配

点源污染物的时间分配既可以随时间变化，也可以不随时间变化。如果污染源入河过程随时间变化，则需要给定点源污染物的排放量随时间的变化过程；若点源污染排放量不随时间变化，则仅需给出污染物年排放量即可。

2）面源污染的时间分配

随降雨径流迁移的污染物是通过支流逐级汇入概化河网的，因此，通过空间分配后得到的产污过程不等于汇污过程，还需要根据圩区和非圩区污染物的汇集特征，计算相应的汇污过程。面源污染物的时间分配就是解决被河道包围的多边形内产生的污染物以何种时间过程进入概化河道。

由于圩区与概化河道的水量交换要受到节制闸和泵站调控的影响，因此圩区与非圩区面源污染物的时间分配需要分开处理。

①非圩区污染物时间分配

面源污染物时间分配的关键在于考虑河道支流过流能力的限制，因此引入“虚拟联系”的概念。“虚拟联系”相当于带有闸门和泵站等水利设施的宽顶堰，其宽度等于与河道相连的所有支流的宽度之和，由于非圩区内的支流与河道直接相通，水量交换不受人工控制，因此在计算过程中假设“虚拟联系”的闸门始终敞开。

首先，根据质量守恒定律建立非圩区内面源污染物质量平衡方程，如式3.27所示。

$$(W_0 - S_0) \times \Delta t = A_0(Z_0 C_0 - Z_0^0 C_0^0) \tag{3.27}$$

式3.27中：W_0 为非圩区的产污过程，单位为 kg/d；S_0 为非圩区的汇污过程，单位为 kg/d；Δt 为时间步长；A_0 为非圩区的水面面积，单位为 km^2；Z_0^0 和 Z_0 分别为时段初和时段末非圩区水面的水位，单位为 m；C_0^0 和 C_0 分别为时段初和时段末非圩区的污染物平均浓度，单位为 mg/L。

同时根据宽顶堰的堰流公式，当出流为自由出流时：

$$q_0 = m \cdot \alpha \cdot L \cdot \sqrt{2g} \cdot (Z_0 - Z_1)^{1.5} \tag{3.28}$$

当出流为淹没出流时：

$$q_0 = \varphi_m \cdot \alpha \cdot L \cdot (Z_r - Z_d)\sqrt{2g(Z_0 - Z_r)} \tag{3.29}$$

式3.28、3.29中：q_0 为非圩区的出流量，单位为 m^3/s；m 为自由出流系数；φ_m 为淹没出流系数；L 为与虚拟联系相对应的河道长度，单位为 km；α 为河道的旁侧过水率，等于支流的宽度与河道长度之比；Z_1 为虚拟联系的底高程，单位为

m；Z_r 为河道的水位，单位为 m；Z_d 为河道的底高程，单位为 m。

将式 3.28 与式 3.29 或 3.27 联立求解，即可解得非圩区的汇污过程 S_0。

②圩区污染物时间分配

圩区污染物的时间分配方法与非圩区相似，差别在于圩区的"虚拟联系"需要考虑闸门和泵站在不同水情条件下的调度。

首先，根据质量守恒定律建立圩区面源污染物平衡方程，如式 3.30 所示。

$$(W_w - S_w) \times \Delta t = A_w (Z_w C_w - Z_w^0 C_w^0) \tag{3.30}$$

式 3.30 中：W_w 为圩区的产污过程，单位为 kg/d；S_w 为圩区的汇污过程，单位为 kg/d；Δt 为时间步长；A_w 为圩区的水面面积，单位为 km^2；Z_w^0 和 Z_w 分别为时段初和时段末圩区水面的水位，单位为 m；C_w^0 和 C_w 分别为时段初和时段末圩区的污染物平均浓度，单位为 mg/L。

其次，需要计算闸门开启条件下圩区出流过程。根据宽顶堰的堰流公式，当出流为自由出流时：

$$q_w = m \cdot \alpha \cdot L \cdot \sqrt{2g} \cdot (Z_w - Z_1)^{1.5} \tag{3.31}$$

当出流为淹没出流时：

$$q_w = \varphi_m \cdot \alpha \cdot L \cdot (Z_r - Z_d) \sqrt{2g(Z_w - Z_r)} \tag{3.32}$$

式 3.31、3.32 中：q_w 为圩区出流量，单位为 m^3/s；m 为自由出流系数；φ_m 为淹没出流系数；L 为与虚拟联系相对应的河道长度，单位为 km；α 为河道的旁侧过水率，等于支流的宽度与河道长度之比；Z_1 为虚拟联系底高程，单位为 m；Z_r 为河道水位，单位为 m；Z_d 为河道底高程，单位为 m。

将式 3.31 与式 3.32 或 3.30 联立求解，即可解得圩区的汇污过程 S_w。

由于圩区内的沟、塘等水面具有一定的水量调蓄能力，因此对于圩区内的泵站调度原则，当圩区内的降雨量不大，调蓄水深较小时，一般不开泵排水；当圩区降雨量较大，调蓄水深超过一定阈值后，则需要开泵排涝，降低圩区水位。对于圩区，还需要考虑圩区水利工程的调度原则以及泵站的排涝模数。

根据对平原河网圩区水利工程调控情况的分析，按以下调控原则控制圩区"虚拟联系"的启闭：

a. 当圩区水位高于河道水位，或者河网水位处于枯水季节时，开启虚拟联系的闸门，按上述方法计算圩区汇污过程；

b. 当圩区水位高于或等于河道水位，并且圩区的调蓄水深为负时，关闭虚拟联系的闸门，同时通过泵站从河道向圩区引水，使圩区调蓄水深达到 20 cm，此时没有污染负荷向河道汇集；

c. 当圩区水位低于河道水位，并且圩区的调蓄水深为负时，开启虚拟联系的闸门从河道自流引水，使圩区调蓄水深达到 20 cm，此时没有污染负荷向河道汇集；

d. 当圩区水位低于河道水位，并且圩区调蓄水深超过 40 cm 时，关闭虚拟联系的闸门，同时通过泵站排涝，使圩区调蓄水深保持在 40 cm，此时按泵站排涝模数和污染物浓度计算污染排放量；

e. 当圩区水位低于河道水位，并且圩区调蓄水深在 40 cm 以内时，关闭虚拟联系的闸门，此时没有污染负荷向河道汇集。

三、河网水动力模型

（一）基本方程

描述一维河道水流运动的圣维南方程组如下：

$$\begin{cases} B\dfrac{\partial Z}{\partial t}+\dfrac{\partial Q}{\partial X}=q \\ \dfrac{\partial Q}{\partial t}+\dfrac{\partial}{\partial x}\left(\dfrac{\alpha Q^2}{A}\right)+gA\dfrac{\partial Z}{\partial x}+gA\dfrac{|Q|Q}{K^2}=qV_X \end{cases} \tag{3.33}$$

式 3.33 中：q 为旁侧入流；Q 为河道断面流量，单位为 m^3/A；A 为过水面积，单位为 m^2；B 为河宽，单位为 m；Z 为水位，单位为 m；V_X 为旁侧入流流速在水流方向上的分量；K 为流量模数，反映河道的实际过流能力；α 为动量校正系数，是反映河道断面流速分布均匀性的系数；A 为断面面积，单位为 m^2。

（二）求解方法

采用四点线性隐式差分格式对河网水动力模型基本方程进行数值离散，利用三级联解法求解。

对任一由断面 i 与断面 $i+1$ 组成的河段（如图 3.2 所示），方程组 3.33 采用四点线性隐式差分格式进行数值离散，得任一河段的差分方程为：

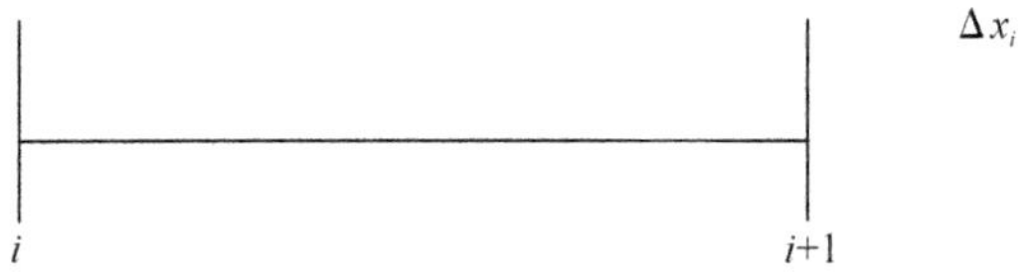

图 3.2　任一河段示意图

$$\begin{cases} -Q_i^{j+1}+Q_{i+1}^{j+1}+C_iZ_i^{j+1}+C_iZ_{i+1}^{j+1}=D_i \\ E_iQ_i^{j+1}+G_iQ_{i+1}^{j+1}-F_iZ_i^{j+1}+F_iZ_{i+1}^{j+1}=\phi_i \end{cases} \tag{3.34}$$

式 3.34 中：

$$C_i = \frac{\Delta X_i}{2\Delta t} B^j_{i+\frac{1}{2}}$$

$$D_i = \Delta X_i q_i + C_i (Z^j_i + Z^j_{i+1})$$

$$E_i = \frac{\Delta X_i}{2\Delta t} - \left(\alpha\alpha u^j_i + \frac{g}{2}\left(\frac{A\ |\ Q\ |}{K^2}\right)\right)^j_i \Delta X_i$$

$$G_i = \frac{\Delta X_i}{2\Delta t} - \left(\alpha\alpha u^j_i + \frac{g}{2}\left(\frac{A\ |\ Q\ |}{K^2}\right)\right)^j_{i+1} \Delta X_i$$

$$F_i = g A^j_{i+\frac{1}{2}}$$

$$\phi_i = \frac{\Delta X_i}{2\Delta t}(Q^j_i + Q^j_{i+1})$$

为了书写方便，忽略式 3.34 中之上标 $j+1$ 后，得到任一河段连续方程及动量方程的差分方程如下：

$$\begin{cases} -Q_i + Q_{i+1} + C_i Z_i + C_i Z_{i+1} = D_i \\ E_i Q_i + G_i Q_{i+1} - F_i Z_i + F_i Z_{i+1} = \phi_i \end{cases} \tag{3.35}$$

图 3.3 计算河段示意图

对如图 3.3 所示的河道，节点(I)称为首节点，节点(J)称为末节点。该河道共有 $L_2 - L_1$ 个河段，可写出如下差分方程组：

$$\begin{cases} -Q_{L_1} + Q_{L_{1+1}} + C_{L_1} Z_{L_1} + C_{L_1} Z_{L_{1+1}} = D_{L_1} \\ E_{L_1} Q_{L_1} + G_{L_1} Q_{L_{1+1}} - F_{L_1} Z_{L_1} + F_{L_1} Z_{L_{1+1}} = \phi_{L_1} \\ -Q_{L_{1+1}} + Q_{L_{1+2}} + C_{L_{1+1}} Z_{L_{1+1}} + C_{L_{1+1}} Z_{L_{1+2}} = D_{L_{1+1}} \\ E_{L_{1+1}} Q_{L_{1+1}} + G_{L_{1+1}} Q_{L_{1+2}} - F_{L_{1+1}} Z_{L_{1+1}} + F_{L_{1+1}} Z_{L_{1+2}} = \phi_{L_{1+1}} \\ -Q_{L_{2-1}} + Q_{L_2} + C_{L_{2-1}} Z_{L_{2-1}} + C_{L_{2-1}} Z_{L_2} = D_{L_{2-1}} \\ E_{L_{2-1}} Q_{L_{2-1}} + G_{L_{2-1}} Q_{L_2} - F_{L_{2-1}} Z_{L_{2-1}} + F_{L_{2-1}} Z_{L_2} = \phi_{L_{2-1}} \end{cases} \tag{3.36}$$

式 3.36 共有 $2(L_2 - L_1)$ 个差分方程，包含 $2(L_2 - L_1) + 2$ 个未知量，以首节点水位和末节点水位为自由变量，采用双追赶法消去中间断面的水位和流量，最后得到首、末断面的流量与首、末节点水位关系的两个方程。这两个方程形式如下：

$$\begin{aligned} Q_{L_1} &= \alpha + \beta Z_{(I)} + \xi Z_{(J)} \\ Q_{L_2} &= \theta + \eta Z_{(I)} + \gamma Z_{(J)} \end{aligned} \tag{3.37}$$

即首、末断面流量表示成首、末节点水位的线性关系。在方程式 3.37 的推导如下：

由方程组 3.36 的最后两个方程式消去 Q_{L_2} 后得：

$$Q_{L_{2-1}}=\alpha_{L_{2-1}}+\beta_{L_{2-1}}Z_{L_{2-1}}+\xi_{L_{2-1}}Z_{L_2} \tag{3.38}$$

式 3.38 中：

$$\alpha_{L_{2-1}}=\frac{\phi_{L_{2-1}}-G_{L_{2-1}}D_{L_{2-1}}}{G_{L_{2-1}}+E_{L_{2-1}}}$$

$$\beta_{L_{2-1}}=\frac{C_{L_{2-1}}-G_{L_{2-1}}+F_{L_{2-1}}}{G_{L_{2-1}}+E_{L_{2-1}}}$$

$$\xi_{L_{2-1}}=\frac{C_{L_{2-1}}-G_{L_{2-1}}-F_{L_{2-1}}}{G_{L_{2-1}}+E_{L_{2-1}}}$$

再将式 3.38 代入方程组 3.36 中倒数第二个河段的差分方程中，消去 $Z_{L_{2-1}}$ 后得：

$$Q_{L_{2-2}}=\alpha_{L_{2-2}}+\beta_{L_{2-2}}Z_{L_{2-2}}+\xi_{L_{2-2}}Z_{(J)} \tag{3.39}$$

式 3.39 中：

$$\alpha_{L_{2-2}}=\frac{Y_1(\phi_{L_{2-2}}-G_{L_{2-2}}\alpha_{L_{2-1}})-Y_2(D_{L_{2-2}}-\alpha_{L_{2-1}})}{Y_2+Y_1E_{L_{2-2}}}$$

$$\beta_{L_{2-2}}=\frac{Y_2C_{L_{2-2}}+Y_1F_{L_{2-2}}}{Y_2+Y_1E_{L_{2-2}}}$$

$$\xi_{L_{2-2}}=\frac{\xi_{L_{2-1}}(Y_2-Y_1G_{L_{2-2}})}{Y_2+Y_1E_{L_{2-2}}}$$

$$Y_1=C_{L_{2-2}}+\beta_{L_{2-1}}$$

$$Y_2=G_{L_{2-2}}\beta_{L_{2-1}}+F_{L_{2-2}}$$

依次由后向前把本断面流量表达成本断面水位和末节点水位的线性函数，递推公式如下：

$$Q_i=\alpha_i+\beta_iZ_i+\xi_iZ_{(J)}$$
$$i=L_{2-2},L_{2-3},\cdots,L_1 \tag{3.40}$$

式 3.40 中系数由下列递推公式求得：

$$\alpha_i=\frac{Y_1(\phi_i-G_i\alpha_{i+1})-Y_2(D_i-\alpha_{i+1})}{Y_2+Y_1E_i}$$

$$\beta_i=\frac{Y_2C_i+Y_1F_i}{Y_2+Y_1E_i}$$

$$\xi_i=\frac{\xi_{i+1}(Y_2-Y_1G_i)}{Y_2+Y_1E_i}$$

$$Y_1=C_i+\beta_{i+1}$$

$$Y_2=G_i\beta_{i+1}+F_i$$

同理从第一河段开始，设法把断面流量表达成本断面水位和首节点水位的线性函数：

$$Q_i=\theta_i+\eta_i Z_i+\gamma_i Z_{(I)} \quad i=L_{1+2},L_{1+3},\cdots,L_2 \tag{3.41}$$

其中系数由下列递推公式求得：

$$\theta_i=\frac{Y_2(D_{i-1}+\theta_{i-1})-Y_1(\phi_{i-1}-E_{i-1}\theta_{i-1})}{Y_2-G_{i-1}Y_1}$$

$$\eta_i=\frac{F_{i-1}Y_1-C_{i-1}Y_2}{Y_2-G_{i-1}Y_1}$$

$$\gamma_i=\frac{\gamma_{i-1}(Y_2+E_{i-1}Y_1)}{Y_2-G_{i-1}Y_1}$$

$$Y_1=C_{i-1}-\eta_{i-1}$$

$$Y_2=E_{i-1}\eta_{i-1}-F_{i-1}$$

对于 $i=L_{1+1}$ 有：

$$\theta_{L_{1+1}}=\frac{E_{L_1}D_{L_1}+\phi_{L_1}}{E_{L_1}+G_{L_1}}$$

$$\eta_{L_{1+1}}=-\frac{C_{L_1}E_{L_1}+F_{L_1}}{E_{L_1}+G_{L_1}}$$

$$\gamma_{L_{1+1}}=\frac{F_{L_1}-C_{L_1}E_{L_1}}{E_{L_1}+G_{L_1}}$$

因此，由上述递推公式可以得到：

$$\begin{cases}Q_{L_1}=\alpha_{L_1}+\beta_{L_1}Z_{(I)}+\xi_{L_1}Z_{(J)}\\ Q_{L_2}=\theta_{L_2}+\eta_{L_2}Z_{(J)}+\gamma_{L_2}Z_{(I)}\end{cases} \tag{3.42}$$

其中：$Z_{(I)}$ 为首节点水位，$Z_{(J)}$ 为末节点水位，即首、末断面流量表达为首、末节点水位的线性组合。在计算递推式时需要保存六个追赶系数 α、β、ξ、θ、η 和 γ。一旦首、末节点水位求得后，利用式 3.40、3.42 对同一断面的流量有：

$$\begin{cases}Q_i=\alpha_i+\beta_i Z_i+\xi_i Z_{(J)}\\ Q_i=\theta_i+\eta_i Z_i+\gamma_i Z_{(J)}\end{cases} \tag{3.43}$$

联立求解得：

$$Z_i=-\frac{\theta_i-\alpha_i+\gamma_i Z_{(I)}-\xi_i Z_{(J)}}{\eta_i-\beta_i} \tag{3.44}$$

求得 Z_i 后，代入式 3.40 中即可得 Q_i。

（三）堰、闸、泵水利工程模拟

对于计算域内分布的堰、闸和泵站等水利工程，其过流流量可采用水力学公式计算，以宽顶堰为例，其水流可分为自由出流、淹没出流两种流态，不同流态采用不同的计算公式：

当出流为自由出流时，

$$Q = mB\sqrt{2g}H_0^{1.5} \tag{3.45}$$

当出流为淹没出流时，

$$Q = \varphi_m B h_s \sqrt{2g(Z_1 - Z_2)} \tag{3.46}$$

式 3.45、3.46 中：B 为堰宽；m 为自由出流系数，一般取 0.325～0.385 之间；φ_m 为淹没出流系数，一般取 1.0～1.18 之间；$H_0 = Z_1 - Z_d$；$h_s = Z_2 - Z_d$；Z_d 为堰顶高程；Z_1 为堰上水位；Z_2 为堰下水位。对于不同的联系要素采用相应的水力学公式，采用局部线性化离散出流量与上、下游水位的线性关系方法求解。

对自由出流流态，公式 3.45 离散后可得：

$$Q = \alpha_f Z_a + \beta_f \tag{3.47}$$

对淹没出流流态，公式 3.46 离散后可得：

$$Q = \alpha_s (Z_a - Z_b) \tag{3.48}$$

式 3.47、3.48 中：α_f、α_s、β_f 为与 Z_a、Z_b 有关的系数，一般采用时段初水位来计算。为了提高计算精度，可采用迭代法计算 α_f、α_s、β_f。

四、河网水质模型

一维河网水质模型采用基于非充分掺混假定的有限体积法求解。

（一）模型基本框架

通过分析氮、磷元素在河流水体中的迁移和转化规律，构建描述不同形态氮、磷元素转化的动力反应过程的计算公式。模型模拟 5 种氮素状态变量，分别是 2 种有机形态（颗粒态和溶解态有机氮）、2 种无机态（氨氮和硝态氮）和总氮。模拟 4 种磷素状态变量，2 种有机形态（颗粒态和溶解态有机磷）、1 种无机态（磷酸盐）和总磷。此外，模型还对 COD、DO 等物质的迁移转化过程进行模拟。

（二）模型基本方程

河网水质模型的通用方程如下所示：

$$\frac{\partial(AC)}{\partial t} + \frac{\partial(UAC)}{\partial x} = \frac{\partial}{\partial x}\left(AE_x \frac{\partial C}{\partial x}\right) + \frac{AS}{86\ 400} + S_w \tag{3.49}$$

式 3.49 中：A 为断面面积，单位为 m^2；C 为某种水质指标的浓度，单位为 mg/L；t 为时间，单位为 s；E_x 为纵向分散系数，单位为 m^2/s；U 为断面平均流速，单位为 m/s；S 为某种水质指标的内部动力反应项，单位为 $g/(m^3 \cdot d)$；S_w 为某种水质指标的外部源汇项，单位为 $g/(m \cdot s)$。

（三）动力反应项方程

1) 化学需氧量(COD)

模型中 COD 表示可氧化的物质的浓度。包括外部负荷的动力学方程如下：

$$S = -\frac{C_o}{KH_c + C_o} k_c C_c + \frac{R_c}{h} \tag{3.50}$$

式 3.50 中：C_c 为 COD 浓度，单位为 mg/L；C_o 为溶解氧浓度，单位为 mg/L；KH_c 为 COD 降解的溶解氧半饱和常数，单位为 mg/L；k_c 为 COD 的降解系数，单位为 d^{-1}；h 为水体平均水深，单位为 m；R_c 为沉积物的 COD 释放通量，单位为 $g/(m^2 \cdot d)$。

使用指数函数描述温度对 COD 降解系数的影响。

$$K_c = K_{rc} \exp[K_{tc}(T - T_{rc})] \tag{3.51}$$

式 3.51 中：K_{rc} 为温度为 T_{rc} 时的 COD 降解速率，单位为 d^{-1}；K_{tc} 为 COD 降解的温度效应，单位为℃$^{-1}$；T_{rc} 为 COD 降解的参考温度，单位为℃。

2) 氮循环

N 在水中以分子态氮(N_2)、有机态氮(ON)、氨态氮(NH_3-N)、硝态氮(NO_3^--N)、亚硝态氮(NO_2^--N)及硫氰化物和氰化物等多种形式存在，而 ON、NH_3-N、NO_2^--N、NO_3^--N 是其在水体中主要存在形态，简称“四氮”，是衡量水体毒理性和富营养化程度的重要指标。

城市污水中的有机氮在 11～14 ℃时，经过 19 h 就全部转化为铵态氮。在溶解氧充足的条件下，铵态氮在亚硝化细菌的作用下，氧化成 NO_2^--N，进而在硝化细菌的作用下转化成稳定的 NO_3^--N。在厌氧环境及有机碳源充足的条件下，硝态氮在反硝化细菌的作用下，还原成气态氮逸出水体环境，实现水体氮含量的去除。在某些特殊环境下，硝态氮与铵态氮还可通过厌氧氨氧化菌的作用实现短程硝化-反硝化，此过程不受有机碳源含量的控制。

模型模拟氮素的 5 个状态变量：两种有机形态(颗粒态和溶解态有机氮)、两种无机态(氨氮和硝态氮)以及总氮。模型中的硝态氮代表硝氮和亚硝氮之和，总氮代表有机和无机态氮素浓度之和。由于亚硝态氮是硝化作用和反硝化作用的中间产物，在自然环境中极不稳定，因此，模型中不对亚硝态氮单独模拟。

①颗粒态有机氮

模型主要考虑颗粒态有机氮水解和沉降过程。

$$S = -K_{on}C_{on} - \frac{WS_{pom} \cdot C_{on}}{h} \tag{3.52}$$

式 3.52 中：C_{on} 为颗粒态有机氮浓度，单位为 mg/L；K_{on} 为颗粒态有机氮的水解速率，单位为 d^{-1}；WS_{pom} 为颗粒态有机氮的沉降速度，单位为 $m \cdot day^{-1}$。

使用指数函数描述温度对有机氮水解的影响。

$$K_{on} = K_{ron}\exp[K_{hdr}(T - T_{hdr})] \tag{3.53}$$

式 3.53 中：K_{ron} 为温度为 T_{hdr} 时的有机氮水解速率，单位为 d^{-1}；K_{hdr} 为有机氮水解的温度效应，单位为℃$^{-1}$；T_{hdr} 为有机氮水解的参考温度，单位为℃。

②溶解态有机氮

模型主要考虑溶解态有机氮矿化过程。

$$S = K_{on}C_{on} - K_{dn}C_{dn} \tag{3.54}$$

式 3.54 中：C_{dn} 为溶解态有机氮浓度，单位为 mg/L；K_{dn} 为溶解态有机氮的矿化速率，单位为 d^{-1}。

使用指数函数描述温度对有机氮矿化的影响。

$$K_{dn} = K_{rdn}\exp[K_{mnl}(T - T_{mnl})] \tag{3.55}$$

式 3.55 中：K_{rdn} 为温度为 T_{mnl} 时的有机氮矿化速率，单位为 d^{-1}；K_{mnl} 为有机氮矿化的温度效应，单位为℃$^{-1}$；T_{mnl} 为有机氮矿化的参考温度，单位为℃。

③氨氮

模型主要考虑有机氮矿化以及氨氮在硝化细菌作用下转化为硝态氮，主要化学反应为：

$$2NH_4^+ + 3O_2 \longrightarrow 2NO_2 + 2H_2O$$

$$2NO_4^+ + O_2 \longrightarrow 2NO_3 + 2H_2O$$

故 1 mol 氨氮氧化成硝酸盐氮需消耗 2 mol 的氧气。

$$S = K_{on}C_{on} - K_nC_n + \frac{R_n}{h} \tag{3.56}$$

式 3.56 中：K_n 为 NH_3-N 的硝化速率，单位为 d^{-1}；C_n 为 NH_3-N 的浓度，单位为 mg/L；R_n 为沉积物的 NH_3-N 释放通量，单位为 $g/(m^2 \cdot d)$；h 为平均水深，单位为 m。

硝化过程由自养硝化细菌完成，细菌通过将氨氮氧化成亚硝态氮以及进一步氧化成硝态氮而获取能量。反应的方程式为：

$$NH_4^+ + 2O_2 \longrightarrow NO_3^- + H_2O + 2H^+$$

完整的硝化过程动力学是氨氮、溶解氧以及温度的函数。硝化速率按式3.57估算：

$$k_{\mathrm{n}}=\frac{C_{\mathrm{o}}}{KH_{\mathrm{no}}+C_{\mathrm{o}}}\frac{1}{KH_{\mathrm{n}}+C_{\mathrm{n}}}K_{\mathrm{nm}}\cdot f_{\mathrm{n}}(T)$$
$$f_{n}(T)=\exp[-K_{\mathrm{n1}}(T-T_{\mathrm{n}})^{2}]\text{ 如果 }T<T_{\mathrm{n}} \quad (3.57)$$
$$f_{n}(T)=\exp[-K_{\mathrm{n2}}(T_{\mathrm{n}}-T)^{2}]\text{ 如果 }T>T_{\mathrm{n}}$$

式3.57中：KH_{no} 为硝化反应的溶解氧半饱和常数，单位为 $\mathrm{g\cdot O_2m^{-3}}$；$KH_{\mathrm{n}}$ 为氨氮的硝化半饱和常数，单位为 $\mathrm{g\cdot Nm^{-3}}$；K_{nm} 为温度为 T_{n} 时的最大硝化速率，单位为 $\mathrm{g\cdot N\cdot m^{-3}\cdot day^{-1}}$；$T_{\mathrm{n}}$ 为硝化过程的最佳温度，单位为℃；K_{n1} 为温度低于 T_{n} 时对硝化速率的影响，单位为℃$^{-2}$；K_{n2} 为温度高于 T_{n} 时对硝化速率的影响，单位为℃$^{-2}$。

公式3.56中溶解氧的Monod函数表明低溶解氧水平对硝化的抑制作用。氨氮的Monod函数表明当氨氮充足时，硝化速率受硝化细菌活性的限制。使用高斯形式表示温度对硝化的影响。

④硝态氮

模型主要考虑氨氮在硝化细菌作用下转化为硝态氮以及沉积物释放产生的硝态氮，反硝化使硝态氮转化为 N_2 等气体。

$$S=k_{\mathrm{n}}C_{\mathrm{n}}-K_{\mathrm{dn}}C_{\mathrm{nn}}+\frac{R_{\mathrm{nn}}}{h} \quad (3.58)$$

式3.58中：K_{dn} 为硝态氮的反硝化速率，单位为 $\mathrm{d^{-1}}$；C_{nn} 为 NO_3-N 的浓度，单位为 mg/L；R_{nn} 为沉积物硝态氮释放通量，单位为 $\mathrm{g/(m^2\cdot d)}$；h 为平均水深，单位为 m。

当自然系统中的氧含量下降，可以通过减少备用电子受体氧化有机质。根据热动力学理论，缺氧条件下减少的第一备用受体是硝态氮。大量异养厌氧菌消耗硝态氮的过程定义为反硝化，该反应的方程如下：

$$4NO_3^-+4H^++5CH_2O\longrightarrow 2N_2+7H_2O+5CO_2$$

模型中的反硝化动力学是一阶的：

$$K_{\mathrm{dn}}=\frac{KH_{\mathrm{DO}}}{KH_{\mathrm{DO}}+C_{\mathrm{o}}}\frac{C_{\mathrm{nn}}}{KH_{\mathrm{dn}}+C_{\mathrm{nn}}}AANOX\cdot K_{\mathrm{DOC}} \quad (3.59)$$

式3.59中：KH_{DO} 为好氧呼吸的溶解氧半饱和常数，单位为 mg/L；K_{DOC} 为在充足溶解氧条件下溶解态有机碳的异养呼吸速率，单位为 $\mathrm{d^{-1}}$；KH_{dn} 为硝态氮反硝化的半饱和常数，单位为 $\mathrm{g\cdot Nm^{-3}}$；C_{nn} 为硝态氮浓度，单位为 mg/L；$AANOX$ 为反硝化速率与溶解态有机碳好氧呼吸速率的比值。

使用指数函数描述温度对有机碳异氧呼吸的影响。

$$K_{DOC}=K_{rDOC}\exp[K_{ton}(T-T_{ron})] \tag{3.60}$$

式 3.60 中：K_{rDOC} 为温度为 T_{ron} 时溶解态有机碳的异氧呼吸速率，单位为 d^{-1}；K_{ton} 为有机物矿化的温度效应，单位为℃$^{-1}$；T_{ron} 为有机物矿化的参考温度，单位为℃。

⑤总氮

模型中总氮浓度等于有机氮和无机氮浓度之和。

3) 磷循环

模型中包括磷的 4 个状态变量，包括两种有机形态（颗粒态和溶解态有机磷）、1 种无机态（磷酸盐）和总磷。

①颗粒态有机磷

模型主要考虑颗粒态有机磷水解和沉降过程。

$$S=-K_{op}C_{op}-\frac{WS_{pom}\cdot C_{op}}{h} \tag{3.61}$$

式 3.61 中：C_{op} 为有机磷浓度，单位为 mg/L；K_{op} 为有机磷的水解速率，单位为 d^{-1}。

使用指数函数描述温度对有机磷水解的影响。

$$k_{op}=K_{rop}\exp[K_{hdr}(T-T_{hdr})] \tag{3.62}$$

式 3.62 中：K_{rop} 为温度为 T_{hdr} 时的有机磷水解速率，单位为 d^{-1}；K_{hdr} 为有机物水解的温度效应，单位为℃$^{-1}$；T_{hdr} 为有机物水解的参考温度，单位为℃。

②溶解态有机磷

模型主要考虑溶解态有机磷矿化过程。

$$S=K_{op}C_{op}-K_{dp}C_{dp} \tag{3.63}$$

式 3.63 中：C_{dp} 为溶解态有机磷浓度，单位为 mg/L；K_{dp} 为溶解态有机磷的矿化速率，单位为 d^{-1}。

使用指数函数描述温度对有机磷矿化的影响。

$$K_{dp}=K_{rdp}\exp[K_{mnl}(T-T_{mnl})] \tag{3.64}$$

式 3.64 中：K_{rdp} 为温度为 T_{mnl} 时的有机磷矿化速率，单位为 d^{-1}；K_{mnl} 为有机物矿化的温度效应，单位为℃$^{-1}$；T_{mnl} 为有机物矿化的参考温度，单位为℃。

③总磷酸盐

模型主要考虑有机磷矿化和沉积物释放产生的总磷酸盐。

$$S=K_{op}C_{op}+\frac{R_{p}}{h}-\frac{WS_{TSS}\cdot C_{po4}}{h} \tag{3.65}$$

式 3.65 中：C_{po4} 为总磷酸盐浓度，单位为 mg/L；WS_{TSS} 为悬浮物沉降速度，单位为 $m \cdot day^{-1}$；R_p 为总磷酸盐沉积物释放通量，单位为 $g/(m^2 \cdot d)$；h 为平均水深，单位为 m。

④总磷

模型中总磷浓度等于有机磷和总磷酸盐浓度之和。

4）溶解氧

水体中溶解氧的平衡主要考虑大气复氧、有机物生化耗氧、硝化作用耗氧和底泥耗氧。其中底泥耗氧除了底泥中污染物的生化耗氧与化学耗氧外，还包括底栖生物的呼吸耗氧等。

$$S = K_o(C_{os} - C_o) - \frac{C_o}{KH_c + C_o} k_c C_c - AO_{NT} \times k_n C_n - \frac{R_{so}}{h} \tag{3.66}$$

式 3.66 中：K_o 为复氧系数，单位为 d^{-1}；C_{os} 为饱和溶解氧的浓度，单位为 mg/L；C_o 为溶解氧浓度，单位为 mg/L；AO_{NT} 为硝化单位质量氨氮消耗的溶解氧质量（$4.33\ g \cdot O_2/gN$）；h 为平均水深，单位为 m；R_{so} 为底泥耗氧系数，单位为 $g/(m^2 \cdot d)$。

①饱和溶解氧

假设大气氧含量处于饱和状态，大气-水界面间的溶解氧复氧速率正比于溶解氧梯度（DO_s-DO）。溶解氧饱和浓度随温度和盐度增加而下降，使用如下经验公式估算：

$$DO_s = 14.5532 - 0.38217 \cdot T + 5.4258 \times 10^{-3} \cdot T^2 \tag{3.67}$$

式 3.67 中：T 为水温，单位为℃。

②复氧系数

复氧系数采用以下 O'Conner 和 Dobbins 提出的经验公式估算，采用下式计算。

$$k_{ro} = \frac{3.93u^{0.5}}{h^{1.5}} \tag{3.68}$$

式 3.68 中：k_{ro} 为复氧速率，单位为 d^{-1}；u 为断面平均流速，单位为 m/s；h 为断面平均水深，单位为 m。

使用指数函数描述温度对复氧系数的影响。

$$k_o = k_{ro} \times KT_r^{(T-20)} \tag{3.69}$$

式 3.69 中：KT_r 为复氧速率的温度修正常数（1.04）。

（四）模型参数选取

水质模型总共涉及 31 个参数，参数取值范围见表 3.3。

表 3.3　水质模型参数取值

序号	参数	参数名称	取值	单位
1	KH_c	COD 降解的溶解氧半饱和常数	1.5	mg/L
2	K_{rc}	温度为 T_{rc} 时的 COD 降解速率	0.1	d^{-1}
3	K_{tc}	COD 降解的温度效应	0.041	℃$^{-1}$
4	T_{rc}	COD 降解的参考温度	20.0	℃
5	R_c	沉积物的 COD 释放通量	0～1.5	$g/(m^2 \cdot d)$
6	WS_{pom}	颗粒态有机氮的沉降速度	0～1.0	$m \cdot day^{-1}$
7	K_{ron}	温度为 T_{hdr} 时的有机氮水解速率	0.017 5～0.040	d^{-1}
8	K_{hdr}	有机氮水解的温度效应	0.069	℃$^{-1}$
9	T_{hdr}	有机氮水解的参考温度	20.0	℃
10	K_{rdn}	温度为 T_{mnl} 时的有机氮矿化速率	0.01～0.015	d^{-1}
11	K_{mnl}	有机氮矿化的温度效应	0.069	℃$^{-1}$
12	T_{mnl}	有机氮矿化的参考温度	20.0	℃
13	R_n	沉积物的 NH_3-N 释放通量	0～0.3	$g/(m^2 \cdot d)$
14	KH_{no}	硝化反应的溶解氧半饱和常数	1.0	$g \cdot O_2 \cdot m^{-3}$
15	KH_n	氨氮的硝化半饱和常数	1.0	$g \cdot N \cdot m^{-3}$
16	K_{nm}	温度为 T_n 时的最大硝化速率	0.07	$g \cdot N \cdot m^{-3}\ day^{-1}$
17	T_n	硝化过程的最佳温度	27.0	℃
18	K_{n1}	温度低于 T_n 时对硝化速率的影响	0.004 5	℃$^{-2}$
19	K_{n2}	温度高于 T_n 时对硝化速率的影响	0.004 5	℃$^{-2}$
20	R_{nn}	沉积物的硝态氮释放通量	0～0.2	$g/(m^2 \cdot d)$
21	KH_{DO}	好氧呼吸的溶解氧半饱和常数	0.5	mg/L
22	K_{rDOC}	温度为 T_{ron} 时溶解态有机碳的异氧呼吸速率	0.01	d^{-1}
23	KH_{dn}	硝态氮反硝化的半饱和常数	0.1	$g \cdot N \cdot m^{-3}$
24	$AANOX$	反硝化速率与溶解态有机碳好氧呼吸速率的比值	0.5	/
25	K_{rop}	温度为 T_{hdr} 时的有机磷水解速率	0～0.1	d^{-1}
26	K_{rdp}	温度为 T_{mnl} 时的有机磷矿化速率	0.1～0.2	d^{-1}
27	R_p	沉积物的总磷酸盐释放通量	0～0.1	$g/(m^2 \cdot d)$
28	WS_{TSS}	悬浮物沉降速度	0～1.0	m/day
29	AO_{NT}	硝化单位质量氨氮消耗的溶解氧质量	4.33	/
30	R_{so}	底泥耗氧系数	0～1.5	$g/(m^2 \cdot d)$
31	KT_r	复氧速率的温度修正系数	1.005～1.030	/

五、来水组成模型

来水组成模型用于计算河流和湖泊等模型对象的水量来源和组成情况，本研究中作为各镇级行政区排污对考核断面磷负荷贡献率的计算依据。流域水系通常呈网状，故将这种网状水系结构称作河网。根据河网的形态特征，可分为树状河网和环状河网，如图3.4所示。在地形高程变化较大的山地和丘陵地区，流域上游水系通常有干流和支流之分，支流如树枝，干流如树干，故整个流域水系结构如树枝到树干的结构，这种河系称之为树状河网；在平原地区，河道水系纵横交错，水流没有固定流向，水系呈环形结构，这种水系称之为环状河网，流域下游的平原地区水系通常呈现环状河网特征。

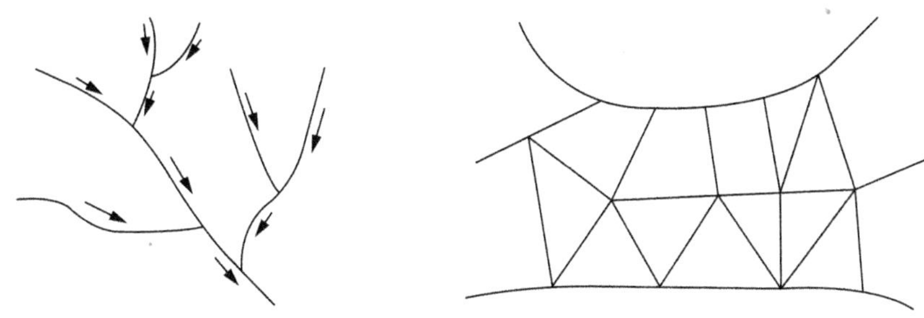

图3.4　树状河网及环状河网结构示意图

对于树状河网，支流逐渐向干流汇集，河道下游断面的水量必然是上游来流汇集的结果，因此，来水组成可通过计算各支流流量占干流流量的比例得到。但对于环状河网，特别是水利工程众多、又受潮汐影响的地区，河道水流受区域和边界的降雨、潮汐、闸泵运行方式及供水、用水、耗水、排水的影响，导致河道水流流向不定，水流来源、去向及运动特征非常复杂，例如太湖流域。太湖流域从水量来源可分为山丘区（茅山宜溧山区及浙西山区）及平原区产流、沿江引水、废水排放。沿江引水按引水区域，可以分为湖西地区、澄锡虞地区、阳澄区、上海市等，按照引水闸门或河道划分，又包括谏壁闸、望虞河、七浦塘、浏河、黄浦江等。此外，太湖流域湖泊众多，如太湖、洮湖、滆湖、阳澄湖及淀山湖等，这些湖泊也是某些河道或引水工程的水源地。

在水资源和水环境管理过程中，通常需要掌握水流流向和水量构成。例如，对于"引江济太"工程，望虞河从长江引水补给太湖及流域内其他地区，引水水量有多大比例进入太湖，有多少分流到沿线其他地区，对周边河网的水流运动会产生什么影响，如何通过科学调度水利工程，提升区域水环境容量，改善河湖水质。通过来水组成计算，可对关心点的水量来源构成比例进行分析。

（一）基本原理

来水组成模型以水质模型为基础，区别在于前者将各种水量构成视为保守物质，不考虑其转化和归趋过程，此外，模型计算结果表示为各种水源的比例。如果考虑了所有水量来源，那么任何一个模型对象的各种来水组分之和等于 1.0。图 3.5 为来水组成模型的基本原理示意图。

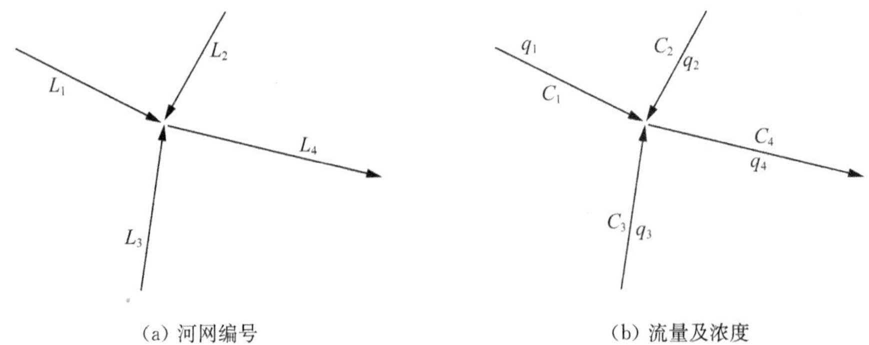

(a) 河网编号　　(b) 流量及浓度

图 3.5　来水组成模型基本原理示意图

如图 3.5 所示，假设有 L_1、L_2、L_3、L_4 四条河流，河流 L_1、L_2、L_3 对应流量分别为 q_1、q_2、q_3，这三条河流的流量都流向河流 L_4，即河流 L_4 的水量由河流 L_1、L_2、L_3 的来水组成，因此，其流量为 $q_4=q_1+q_2+q_3$，来水组成分别为 $L_1:q_1/q_4$、$L_2:q_2/q_4$、$L_3:q_3/q_4$。

假设保守物质 C_1 随同水流进入河流 L_1，该物质在随水流运动过程中没有降解。类似地有保守物质 C_2、C_3 随同水流进入河流 L_2、L_3，假定各河流的保守物质浓度均为 1.0。这 3 种保守物质在汇合处充分掺混后进入河流 L_4，那么，河流 L_4 中保守物质 C_1、C_2、C_3 的浓度分别为 q_1/q_4、q_2/q_4、q_3/q_4。保守物质的浓度与携带该物质的水量比例完全相同。因此，只要定义不同水源的保守物质种类，采用水质模型计算各河流的保守物质浓度随时间的变化过程，就可以得到各河段的来水组成情况。

(二) 基于非充分掺混模式的求解方法

来水组成模型的基本方程与水质模型类似，不考虑内部动力反应项和外部源汇项。目前，河网水质模型求解通常采用有限体积法。该方法基于积分形式的守恒方程，而非微分方程，该积分形式的守恒方程描述的是计算网格定义的每个控制体。该方法着重从物理观点来构造离散方程，每个离散方程都是有限大小体积上某种物理量守恒的表达形式，推导过程物理概念清晰，离散方程系数具有一定的物理意义，并可保证离散方程具有守恒特性，对于确保物质质量守恒具有重要意义。此外，有限体积法对网格的适应性很好，可以解决复杂的工程问题，在进行流固耦合分析时，能够完美地和有限元法进行融合。

然而，在构造离散格式过程中，该方法假定进入某河段(控制体)的污染负荷与河段内的污染物质充分掺混后，作为该河段的污染物浓度流出，这相当于假设污染物质进入河段后，立即以无限速度在河道中扩散。这种充分掺混假定与污染物实际扩散的物理特性不符，其结果是导致污染物计算浓度在输移过程中的迅速坦化。为了减小充分掺混假定所带来的误差，可以将计算单元的空间尺度缩小，但这会使水质模型的计算工作量增加，并且计算精度不会有较大改善。

为了减小充分掺混假定对水质模型计算精度的影响，数值求解中通常采用变量沿程呈直线变化的假定，但对于计算复杂河网水系，计算河道长短不同，计算时段受精度限制不宜太长时，直线变化假定有时会产生“负波”，即污染物浓度为负值等不合理现象。例如，对于某一河段，时段初首末断面的水质浓度分别为 C_{01} 和 C_{02}，设有一污染物质从节点 C_N 流入河道，如图 3.7 所示。断面 1 的浓度等于上边界浓度 C_N，如果采用浓度沿程呈直线变化假定，当浓度波没有传播到断面 2 时，为了保持微段内质量平衡，那么断面 2 的浓度必定小于 C_{02} 值，甚至于出现负值等不合理现象，如图 3.7 中虚线所示。产生这种现象的根本原因是浓度沿程呈直线变化的假定与实际情况不符。实际上浓度沿程是千变万化的，在模拟计算中不可能去模拟浓度沿程的实际变化，只可能采用直线变化假定。

为了克服充分掺混假定带来的数值求解对流输运方程耗散误差现象，解决变量沿程直线变化假定导致的浓度负值问题，王船海等人引入断面计算浓度的概念求解河段平均浓度，提出了基于非充分掺混模式的有限控制体积法离散对流输运方程的算法，据此构建了模拟流域内水源组成以及不同水源时空变化情况的流域来水组成模型。通过数值试验与具体案例验证，结果表明非充分掺混模式的新算法可有效地提高流域来水模型的计算精度。目前，该方法已用于求解一维河网水质模型基本方程，并在太湖流域、淮河流域等多个复杂河网水系的水质预测计算中进行了检验，取得了满意的效果。本节重点对该方法进行详细说明和分析。

要求同时满足下列三个假定或条件：

①浓度沿程呈直线变化；

②下游断面不产生“负波”；

③保证质量守衡。

断面 1 的浓度不能直接取边界节点浓度，其浓度值应根据以上三条基本假定反推，称为断面计算浓度。

经过 Δt 后，通过断面 1 输送到河段的物质增量为

$$M_1 = (C_N - C_{01}) \times Q_1 \times \Delta t \tag{3.70}$$

式 3.70 中：M_1 的大小与浓度差 $(C_N - C_{01})$、流量 Q_1 及计算时间步长 Δt 有关。

断面 1、2 之间物质浓度假定呈线性变化，断面 2 处又不出现负波，同时又要满足质量守恒，因此要求图 3.7 中三角形面积 M_2 表示的物质量必须与 M_1 相等。

$$M_2 = 0.5\Delta x(A_1 + A_2)\mathrm{d}c \tag{3.71}$$

式 3.71 中：A_1、A_2 为断面 1、2 的过水面积。

令 $M_1 = M_2$，并经整理后得

$$dc = \frac{2(C_N - C_{01})Q_1\Delta t}{V_1} \tag{3.72}$$

式 3.72 中：$V_1 = (A_1 + A_2)\Delta t/2$ 为微段蓄水量。

断面 1 的计算浓度 C_1 可由下式计算得

$$C_1 = C_{01} + dc = (1 - \omega_1)C_{01} + \omega_1 C_N \tag{3.73}$$

式 3.73 中：$\omega_1 = 2Q_1\Delta t/V_1$，它是反映波传播速度的一个指标，当 $\omega_1 < 1$ 时，说明波还没有传到下游断面，断面 1 的计算浓度介于初始浓度与边界节点浓度之间；当 $\omega_1 = 1$ 时，波刚好抵达下游断面，断面 1 的浓度刚好等于边界节点浓度；当 $\omega_1 >$ 1 时，取 $\omega_1 = 1.0$。

每个断面的水质浓度可以表达成首末节点的浓度，再对每个节点进行质量平衡，将每个节点的浓度表达成与其有联系节点的浓度，构成一组闭合的水质浓度的节点方程组。求解浓度的节点方程组得各节点浓度及断面浓度，其求解思路同水量模型。

1. 控制体出入流为正方程离散

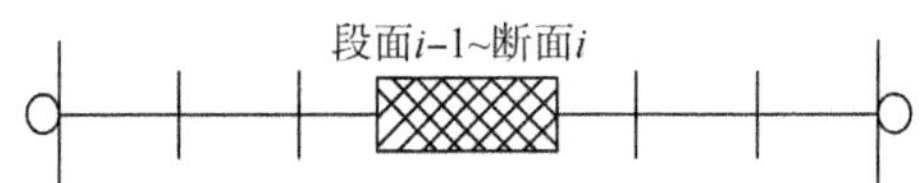

图 3.6　河道控制体断面示意图

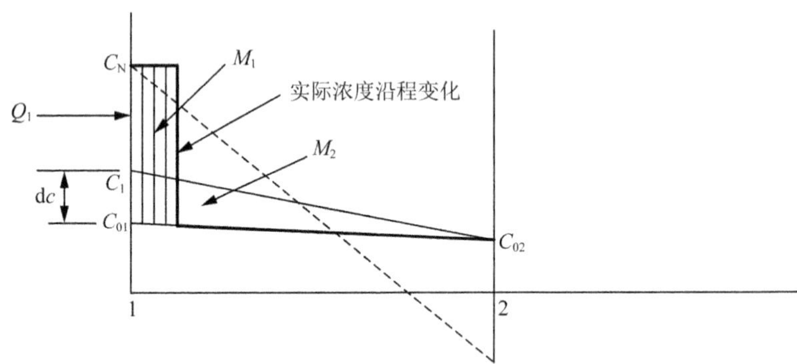

图 3.7　控制体出入流为正离散结构图

针对通用方程，采用如下离散格式求解。控制体的划分与水量模型一致，如图 3.6 所示断面 $i-1$～断面 i 为相应微段的控制体积。抛弃充分掺混假定，假定物质浓度在控制体内呈直线变化。

对于某一断面 i 设有两个浓度，即左右浓度 Cl_i、Cr_i，对于流量为正的情况 Cl_i

为实测浓度，Cr_i 为计算浓度。在控制体积 $i-1\sim i$ 内，时段初断面 $i-1$ 和断面 i 的物质浓度为 Cr_{i-1}^0 和 Cl_i^0，断面流量分别为 Q_{i-1}、Q_i，流量过程由河网水动力学模型求解得。设 $Q_{i-1}>0$、$Q_i>0$，时段末上游流入该控制体的浓度为 Cl_{i-1}，如图 3.7 所示。经过后，随着水流有物质量 $Q_{i-1}\times Cl_{i-1}\times\Delta t$ 从断面 $i-1$ 进入控制体积内，实际上物质浓度沿程变化如图 3.7 中粗线所示。

断面 $i-1$ 的浓度等于入流浓度 Cl_{i-1}，如果采用浓度沿程呈直线变化假定，当波没有传到断面 i，如图 3.7 所示情况，粗线表示实际浓度沿程变化。为了保持微段内质量守恒，断面 i 的浓度必定小于 Cl_i^0，甚至出现负值等不合理现象。产生这种现象的根本原因是浓度沿程呈直线变化的假定与实际情况不符。实际上浓度沿程变化是难以确定的，在模拟计算中只能采用直线变化假定，同时要求满足下列三个假定：①浓度沿程呈直线变化；②下游断面不产生“负波”；③满足质量守恒。

满足上述要求的断面 $i-1$ 的计算浓度不能直接取上游流入的浓度，而应根据上面三条基本假定来反推，称为断面计算浓度。经过 Δt 后，通过断面 $i-1$ 输送到河段的物质增量为

$$M_1=(Cl_{i-1}-Cr_{i-1}^0)Q_{i-1}\Delta t \tag{3.74}$$

式 3.74 中：M_1 的大小与浓度差 $(Cl_{i-1}-Cr_{i-1}^0)$、流量 Q_{i-1} 及计算时段长 Δt 有关。断面 $i-1$、i 之间物质浓度假定呈线性变化，断面 i 处不出现负波，同时又要满足质量守恒，因此要求图 3.7 中三角形面积 M_2 表示的物质量必须与 M_1 相等。

$$M_2=0.5\Delta x(A_1+A_2)\mathrm{d}c \tag{3.75}$$

式 3.75 中：A_1、A_2 为断面 $i-1$、i 的过水面积。令 $M_1=M_2$ 并经整理后，断面 $i-1$ 的计算浓度可由下式计算得

$$Cr_{i-1}=a_{i-1}+b_{i-1}Cl_{i-1} \tag{3.76}$$

式 3.76 中：$a_{i-1}=(1-\omega)Cr_{i-1}^0$，$b_{i-1}=\omega$，$\omega=\dfrac{2Q_{i-1}\Delta t}{(A_{i-1}+A_i)\Delta x}$，$\omega$ 为反映波传播速度的一个指标，当 $\omega<1$ 时，说明波还没有传到下游断面，断面 $i-1$ 的计算浓度介于初始浓度与流入断面的浓度之间；当 $\omega=1$ 时，波刚好抵达下游断面，断面 $i-1$ 的浓度刚好等于流入断面的浓度；当 $\omega>1$ 时，取 $\omega=1.0$。断面 $i-1$ 的计算浓度虽然不是该断面的实际浓度，但用它与下游断面浓度按线性变化假定来计算微段内的物质量是正确的，即可用它来计算微段的平均浓度。

对该控制体式，不考虑源汇，生化反应项以及紊动扩散作用的离散方程如下：

$$\frac{\overline{A}_{i-1/2}(Cr_{i-1}+Cl_i)}{2\Delta t}-\frac{\overline{A}_{i-1/2}^0(Cr_{i-1}^0+Cl_i^0)}{2\Delta t}+\frac{Q_iCl_i-Q_{i-1}Cl_{i-1}}{\Delta x}=0 \tag{3.77}$$

式 3.77 中：$\overline{A}_{i-1/2}=\dfrac{A_{i-1}+A_i}{2}$ 为时段末微段平均过水面积，$\overline{A}^0_{i-1/2}=\dfrac{A^0_{i-1}+A^0_i}{2}$ 为时段初微段平均过水面积。

时段初微段平均过水面积。

$$\chi Cr_{i-1}+fCl_i=W+Q_{i-1}Cl_{i-1} \tag{3.78}$$

式 3.78 中：$\chi=\dfrac{\overline{A}_{i-1/2}\Delta x}{2\Delta t}$，$f=\dfrac{\overline{A}_{i-1/2}\Delta x}{2\Delta t}+Q_i$，$W=\dfrac{\overline{A}_{i-1/2}(Cr^0_{i-1}+Cl^0_i)\Delta x}{2\Delta t}$。

利用式 3.76 消去方程式 3.78 中的 Cr_{i-1}，经整理后得

$$Cl_i=\theta_i+\lambda_i Cl_{i-1} \tag{3.79}$$

式 3.79 中：$\theta_i=\dfrac{W-a_{i-1}\chi}{f}$，$\lambda_i=\dfrac{Q_{i-1}-b_{i-1}\chi}{f}$。

用方程式 3.79 求得的 Cl_i 不会出现“负波”等不合理现象。方程式 3.79 的形式与方程 3.76 相同，控制体下游断面浓度亦是上游流入浓度的简单线性方程。

2. 控制体出入流为负

对于控制体出入流为负的情况类似的处理，可以得到如下两个方程式：

$$\begin{cases}\&Cl_i=a''_i+b''_iCr_i\\ \&Cr_{i-1}=\theta''_{i-1}+\lambda''_{i-1}Cr_i\end{cases} \tag{3.80}$$

3. 控制体水流从二端流进

控制体水流从二端流进的情况，可直接得到如下两个方程：

$$\begin{cases}\&Cr_{i-1}=a_{i-1}+b_{i-1}Cl_i\\ \&Cl_i=a''_i+b''_iCr_i\end{cases} \tag{3.81}$$

4. 控制体水流从二端流出

对控制体水流从二端流出的情况，控制体河段在计算时段内，没有从上、下断面流入的通量，在没有源或汇的情况下，该河段的浓度是不变化的。因此时段末物质浓度取决于已知条件，即时段初物质量及计算时段增减的源或汇，控制体河段浓度可取平均浓度 $\overline{C}$，方程如下：

$$\begin{cases}\&Cr_{i-1}=\overline{C}\\ \&Cl_i=\overline{C}\end{cases} \tag{3.82}$$

（三）来水组成要素及类型

来水组成要素取决于具体研究目标，概化河网中所有的节点、概化河道均可作

为来水组成要素。例如，可以将太湖流域所有通江河流作为来水要素，也可以将某条通江河流定义为来水要素，即来水要素可以是若干条概化河道的集合，也可以是某条概化河道，前者仅关心流域引江水量，后者关心的是某条河的引水量；可以是一个节点，亦可以是若干个节点；可以是水位或流量边界节点，也可以是概化河网中任意一个或几个内部节点或内部河道；节点可以是调蓄节点，也可以是无调蓄节点。

来水组成模型将河流、湖泊及区域的初始蓄水量、边界来水、降雨径流和废水排放分别定义为第 1 类～第 4 类保守物质，所定义的保守物质浓度均为 1.0，并且规定不论进入边界条件的保守物质和浓度如何，从所定义的来水组成要素流出的浓度均定义为 1.0。例如，将七浦塘与长江交汇节点作为来水组成要素，并定义该节点的保守物质名称为“七浦塘引水”，那么在该节点处，其他保守物质浓度均为零，只有所定义的保守物质“七浦塘引水”的浓度是 1.0。

第二节　水量水质模型概化

苏州市位于太湖流域阳澄淀泖区，是长江水系最下游的支流水系。该地区河湖相连，水系沟通，犹如瓜藤相接，依存关系密切，拥有我国最具代表性的复杂环状河网水系。由于地势低平，河道水面比降小，流速缓慢，河网尾闾受潮汐顶托影响，大部分河道流向表现为往复流，加之受众多水利工程调度控制，水文和水动力特征十分复杂。

本研究在太湖流域河网水量水质模型基础上，针对课题研究目标，结合苏州市国考、省考水质断面分布情况，对模型计算分区、河湖水系、污染源条件做了进一步细化和补充概化。

一、水文模型概化

(一) 计算分区概化

计算分区是水文模型计算、统计和模型参数设置的基本单元。苏州市位于太湖流域平原河网地区，综合考虑太湖流域地形特征、区域产汇流特征、河网水系和水利工程布局等多种因素，太湖流域苏州地区涉及 8 个水文模型计算分区，分别是澄锡虞高片、阳澄片、淀泖片、滨湖片、运西片、运东片、太湖片及沙洲自排区。

为了便于解析苏州市各镇(街道)污染负荷对考核断面的总磷负荷贡献率，将水文模型计算分区进一步细化为以下 97 个区域，具体见表 3.4。

表 3.4　苏州市水文模型计算分区

编号	县(市、区)	镇级行政区	行政区代码
1	高新区	狮山横塘街道	320505001
2		枫桥街道	320505003
3		度假区(镇湖街道)	320505004
4		科技城(东渚街道)	320505005
5		浒墅关镇	320505100
6		通安镇	320505101
7		浒墅关经开区	320505400
8		虎丘区太湖	W320505000
9	吴中区	高新区(长桥街道)	320506001
10		越溪街道	320506003
11		郭巷街道	320506004
12		横泾街道	320506005
13		香山街道	320506006
14		城南街道	320506009
15		太湖街道	320506010
16		角直镇	320506100
17		木渎镇	320506103
18		胥口镇	320506104
19		东山镇	320506107
20		光福镇	320506108
21		金庭镇	320506109
22		临湖镇	320506110
23		吴中区太湖	W320506000
24	相城区	相城高新区	320507001
25		太平街道	320507002
26		黄桥街道	320507003
27		相城经开区	320507004
28		高铁新城	320507005
29		望亭镇	320507100
30		黄埭镇	320507102
31		渭塘镇	320507105
32		阳澄湖镇	320507109
33		阳澄湖度假区	320507401
34		相城区太湖	W320507000

续表

编号	县(市、区)	镇级行政区	行政区代码
35	姑苏区	白洋湾街道	320508017
36		平江街道	320508018
37		金阊街道	320508019
38		沧浪街道	320508020
39		双塔街道	320508021
40		虎丘街道	320508022
41		苏锦街道	320508023
42		吴门桥街道	320508024
43	吴江区	东太湖度假区(太湖新城)	320509001
44		平望镇	320509104
45		吴江高新区(盛泽镇)	320509105
46		七都镇	320509107
47		震泽镇	320509108
48		桃源镇	320509109
49		汾湖高新区(黎里镇)	320509110
50		同里镇	320509111
51		吴江开发区	320509400
52	工业园区	娄葑街道	320571050
53		斜塘街道	320571051
54		唯亭街道	320571052
55		胜浦街道	320571053
56		中新合作区	320571400
57	常熟市	虞山街道	320581001
58		常福街道	320581002
59		琴川街道	320581003
60		莫城街道	320581004
61		碧溪街道	320581005
62		东南街道	320581006
63		梅李镇	320581101
64		海虞镇	320581102
65		古里镇	320581104
66		沙家浜镇	320581105
67		支塘镇	320581106

续表

编号	县(市、区)	镇级行政区	行政区代码
68	常熟市	董浜镇	320581107
69		辛庄镇	320581110
70		尚湖镇	320581111
71	张家港市	经开区(杨舍镇)	320582100
72		塘桥镇	320582101
73		保税区(原金港镇)	320582102
74		冶金园(锦丰镇)	320582103
75		乐余镇	320582104
76		凤凰镇	320582105
77		南丰镇	320582106
78		大新镇	320582107
79		常阴沙现代农业示范园区	320582400
80	昆山市	昆山高新区	320583100
81		巴城镇	320583101
82		周市镇	320583102
83		陆家镇	320583103
84		花桥经济开发区	320583104
85		淀山湖镇	320583105
86		张浦镇	320583106
87		周庄镇	320583107
88		千灯镇	320583108
89		锦溪镇	320583109
90		昆山开发区	320583400
91	太仓市	城厢镇	320585100
92		沙溪镇	320585101
93		浏河镇	320585102
94		太仓港区(浮桥镇)	320585103
95		璜泾镇	320585104
96		双凤镇	320585105
97		太仓高新区(江苏省太仓经济开发区)	320585400

(二)雨量站泰森多边形生成

水文模型计算首先需要输入各水文分区的面雨量,本研究采用泰森多边形法确定面雨量。

该方法是一种根据离散分布的气象站降雨量，计算平均降雨量的方法，其基本假定是，流域上各点的雨量用离该点最近雨量站的降雨量代表。建立泰森多边形算法的关键是将离散雨量站点合理地连成三角网，即首先构建 Delaunay 三角网，然后，作这些三角形各边的垂直平分线，将每个三角形三条边的垂直平分线的交点（也就是外接圆的圆心）连接起来得到一个多边形，即可把流域划分为若干个多边形，用这个多边形内所包含的唯一气象站的降雨强度来表示这个多边形区域内的降雨强度，并称这个多边形为泰森多边形。还可以以各个多边形的面积为权数，计算各站雨量的加权平均值，并把它作为流域的平均降雨量，结果比单纯算术平均法更为精确。

根据 2019 年太湖流域有资料雨量站的空间分布情况，划分 Delaunay 三角网和泰森多边形，具体如图 3.8 所示。

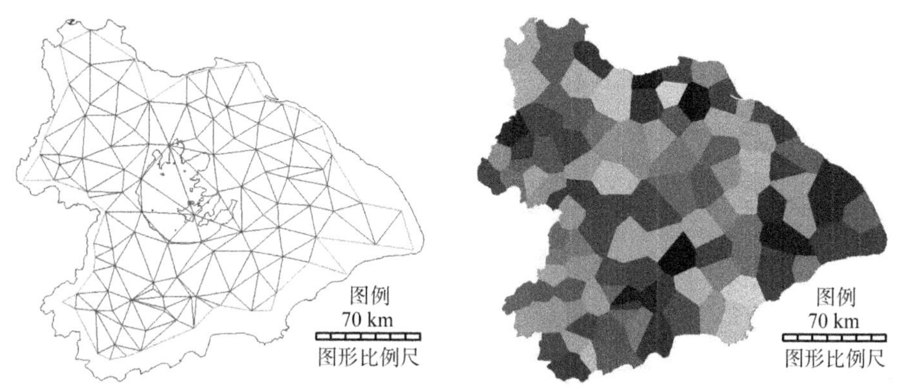

图 3.8　雨量站 Delaunay 三角网和泰森多边形

二、污染负荷模型概化

1. 计算分区

根据本次规划要求，需要调查和分析各镇（街道）的污染负荷排放情况。依据资料收集情况，以《苏州统计年鉴—2020》中镇级行政区划作为污染负荷模型计算单元，具体分区与水文模型计算分区相同。

2. 河网多边形划分及栅格化

根据平原河网区污染负荷空间分配方法，需要根据模型概化河网生成河网多边形，并对太湖流域平原区进行栅格化处理。本研究采用 300 m×300 m 网格对平原区进行栅格化，共形成 908×700 个网格。经过与圩区图层和土地利用图层叠加并进行空间运算，获得每个网格所属计算分区属性，及各网格圩内及圩外四种土地利用的面积。

3. 模型参数取值

水文模型主要参数取值见表 3.5，水田灌溉制度见表 3.6。

表 3.5　水文模型主要参数取值

参数名称	取值
上层张力水容量(*WUM*)	20
下层张力水容量(*WLM*)	60
深层张力水容量(*WDM*)	20
蓄水容量曲线指数	0.3
深层蒸发系数	0.2
灌溉时土壤蓄水容量系数(旱地)	0.45
旱地日灌溉水深(mm)	3
水田最大日灌溉水深(mm)	30
水田区域外日灌溉引水深(mm)	0
秧田与水田面积比(水田)	0.12
水田渗漏回归水比例	0.67
灌溉渗漏系数(水田)	0.18
灌溉渗漏回归水比例(水田)	0.75
透水层面积比(城镇)	0.45
填洼不透水层面积比(城镇)	0.35
非填洼不透水层面积比(城镇)	0.2
透水层植物最大截留量(mm)(城镇)	4.2
洼地最大拦蓄量(城镇)	100
塘坝最大调蓄水深(mm)(山丘区)	119
圩区水面最大调蓄水深(mm)	400
泵站排涝模数	1
水田最大日排水水深(mm)	60
坡面地表汇流速度(m/s)	0.05
坡面壤中汇流速度(m/s)	0.05

表 3.6　水田灌溉制度

序号	月	日	田间耐淹水深(mm)	田间适宜水深上限(mm)	田间适宜水深下限(mm)	需水系数	日渗漏量(mm/d)	水田时期类别
第 1	5	25	40	10	5	1	2	秧田期

续表

序号	月	日	田间耐淹水深(mm)	田间适宜水深上限(mm)	田间适宜水深下限(mm)	需水系数	日渗漏量(mm/d)	水田时期类别
第2	6	13	30	20	10	1	2	秧田期
第3	6	23	40	10	5	1	2	本田期
第4	6	30	50	30	20	1.35	2	本田期
第5	7	4	50	30	20	1.3	2	本田期
第6	7	9	0	0	0	1.3	0	本田期
第7	7	19	50	30	20	1.3	2	本田期
第8	7	23	50	30	20	1.3	2	本田期
第9	8	4	10	0	0	1.3	0	本田期
第10	8	18	50	40	30	1.4	2	本田期
第11	8	23	0	0	0	1.3	0	本田期
第12	9	3	50	40	30	1.3	2	本田期
第13	9	16	50	30	20	1.3	2	本田期
第14	10	15	20	10	0	1.3	0.7	本田期
第15	10	20	0	0	0	1.05	0	本田期

1）产排污系数

根据污染负荷模型计算原理，面源污染排污系数主要包括城镇人口、农村人口、牛、猪、羊、家禽、水产养殖的排污系数。数据来源主要包括《第二次全国污染源普查生活污染源产排污系数手册》(试用版)、《第二次全国污染源普查集中式污染治理设施产排污系数手册》(试用版)、苏州市典型调查和试验数据。

①城镇生活污染

城镇综合生活污水是指城镇居民日常家庭用水和公共服务用水过程中排放、未经城镇污水处理设施处理的生活污水。城镇生活产排污系数是指人均产生的生活污水量，它与人均用水量、折污系数和综合生活污水平均浓度有关，其中人均生活用水量根据《2019年苏州市水资源公报》中苏州市用水量除以人口得到，产排污系数取值参考《第二次全国污染源普查生活污染源产排污系数手册》(试用版)，该系数手册按照地理区域、城镇分类确定产排污系数，苏州市位于手册中划定的四区，核算区域包括发达和镇区，相关城镇生活产污校核系数见表3.7，根据产污校核系数可推算城镇生活的年产排污系数，结果如表3.8所示。

表 3.7 苏州市城镇生活污染物产污校核系数

城镇分类	人均生活用水量 L/(人·d)	折污系数	COD (mg/L)	BOD_5 (mg/L)	NH_3-N (mg/L)	TN (mg/L)	TP (mg/L)
发达	188	0.8	345	131	26.2	36	4.26
镇区	188	0.8	331	131	19.7	31	3.10

表 3.8 苏州市城镇生活污染产排污系数

城镇分类	COD (kg/cap·a)	BOD_5 (kg/cap·a)	NH_3-N (kg/cap·a)	TN (kg/cap·a)	TP (kg/cap·a)	污水量 (m^3/cap·a)
发达	24.51	9.31	1.86	2.56	0.31	55
镇区	18.14	7.21	1.08	1.69	0.17	55

②农村生活污染

农村生活污水是指农村居民在日常生活活动中所产生的污水，主要包括厕所废水、厨房废水和洗涤废水。农村生活污水及污染物产生系数是指农村居民日均每人产生并通过各种方式直接排入环境的生活污水量及污染物量，根据日产污系数可推算出年均产污系数。其中无水冲厕产生系数是指“灰水”的产生系数，有水冲厕产生系数即“灰水”产生系数和“黑水”产生系数之和。

农村生活产污系数取值参考《第二次全国污染源普查生活污染源产排污系数手册》(试用版)，该手册在将全国分为六个区域的基础上，以农村居民人均可支配收入为主要依据，将同一区域的直辖市、地级市划分为三个等级，每个区域形成三类农村地区，苏州市所有镇区位于手册中划定的四区一类。结合苏州市农村生活污水处理设施现状，农村地区按照有水冲厕 90%、无水冲厕 10%考虑，进而计算农村生活产污系数，结果如表 3.9 所示。

表 3.9 苏州市农村生活污染产污系数

污染物	COD (kg/cap·a)	BOD_5 (kg/cap·a)	NH_3-N (kg/cap·a)	TN (kg/cap·a)	TP (kg/cap·a)	污水量 (m^3/cap·a)
有厕	19.02	7.52	1.01	1.85	0.12	23.07
无	10.29	4.45	0.15	0.27	0.05	15.26
产污系数	18.15	7.21	0.92	1.69	0.11	22.29

③畜禽养殖污染

畜禽污染物排泄系数是指单个动物每天排出的粪便、废水量等，它与动物种类、品种、性别、生长期饲料、天气条件有关，产排污系数取值主要参考《第一次全国污染源普查畜禽养殖业源产排污系数手册》。该系数手册按照所在区域、动物种类和饲养阶段确定畜禽养殖的产排污系数。苏州市位于华东区，根据日产排污系数可推算畜禽养殖业污染物的年产排污系数，如表 3.10 所示。

表 3.10　苏州市畜禽污染物产排污系数

动物种类	污染物指标	单位	产污系数	清粪工艺	排污系数
生猪	COD	千克/头·年	118.64	干清粪	15.86
				水冲清粪	67.44
				垫草垫料	0.00
	总氮		9.29	干清粪	2.94
				水冲清粪	4.60
				垫草垫料	0.00
	总磷		1.19	干清粪	0.22
				水冲清粪	1.04
				垫草垫料	0.00
	氨氮		1.24	干清粪	0.47
				水冲清粪	0.47
				垫草垫料	0.00
奶牛	COD	千克/头·年	1 563.01	干清粪	116.98
				水冲清粪	1 065.14
				垫草垫料	0.00
	总氮		90.00	干清粪	21.04
				水冲清粪	46.90
				垫草垫料	0.00
	总磷		16.14	干清粪	1.11
				水冲清粪	8.14
				垫草垫料	0.00
	氨氮		3.20	干清粪	2.21
				水冲清粪	2.21
				垫草垫料	0.00
肉牛	COD		1 136.61	干清粪	57.40
				水冲清粪	482.23
				垫草垫料	0.00
	总氮		56.02	干清粪	19.12
				水冲清粪	27.48
				垫草垫料	0.00
	总磷		7.25	干清粪	1.19
				水冲清粪	3.60
				垫草垫料	0.00
	氨氮		6.20	干清粪	4.42
				水冲清粪	4.42
				垫草垫料	0.00

续表

动物种类	污染物指标	单位	产污系数	清粪工艺	排污系数
蛋鸡	COD	千克/只·年	5.96	干清粪	1.45
				水冲清粪	5.80
				垫草垫料	0.00
	总氮		0.35	干清粪	0.08
				水冲清粪	0.33
				垫草垫料	0.00
	总磷		0.15	干清粪	0.03
				水冲清粪	0.10
				垫草垫料	0.00
肉鸡	COD		15.45	干清粪	0.85
				水冲清粪	13.83
				垫草垫料	0.00
	总氮		0.37	干清粪	0.03
				水冲清粪	0.35
				垫草垫料	0.00
	总磷		0.18	干清粪	0.01
				水冲清粪	0.15
				垫草垫料	0.00

对于牛的排污系数，根据《苏州统计年鉴—2020》，苏州市养殖牛均为奶牛，故以奶牛的产污系数作为牛的产污系数。对于家禽，肉禽和蛋禽的产污系数存在较大差异，因此以肉禽和蛋禽的排污系数为基础，以两者养殖数量为权重计算各地区禽类的平均排污系数。由于统计年鉴没有蛋禽和肉禽养殖数量数据，因此根据年鉴中家禽的出栏量和存栏量，按照肉禽和蛋禽平均饲养天数分别为 45 天和 361 天，推算肉禽和蛋禽的存栏量作为养殖数进一步计算。综合上述排污系数和计算方法，计算得到畜禽养殖的产污系数成果，如表 3.11 所示。

表 3.11 苏州市畜禽养殖产污系数

污染源	COD (kg/cap·a)	BOD_5 (kg/cap·a)	TN (kg/cap·a)	TP (kg/cap·a)	NH_3-N (kg/cap·a)
牛	1 541.69	644.00	58.68	9.20	24.06
猪	118.64	49.56	9.29	1.19	4.27
羊	39.55	16.52	2.28	0.45	0.57
家禽	10.622	4.437	0.359	0.167	0.163

④水产养殖污染

水产养殖排污系数参考《第二次全国污染源普查水产养殖业污染源产排污系数手册》，按照所在区域、养殖水体、养殖模式和养殖品种确定水产养殖排污系数。由于各水产养殖品种的排污系数差别较大，并且各地水产养殖品种的养殖量也存在较大差异，因此不能简单采用排污系数的算术平均值作为水产养殖的排污系数。综合考虑水产养殖品种的特点，将其划分为 3 种类型，分别为鱼类、甲壳类及贝类，分别统计各类别的平均排污系数。经过归类之后的排污系数成果见表 3.12。

表 3.12　苏州市单位水产养殖量排污系数

污染源	COD (kg/cap・a)	BOD_5 (kg/cap・a)	TN (kg/cap・a)	TP (kg/cap・a)	NH_3-N (kg/cap・a)
鱼类	25.543	10.670	2.742	0.553	1.913
甲壳类	19.523	8.155	1.875	0.343	1.309
贝类	44.274	18.494	8.91	0.767	6.218

由于污染负荷模型中水产养殖排污量是按照水产养殖面积计算的，因此还需要根据各地区不同养殖类型的养殖量和养殖面积，将单位重量养殖产品的排污量换算成单位水产养殖面积的排污量。具体做法是首先按照各地区鱼类、甲壳类及贝类的养殖量和排污系数计算得到水产养殖的污染负荷总量，再根据各地区水产养殖面积，计算单位水产养殖面积的排污量，具体结果如表 3.13 所示。

表 3.13　苏州市单位水产养殖面积排污系数

污染源	COD (kg/cap・a)	BOD_5 (kg/cap・a)	TN (kg/cap・a)	TP (kg/cap・a)	NH_3-N (kg/cap・a)
水产养殖	76.51	31.96	7.89	1.54	5.50

2）入河路径及比例系数

参考"太湖流域水资源监控与保护预警系统预警模型完善与开发"项目的实地调研成果，重点对苏州市城镇生活、降雨径流、农村生活、畜禽养殖等污染物的入河途径、处理方式、入河路径比例开展典型调查。结合苏州市城镇生活、降雨径流、农村生活、畜禽养殖污染治理的专项规划、实施方案及相关标准，确定各类污染源的污染入河路径和比例系数。

①城镇生活污染

据调研，目前苏州市各地区普遍开展了城镇生活污水处理设施建设工作。污水经化粪池预处理后，通过污水管网收集，并由集中式城镇生活污水处理设施处理后，最终进入河网。但是由于城镇人口分布较广，部分地区没有建设排水管网，雨水和污水仍存在沿道路边沟或路面就近排入周边湖荡的现象。

经过概化，目前苏州市城镇生活污染的入河路径包括如下5种：

a）城镇生活污染—化粪池—污水管网—污水处理厂；

b）城镇生活污染—化粪池—污水管网—湖荡；

c）城镇生活污染—化粪池—污水管网；

d）城镇生活污染—湖荡；

e）城镇生活污染—化粪池。

城镇居民生活污染的入河路径的比例系数取值范围见表3.14。

表3.14　苏州市城镇居民生活污染入河路径比例

编号	路径去向	比例系数
1	城镇生活污染—化粪池—污水管网—污水处理厂	0.85～0.95
2	城镇生活污染—化粪池—污水管网—湖荡	0.03～0.07
3	城镇生活污染—化粪池—污水管网	0.02～0.05
4	城镇生活污染—湖荡	0.00～0.03
5	城镇生活污染—化粪池	0

②城镇降雨径流污染

苏州地处我国极具经济活力的长江三角洲地区，位于长江口南岸，东傍上海市，南接浙江省，西抱太湖，北依长江，是我国经济最具发展潜力的地区之一，城镇化水平较高，城镇化率接近70%，拥有较为完善的雨水收集系统，雨水收集后就近排入周边河道或湖荡。部分城郊和镇区的雨水收集系统建设不完善，存在少量直接漫流汇入湖荡的现象。

经过概化，目前苏州市城镇降雨径流污染的入河路径为：

a）城镇降雨径流污染—雨水管网；

b）城镇降雨径流污染—雨水管网—湖荡；

c）城镇降雨径流污染—湖荡。

经过测算，城镇降雨径流污染入河路径的比例系数取值范围见表3.15。

表3.15　苏州市城镇降雨径流污染入河路径比例

编号	路径去向	比例系数
1	城镇降雨径流污染—雨水管网	0.8～0.9
2	城镇降雨径流污染—雨水管网—湖荡	0.05
3	城镇降雨径流污染—湖荡	0.05～0.15

③农村生活污染

据调研，苏州市各镇区普遍开展了农村生活污水处理设施建设工作。污水经化粪池预处理后，通过污水管网收集，并由分散式农村生活污水处理设施处理后，就近排入周边湖荡、支浜等水体，最终进入河网。但是由于农村人口分布较广，而且居住相对分散，部分地区没有建设排水管网，雨水和污水普遍存在沿道路边沟或路面就近排入水体的现象。此外，随着流域城镇化水平的不断提高，部分农村地区由于靠近主城区，市政污水管网的服务范围逐渐扩展到这些地区，这部分农村生活污水由市政污水管网直接输送至污水处理厂集中处理。据调查，苏州市纳入城镇市政污水管网的自然村占总数的 88.4%，调研还发现，苏州市绝大部分农村地区的卫生设施都是采用抽水马桶等水冲厕方式，并采用化粪池对生活污水进行预处理。由于农村生活水平的逐步提高，化学肥料的使用比例不断上升，而人畜粪便等有机肥的还田比例不断下降。未接管地区的农村生活污染物有相当一部分不再作为农肥，而是直接排入湖荡。粪便还田的措施在果品种植区较为普遍，其他地区的菜地种植也存在将粪便作为农肥还田的现象。

经过概化，目前苏州市农村生活污染的入河途径包括如下 5 种：

a）农村生活污染—化粪池—生态组合处理—湖荡；

b）农村生活污染—化粪池—污水管网—污水处理厂；

c）农村生活污染—化粪池—湖荡；

d）农村生活污染—化粪池—农肥还田；

e）农村生活污染—湖荡。

经过测算，农村居民生活污染的入河路径的比例系数取值范围见表 3.16。

表 3.16　苏州市农村居民生活污染入河路径比例

编号	路径去向	比例系数
1	农村生活污染—化粪池—生态组合处理—湖荡	0.24～0.70
2	农村生活污染—化粪池—污水管网—污水处理厂	0.25～0.76
3	农村生活污染—化粪池—湖荡	0.01～0.20
4	农村生活污染—化粪池—农肥还田	0.01～0.08
5	农村生活污染—湖荡	0.01～0.05

④畜禽养殖污染

根据《市政府关于修订苏州市畜禽养殖管理办法的通知》，苏州市各镇均出台了调整优化畜禽养殖布局和推进畜禽养殖污染防治的工作方案或行动方案。在粪便清理工艺上，非禁养区的畜禽养殖普遍采用干清粪方式，少量采用垫草垫料和水冲粪方式。绝大部分畜禽养殖企业建有污水收集和处理设施，少数大型生猪养殖企业建设有厌氧发酵池、污水贮存池、氧化塘等相对完备的污水处理设施，处理后的污水普遍采用沼气池和还田利用两种方式，少数小型养殖户没有配套建设污水处理设施，存在废水直接排放的现象。固体粪便大部分采用处理后还田利用的种养结合方式，主要通过养殖场周边农田或林地消纳污染物；少数大型养殖企业通过资源化利用等方式进行处置，主要将粪便发酵腐熟干燥后，加工成商品有机肥。

经过概化，目前苏州市畜禽养殖污染的入河路径有以下3种：

a）畜禽养殖污染—还田利用或加工成有机肥；

b）畜禽养殖污染—污水处理设施—湖荡；

c）畜禽养殖污染—湖荡。

苏州市畜禽养殖污染的入河路径的比例系数取值范围见表3.17。

表3.17 苏州市畜禽养殖污染入河路径比例

编号	路径去向	比例系数
1	畜禽养殖污染—还田利用或加工成有机肥	0.36～0.99
2	畜禽养殖污染—污水处理设施—湖荡	0.01～0.56
3	畜禽养殖污染—湖荡	0.05～0.1

3）污染物去除率

污染物去除率是指农村居民的冲厕污水经生活污水初级处理设施（如化粪池）或生活污水经污水处理设施处理后，各项污染物指标的去除效率。污染负荷模型的污染处理单元概化为化粪池、雨污水管网、农村生活污水处理设施、畜禽养殖污染处理设施、肥料还田、湖荡等6种。

化粪池对污染物的去除率计算主要参考《第二次全国污染源普查生活污染源产排污系数手册》（试用版），该系数手册按照地理区域、城镇分类确定污染物产生系数以及初级处理排放系数，苏州市位于手册中划定的四区一类，通过计算产生系数和初级处理排放系数的差值与产生系数的比，即可得到化粪池对污染物的去除率，结果见表3.18。

表3.18 化粪池污染物去除率

污染物	COD	BOD_5	TN	TP	NH_3-N
产生系数	52.1	20.6	5.07	0.34	2.77
初级处理排放系数	40.2	17.2	4.63	0.3	2.77
去除率	22.84%	16.50%	8.68%	11.76%	0

经过调研，苏州市各镇区采取的污水处理工艺均为好氧＋生态或厌氧＋好氧组合工艺，因此农村生活污水处理设施对污染物的削减率取二者的平均值。污染物削减率取值参考《第二次全国污染源普查集中式污染治理设施产排污系数手册》（试用版），该系数手册根据全国行政区划结合地理环境因素、城市经济水平、气候特点和生活习惯等，将全国（台湾、香港和澳门不在统计范围内）划分为六个区域，苏州市位于手册的华东地区（四区），结果见表3.19。

表 3.19　农村生活污水处理设施去除率　(单位:%)

工艺类型	污染物削减系数平均值				
	COD	BOD_5	TN	TP	NH_3-N
好氧+生态	83	90	65	70	86
厌氧+好氧	82	92	69	75	88
去除率	82.5	91	67	72.5	87

畜禽养殖污染处理设施的处理率计算主要依据实地调研成果及畜禽养殖废水的排放标准。对于肥料还田的处理方式,部分肥料在降雨径流驱动下会发生流失现象,其对污染物的实际处理率小于100%,然而,由于旱地和水田降雨产污模型已经考虑了由肥料还田导致的肥料流失,为了避免重复计算,将这种处理方式的污染物去除率设置为100%。

6种路径对污染物的去除率见表3.20。

表 3.20　6种路径对污染物的去除率

处理单元	污染物去除率(%)				
	COD	BOD_5	TN	TP	NH_3-N
化粪池	22.84	16.50	8.68	11.76	0
雨污水管网	5.0	5.0	5.0	5.0	5.0
农村生活污水处理设施	82.5	91	67	72.5	87
畜禽养殖污染处理设施	85	90	70	80	85
肥料还田	100	100	100	100	100
湖荡	20	20	10	15	25

三、水动力模型概化

1. 河道及其他水面

在已有的太湖流域河网水量水质模型基础上,根据《江苏省骨干河道名录(2018修订)》,结合苏州水质考核断面的分布情况,对苏州各行政区河湖进行了补充概化,模型概化的河流及湖荡见表3.21。

该地区河道断面形状大多为规则梯形断面,因此采用底高、底宽、边坡系数等资料进行河网概化。概化河道在模型中采用一维水动力模型计算,区域内其余小型河道和其他水面均作为调蓄水面处理。

表 3.21　苏州河网水量水质模型概化河道及湖荡

县(市、区)	河流	湖荡
高新区	大运河、浒光运河、金墅港、白塘、前桥港、马运河、金山浜	
吴中区	浒光运河、木光河、胥江、走马塘河、苏东河、吴淞江、斜港、清小港、南塘港	澄湖
相城区	西塘河、元和塘、济民塘、浒东运河、冶长泾、渭泾塘、永昌泾、黄埭塘-蠡塘河、朝阳河	阳澄西湖、阳澄中湖、漕湖、鹅真荡、盛泽塘
姑苏区	大运河、西塘河、外城河、山塘河、上塘河、黄花泾、胥江	
吴江区	京杭大运河、太浦河、长牵路、屯浦塘、急水港、行船路、海沿槽、牛长泾、吴九河、横里塘-大德港、頔塘、澜溪塘、大窑港-北大港、西大港、乌港、青云港-麻溪-清溪、杏花桥港、紫荇塘	长畸荡、沧州荡、三白荡、北麻漾、草荡、长白漾、长漾、大龙荡、荡白漾、汾湖、黄泥兜、金鱼漾、九里湖、陆家漾、南星湖、三白漾、沈庄荡、石头潭、孙家荡、同里湖、西下沙荡、雪落漾、元鹤荡、张鸭荡、庄西荡、邗上荡、莺脰湖
工业园区	娄江、斜塘河、斜港、凤凰泾、园区 25 号河、园区 2 号河-青秋浦	金鸡湖、独墅湖
常熟市	望虞河、耿泾塘、北福山塘、南福山塘、海洋泾、常浒河、徐六泾、金泾、白茆塘、尤泾、张家港、元和塘、山前塘、锡北运河、练塘河、辛安塘、滃河、莫城河、项泾河、界泾河	尚湖、官塘、嘉陵塘、昆承湖、六里荡、南湖荡
张家港市	张家港、东横河、盐铁塘、太字圩港、朝东圩港、一干河、二干河、三干河、四干河、五干河、六干河、北中心河、南横套河、走马塘、华妙河、朝东港、常东港、新沙河	
昆山市	七浦塘、杨林塘、浏河、娄江、吴淞江、浦里港-富丽塘-支浦江、南塘江、急水港、张家港、金鸡河、茆沙塘、汉浦塘、庙泾河、界浦港、东尤泾、小濮河、青阳港、夏驾河、直港、诸天浦-垌圻港、千灯浦、道褐浦	淀山湖、巴城湖、阳澄东湖、傀儡湖、明镜湖、白莲湖、白砚湖、长白荡、陈墓塘、双洋潭、万千湖、杨氏甸湖、元荡
太仓市	钱泾、七浦塘、浪港、老七浦塘、杨林塘、陆窑塘、浏河、石头塘、盐铁塘、吴塘河、湖川塘、横沥河、十八港、娄江河、半泾河、凤凰泾	

2. 水利工程

水工建筑物(涵、闸、泵站)概化为模型联系要素,其过流流量采用水力学方法模拟,调度运行方式采用调控规则进行控制,共概化闸门、泵站等水利工程 99 座。

3. 取水工程

将取水工程概化成水源地取水及自备水厂取水两类。集中式饮用水水源地取水按其取水口位置及 2019 年取水量概化。对于自备水厂的火(核)电取水,其取水量的绝大部分以温排水形式回归河湖水系,耗水量很小,且模型未对其对应的排放量进行概化,因此不需要概化火(核)电取水。对于自备水厂的非火(核)电取水,由于其对应的排放量以污染源形式在模型中加以概化，因此，从水量平衡的角度，对其取水量进行概化。

第三节　计算条件

根据江苏省《市、县(市/区)“十四五”太湖综合治理规划编制大纲》，本项目基准年确定为2019年。因此，河网水动力水质模型率定及验证所需的雨情、水情、社会经济、污染源、水质等资料全部采用2019年的现状调查与监测数据。

一、雨情条件

采用2019年苏州市枫桥、洞庭西山、胥口、望亭、湘城等21个雨量站的逐时降水量资料，绘制2019年苏州各雨量站逐月平均降雨量变化过程，蒸发量逐月变化过程。

经过统计，2019年苏州市面平均降雨量为1 114.7 mm，各雨量站变化范围为884.0～1 559.5 mm，年最大降水量为王江泾站，年最小降水量为张家港闸站，最大与最小倍比为1.76。从时间分布来看，降水量年内分布不均匀，汛期(5—9月)降水量较大，占全年降水量的64.3%。蒸发量872 mm，汛期大于非汛期。

二、工情条件

根据“关于印发《苏州市洪水和水量调度方案(试行)》的通知”(苏市防〔2020〕23号)，流域代表站选定太湖，区域代表站选定湘城和陈墓。根据《太湖流域洪水与水量调度方案》确定流域防洪控制水位和调水限制水位。为控制防洪风险，兼顾工业、农业、航运以及生态等用水需要，综合确定区域代表站防洪控制水位和调水限制水位。陈墓警戒水位为3.6 m。

对于苏州沿江口门、环太湖口门及望虞河东岸口门，其洪水与水量调度规则如下。

(一) 洪水调度

1. 沿江口门

1) 当气象预报有强降雨时，沿江口门适时排水，充分利用长江潮位涨落规律抢排，预降水位。

2) 当湘城水位高于防洪控制水位时，沿江口门排水，七浦塘阳澄湖枢纽保持行水通畅。

3) 当湘城水位达到警戒水位3.7 m时，七浦塘江边枢纽开泵排水。

2. 环太湖口门

根据《太湖流域洪水与水量调度方案》，当太湖水位高于防洪控制水位时，环太湖各敞开口门应保持行水通畅。当太湖水位不超过4.10 m，且陈墓水位不超过

3.60 m时，东太湖沿线口门、胥口节制闸开闸泄水；当太湖水位超过4.10 m，或陈墓水位超过3.60 m，或区域预报正在发生强降雨时，东太湖沿线口门、胥口节制闸可以控制运用。

3. 望虞河东岸口门

根据《太湖流域洪水与水量调度方案》，太湖水位高于防洪控制水位，望亭水利枢纽泄水期间，当湘城水位不超过3.70 m时，望虞河东岸口门保持行水通畅；当湘城水位超过3.70 m时，望虞河东岸口门可以控制运用；当望虞河有蓝藻时，为保障阳澄湖生态安全，尚湖、阳澄湖等水源地供水安全，望虞河东岸口门可以控制运用。

（二）水量调度

1. 沿江口门

1）当湘城水位低于调水限制水位时，沿江口门引水；七浦塘江边枢纽可以闸泵联合引水，统筹七浦塘沿线市、区水位及生态用水需求，联合阳澄湖枢纽。

2）当湘城水位处于调水限制水位与防洪控制水位之间时，为增加河湖水体流动性，沿江口门可适时引排。七浦塘江边枢纽泵站可根据生态用水需要，低潮时段开泵引水；开泵期间，沿线苏州市、昆山市口门进行分水，分水总量不超过泵站引水量的30%。

2. 环太湖口门

根据《太湖流域洪水与水量调度方案》，当太湖水位低于调水限制水位时，或内河水位高于太湖水位时，环太湖口门实行控制运用，避免污水进入太湖，合理控制出湖水量。

3. 望虞河东岸口门

引江济太期间相机开启望虞河东岸口门进行分水，分水比例不超过常熟水利枢纽引水量的30%，且分水总量不超过50 m^3/s。常熟水利枢纽泵站引水期间，虞山船闸严格按照套闸运用。

三、污染源条件

以2019年直排工业点源、污水处理厂实际排放量及污染负荷模型的面源污染计算结果，作为水质模型率定与验证计算的污染源源强，其中面源污染包括农村生活、畜禽水产养殖、水田及旱地产污、城镇地表径流污染，分别统计各类污染源总磷及各地区总磷负荷构成。直排工业点源及污水处理厂按其排放口位置以点排放方式进行概化，其余污染源按各镇级行政区范围以面排放方式进行概化。

四、边界条件

（一）水动力模型边界条件

河网水动力模型的边界条件分为两种类型，为真实地模拟2019年实际水流运动状况，尽量以实测引排水量作为苏州各沿江口门的流量边界条件。因此，对于有引排流量资料的 8 个沿江闸站，采用实测流量过程作为边界条件，其中各闸站逐月引水量或排水量采用相应月份逐日引排水量的代数和表示。

对于其他通江河道，以各河道入江口处的潮位过程作为边界条件。由于本研究依托太湖流域河网水量水质模型开展，因此，需要收集太湖流域沿长江至杭州湾的潮位资料。通过查阅水文年鉴，沿长江至杭州湾有镇江、新孟河、江阴、浒浦、高桥、芦潮港、乍浦、澉浦及盐官等潮位站，但潮位资料没有详细的潮位过程线，只有高潮、低潮及相应时刻等特征潮位资料，需要进行推算。

首先推算实测潮位站的单位过程线。收集各实测潮位站一定数量的潮位过程线，分为涨、落潮，将潮位过程换算成潮差和潮历时相对值，称为单位潮位过程，经平均处理后可作为该站的单位潮位过程线。

再推算实测潮位站的整点潮位过程。利用单位潮位过程线及刊布的特征潮位资料，推算各潮位站的整点潮位。然后根据实测潮位站的整点潮位成果，推算沿河口整点潮位插值。以镇江站为起点，沿流域边界量算各潮位站相对距离，按同样的坐标系统量算沿长江及杭州湾各概化河道河口距离，用拉格朗日三点插值得各河口整点潮位。最后根据整点潮位用直线或其他(如拉格朗日或样条函数)插值求得河口瞬时潮位插值。

(二) 水质模型边界条件

以 2019 年国考断面浏河(右岸)的实测水质浓度过程作为苏州沿江各河道的水质边界条件，具体如表 3.22 所示。

表 3.22　调度方案计算水质边界条件

日期	水质浓度(mg/L)					
	COD	BOD_5	DO	总磷	总氮	氨氮
2019/1/8	8	1.6	10.19	0.08	2.06	0.2
2019/2/12	7	2.2	10.97	0.09	2.41	0.16
2019/3/1	7	0.6	11.33	0.15	2.19	0.19
2019/4/1	10	0.6	9.45	0.05	1.7	0.04
2019/5/1	8	0.25	8.63	0.08	1.7	0.08
2019/6/1	13	0.8	7.39	0.06	1.91	0.03
2019/7/1	6	1.3	6.87	0.1	1.53	0.08
2019/8/1	5	1.9	6.95	0.07	1.15	0.08
2019/9/1	10	0.25	6.68	0.07	1.64	0.06
2019/10/1	11	0.25	7.74	0.08	1.78	0.07

续表

日期	水质浓度(mg/L)					
	COD	BOD_5	DO	总磷	总氮	氨氮
2019/11/1	11	0.25	7.71	0.07	1.67	0.04
2019/12/1	9	2.8	9.56	0.11	1.78	0.04

五、初始条件

以流域各水位站1月份多年平均水位实测值作为水动力模型初始条件，以各水质控制断面1月份多年平均水质实测值作为水质模型初始条件。

六、时间步长

水文模型和污染负荷模型的时间步长为1 h，河网水动力及水质模型的时间步长为15 min。

第四节　模型率定和验证

一、率定验证方法

模型参数率定与验证是模型计算成果客观性和正确性的保证，也是模型广泛应用的基础，其与模型构建同样重要，确定模型参数的合理取值范围是模型成功的关键。

模型率定是一个交互式的过程，在模型构建及参数设定的基础上，选取有实测资料的典型年份，进行模型模拟计算，并根据模型计算成果与实测成果的拟合情况，分析出现问题的原因，对河网概化、下垫面资料、工情调度、水文资料、污染源、水质监测等流域概化信息进行复核，同时调整产流、汇流、河道糙率、降解系数等模型参数，直至计算结果正确合理。模型验证则是采用率定好的模型，选取有实测资料的典型时段进行模型模拟计算，以检验模型在地区的适用性和有效性。

采用对水量水质模型关键参数调试的方法进行模型参数率定工作。首先，采用基准年2019年降雨、蒸发等水文资料，进行降雨径流模拟，得到计算区域产流预测结果。在水文模型参数调整的基础上，进行汇流计算。调整河道汇流参数(河道糙率)和坡面汇流参数(汇流单位线)，使模型水位、流量计算成果符合实测值，率定河网水动力模型。

其次，将污染负荷模型计算得到的2019年污染源数据输入水质模型，重点对苏州市国考和省考等控制断面的COD、氨氮、总氮、总磷和DO等水质指标浓度进行预测，通过反复调试水质模型中的COD降解系数、氨氮硝化速率、底泥污染物释放通量、复氧系数等关键参数开展率定工作。

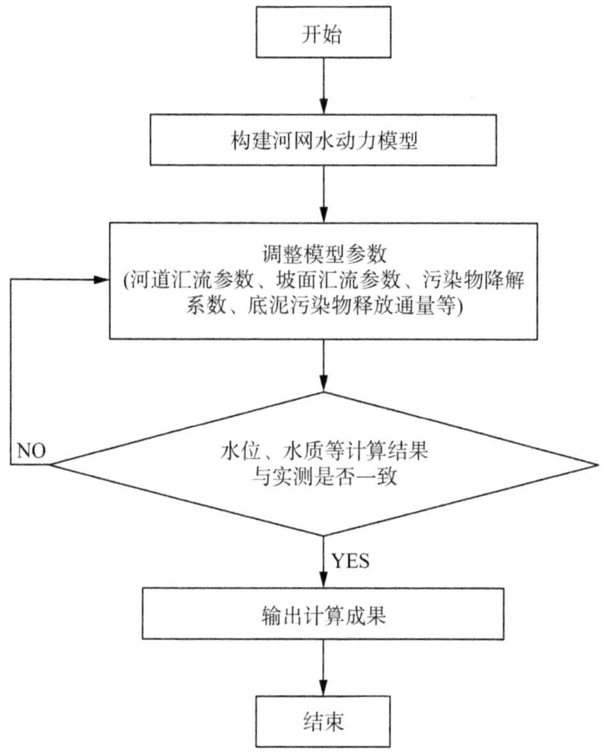

图 3.9　水量水质模型率定流程图

最后，采用相对误差表征实测值与模拟值之间偏离程度的方法，衡量率定效果。均值标准误差能够反映总体精度，评价实测值与模拟值之间的偏离程度，其值越小，说明模拟值越接近实测值。相对误差计算公式如下：

$$E_r = \frac{|V_s - V_o|}{V_o} \times 100\% \tag{3.83}$$

式 3.83 中：E_r 为相对误差(%)；V_o 为某一状态变量的观测值(例如水位、流量、污染物浓度等)；V_s 为某一状态变量的模拟值。

二、模型参数率定

(一) 水量模型率定

1. 基本资料

对 2019 年 1—6 月的太湖、常熟、湘城、琳桥、陈墅、枫桥、平望、王江泾 8 个水位站的水位过程进行率定。

2. 模型参数

河道糙率根据河道规模(河宽、底高)进行调整设定,通过水量模型率定确定了概化河道的糙率介于 0.022～0.028。

3. 率定结果

2019 年 1—6 月水位率定经过统计,率定期水位计算值与实测值的相对误差介于 0.00%～20.36%,率定效果较好。

(二) 水质模型率定

1. 基本资料

采用 2019 年 1—6 月的同步水质监测资料对化学需氧量、氨氮、总磷及溶解氧浓度进行率定。选取该地区有资料的 46 个国考、省考水质监测断面作为率定站点。

2. 计算条件

1) 边界条件

按照优先采用所在河道实测水质浓度作为水质边界条件,其次就近选择邻近水质监测数据的原则,将浏河(右岸)水质监测站的实测值作为水质模型边界条件。由于模拟溶解氧需要考虑水温对饱和溶解氧浓度的影响,水温边界条件采用苏州主要水质监测站点的平均水温。

2) 初始条件

水质模型采用各河道计算初始时刻的代表断面实测水质作为初始条件。

3. 率定成果

2019 年 1—6 月各水质监测站点总磷计算值与实测值的拟合情况:除个别点位外,46 个水质站点绝大部分时间的率定结果均较好,实测值与计算值变化趋势比较吻合。

对 2019 年 1—6 月各水质监测站点预测结果的相对误差进行统计,各监测站点 TP 预测值的相对误差介于 0.71%～43.11%,平均相对误差为 18.43%。

(三) 模型参数验证

1. 水量模型验证

基本资料:利用率定的苏州市河网水动力模型,对 2019 年 7—12 月各水位站水位过程预测值进行验证。验证资料包括同期实测降雨、蒸发、水位、流量资料等。

模型参数:模型验证计算采用的水文模型参数、河道糙率等与率定过程一致,水利工程过闸水量或抽水流量根据实际调度情况进行调整。

验证结果:湘城站 2019 年 7—12 月水位验证成果证明验证期各站水位计算值与实测值的相对误差介于 0.00%～14.93%,验证效果较好。

2. 水质模型验证

基本资料：在水质模型参数率定的基础上，利用同期水质监测站点的实测水质浓度，对COD、氨氮、总磷及溶解氧预测浓度进行验证。验证水质站点和模型参数选择均与率定过程一致。

模型参数：采用苏州市河网水质模型的率定参数进行验证计算。

验证成果：2019年7—12月各水质监测站点各项水质指标浓度计算值与实测值对比。经过统计，各监测站点TP的相对误差介于0.09%～44.48%，平均相对误差为18.95%。

第四章

苏州市总磷污染负荷现状

按照第三章第二节方法分点源和面源分别计算各行政区总磷污染物排放量，其中点源污染包括工业直排企业、污水处理厂、城镇生活污水直排量。面源污染包括未接管污水厂农村生活污水、农业面源污染、畜禽养殖业污染、水产养殖业污染物排放量、城市建成区径流污染负荷。

第一节　点源污染

一、直排企业污染排放

苏州市工业点源排放方式分为企业单独处理后直排入河和接管入污水处理厂集中处理两种情况。苏州市目前拥有直排工业企业共 376 家，直排工业污染源排放量如表 4.1 所示。

表 4.1　2019 年苏州市直排工业污染源排放量汇总表

县(市、区)	工业污染源个数(个)	废水量(万 t/a)	总磷(t/a)
高新区	9	230.13	0.76
吴中区	2	1.00	0.09
相城区	4	15.38	0.02
姑苏区	1	1.54	0.00
吴江区	43	1 008.98	1.99
工业园区	8	645.43	0.65
常熟市	104	3 812.69	4.21
张家港市	36	2 685.61	1.54
昆山市	91	1 453.20	2.75
太仓市	78	2 598.47	3.69
合计	376	12 452.43	15.70

二、污水处理厂

研究范围内共有城镇生活污水处理厂 89 座，工业污水处理厂 75 座，2019 年城镇生活污水处理厂废水及污染物排放量，工业污水处理厂废水及总磷排放量数据见表 4.2。

表 4.2　2019 年苏州市污水处理厂排放量结果表

区域	数量	废水排放量(万 t/a)	总磷(t/a)
高新区	5	8 341.51	14.89
吴中区	10	14 350.50	21.02
相城区	9	6 443.47	6.73
姑苏区	2	7 308.65	9.42
吴江区	59	24 399.43	98.89
工业园区	4	18 901.43	47.14
常熟市	27	11 916.50	25.72
张家港市	16	8 219.48	23.79
昆山市	22	27 476.70	29.77
太仓市	10	5 623.33	9.39
合计	164	132 981.00	286.76

三、直排城镇生活污水

根据《苏州统计年鉴—2020》、2020 年苏州各县(市、区)统计年鉴及 2020 年部分区县第七次全国人口普查数据，苏州市总户籍人口 722.60 万人，总常住人口 1 133.05 万人，常住人口中城镇人口 861.88 万人，苏州市各县(市、区)城镇人口数据以及城镇生活污水排放情况见表 4.3。

表 4.3　2019 年苏州市城镇生活污水直排总磷排放量

县(市、区)	常住人口(万人)	城镇人口(万人)	废水排放量(万 t/a)	总磷(t/a)
高新区	60.29	54.03	189.33	3.03
吴中区	114.17	83.68	818.70	14.22
相城区	73.71	40.00	284.68	5.97
姑苏区	96.07	96.07	427.51	12.56
吴江区	131.26	81.14	164.94	4.15
工业园区	113.41	113.19	552.47	14.79

续表

县(市、区)	常住人口(万人)	城镇人口(万人)	废水排放量(万 t/a)	总磷(t/a)
常熟市	167.71	123.06	565.98	18.65
张家港市	126.40	87.92	1 039.77	17.25
昆山市	166.92	124.11	576.52	8.28
太仓市	83.11	58.68	458.81	8.90
合计	1 133.05	861.88	5 078.72	107.80

第二节　面源污染

一、农村生活污水(未接管污水处理厂)

根据《苏州统计年鉴—2020》、2020 年苏州各县(市、区)统计年鉴及 2020 年部分区县第七次全国人口普查数据，苏州市总户籍人口 722.60 万人，总常住人口 1 133.05 万人，农村人口 271.16 万人。苏州市各县(市、区)农村人口数据以及农村生活污水排放情况见表 4.4。

表 4.4　2019 年苏州市未接管农村生活污水总磷排放量

县(市、区)	常住人口(万人)	农村人口(万人)	总磷(t/a)
高新区	60.29	6.26	1.80
吴中区	114.17	30.49	4.17
相城区	73.71	33.70	1.01
姑苏区	96.07	0	0
吴江区	131.26	50.12	12.67
工业园区	113.41	0.22	0.08
常熟市	167.71	44.65	8.02
张家港市	126.40	38.48	1.75
昆山市	166.92	42.81	8.40
太仓市	83.11	24.43	1.03
合计	1 133.05	271.16	38.93

二、农田面源污染

根据《江苏省农村统计年鉴—2020》、2020 年苏州市各县级行政区统计年鉴及农业农村局提供的资料，苏州市2019年总农用化肥折纯量60 852 t，耕地面积167 071 hm^2，其中氮肥折纯量27 110 t，磷肥折纯量3 250 t，复合肥折纯量30 492 t，化肥施用量及总磷排放数据见表4.5。

表4.5　2019年苏州市化肥施用量及总磷排放汇总表

县（市、区）	耕地面积（hm^2）	氮肥折纯量（t）	磷肥折纯量（t）	复合肥折纯量（t）	旱地总磷（t/a）	水田总磷（t/a）
高新区	1 773	137	10	201	7.17	1.15
吴中区	28 461	1 542	18	1 533	13.90	3.56
相城区	10 422	1 724	39	1 927	5.04	3.36
姑苏区	0	0	0	0	0.20	0.02
吴江区	23 008	3 710.21	24	5 250.39	24.21	18.16
工业园区	0	0	0	0	1.90	0.14
常熟市	41 647	8 355	637	12 268	19.85	27.27
张家港市	27 990	3 213	584	5 436	10.64	16.91
昆山市	13 140	2 640	201	3 877	12.38	8.88
太仓市	20 630	5 789	1 737	0	10.54	18.75
合计	167 071.21	27 110.21	3 250	30 492.39	105.83	98.20

三、畜禽养殖业污染物排放量

苏州市畜禽养殖品种分为牛、猪、羊、蛋禽、肉禽5种，根据《苏州统计年鉴—2020》、2020年苏州各县（市、区）统计年鉴及农业农村局提供的资料，苏州市2019年共养殖牛1.031 6万头，猪3.789 3万头，羊3.708 3万只，家禽133.363 8万只。苏州市各县（市、区）畜禽养殖数据及污染物排放量见表4.6。

表4.6　2019年苏州市畜禽养殖（存栏）及总磷排放表

县（市、区）	牛（万头）	猪（万头）	羊（万只）	家禽（万只）	总磷（t/a）
高新区	0	0	0	0	0.00
吴中区	0.00	0.062 8	0.240 7	3.342 4	0.31
相城区	0.00	0.545 3	0.009 5	0.403 9	0.05
姑苏区	0	0	0	0	0.00
吴江区	0	0.031 3	0.742 3	48.185 8	12.83
工业园区	0	0	0	0	0.00
常熟市	0.403 6	0.505 2	1.455 1	26.353 5	6.79

续表

县(市、区)	牛(万头)	猪(万头)	羊(万只)	家禽(万只)	总磷(t/a)
张家港市	0.33	1.67	0.43	25.65	9.43
昆山市	0	0.263 4	0.035 0	2.489 4	0.65
太仓市	0.298 0	0.711 3	0.795 7	26.938 8	2.36
合计	1.031 6	3.789 3	3.708 3	133.363 8	32.42

四、水产养殖业污染物排放量

苏州市养殖水体主要为淡水养殖，养殖模式有池塘养殖、网箱、围栏等多种方式，养殖品种繁多，包括鱼类、甲壳类和贝类。其中鱼类主要为青鱼、草鱼、鲢鱼、鳙鱼、鳊鱼、鲫鱼，甲壳类包括罗氏沼虾、青虾、克氏原螯虾、南美白对虾(淡)、河蟹，贝类主要为河蚌。

根据《苏州统计年鉴—2020》、2020 年苏州各县(市、区)统计年鉴及农业农村局提供的资料，2019 年水产品养殖量为 130 744 t，其中鱼类 96 622 t、甲壳类 34 017 t 和贝类 105 t，淡水养殖面积 38 958.87 hm^2，各县(市、区)水产养殖基础数据见表 4.7。

表 4.7　2019 年苏州市水产养殖汇总表

县(市、区)	鱼类产量(t)	甲壳类产量(t)	贝类产量(t)	淡水养殖面积(hm^2)	总磷(t/a)
高新区	0	0	0	0	0.00
吴中区	2 350	1 541	0	5 799.57	1.55
相城区	10 170	3 408	18	2 733.3	0.00
姑苏区	0	0	0	0	0.00
吴江区	43 931	10 458	0	15 412	23.57
工业园区	0	0	0	0	0.00
常熟市	12 177	9 578	0	6 463	8.50
张家港市	9 080	1 410	30	880	4.67
昆山市	15 124	3 919	0	5 891	8.24
太仓市	3 790	3 703	57	1 780	2.97
合计	96 622	34 017	105	38 958.87	49.50

五、城镇地表径流污染

苏州地处我国极具经济活力的长江三角洲地区，东傍上海，南接浙江，西抱太湖，北依长江，是我国经济最具发展潜力的地区之一，城镇化水平较高，拥有较为完善的雨水收集系统，雨水收集后就近排入周边河道或湖荡。部分城郊和镇区的雨水收集系统建设不完善，存在少量直接漫流汇入湖荡的现象。经测算，城镇降雨径流污染见表 4.8。

表 4.8　城镇地表径流污染　（单位：t/a）

县(市、区)	总磷
高新区	6.03
吴中区	11.60
相城区	8.61
姑苏区	3.27
吴江区	22.32
工业园区	8.38
常熟市	19.85
张家港市	15.67
昆山市	24.06
太仓市	12.61
合计	132.40

第五章

水文水质同步监测

第一节　区域划分及河网节点分布

根据苏州市水资源分区图，乡镇或街道行政分区，对全市水系按行政边界进行进一步区分，同时，在行政分区的基础上，结合市范围内主干河道分布、节制闸分布等因素，将控制单元进一步细化。

在厘清全市以镇(街道)为边界的出、入境河流分布的基础上，结合国控、省控、市控监测点位，合理设定了出、入境河流相关的河道节点，并据此设置了监测点，开展水量水质同步监测。具体区域划分及监测点位信息详见图 5.1、表 5.1。

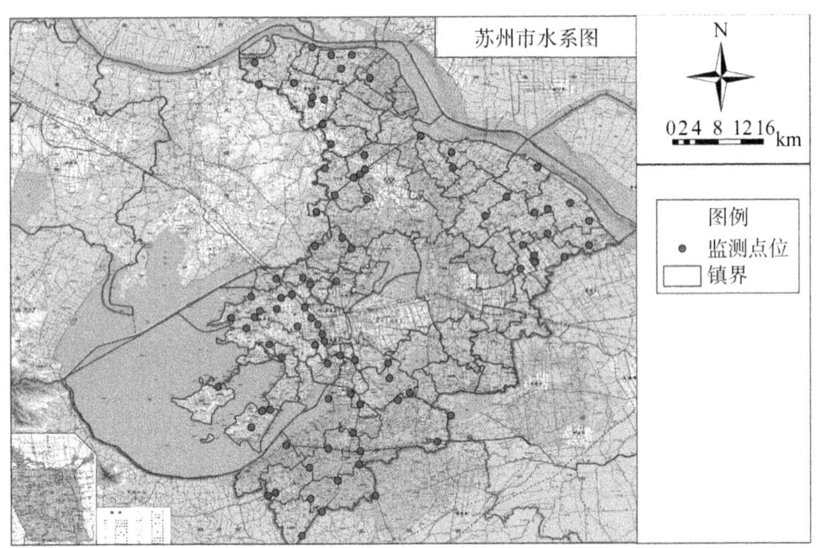

图 5.1　苏州市行政分区及水文水质同步监测点位分布图

表 5.1　苏州市水文水质监测点位表

县(市、区)	序号	水体名称	测点名称
太仓市	1	荡茜河	荡茜闸
太仓市	2	浏河塘	陆渡桥
太仓市	3	钱泾	友谊桥

续表

县(市、区)	序号	水体名称	测点名称
太仓市	4	浪港	东方红桥
太仓市	5	盐铁塘	城北桥
太仓市	6	杨林塘	仪桥
太仓市	7	钱泾	钱泾
太仓市	8	浪港	浪港闸
太仓市	9	浏河塘	振东渡口
太仓市	10	盐铁塘	高墩泾
太仓市	11	浏河塘	浏河水闸
太仓市	12	杨林塘	杨林桥
太仓市	13	盐铁塘	一级公路桥
太仓市	14	盐铁塘	新丰桥镇
吴中区	1	苏东河	摆渡桥
吴中区	2	苏东河	越溪桥
吴中区	3	胥江	航管站
吴中区	4	木光运河	善人桥
吴中区	5	浒光河	虎山桥
吴中区	6	张家浜	张家浜
吴中区	7	大缺嘴港	反修桥
吴中区	8	西塘河	大龙江桥
吴中区	9	大缺嘴港	北闸口桥
吴中区	10	北港	北港桥闸
吴中区	11	金吴港	白塔湾
常熟市	1	望虞河	向阳桥
常熟市	2	常浒河	三里桥
常熟市	3	锡北运河	王庄北新桥
常熟市	4	盐铁塘	窑镇
常熟市	5	元和塘	元和塘桥
常熟市	6	盐铁塘	沈家市
常熟市	7	张家港	朱家堰
常熟市	8	盐铁塘	耿泾闸口
常熟市	9	元和塘	潭泾村

续表

县(市、区)	序号	水体名称	测点名称
常熟市	10	望虞河	张桥
常熟市	11	嘉菱荡	钓郏桥
常熟市	12	常浒河	白宕桥
常熟市	13	张家港	大义光明村
常熟市	14	张家港	湖桥
常熟市	15	锡北运河	官塘
相城区	1	元和塘	北桥大桥
相城区	2	望虞河	鹅真塘
相城区	3	元和塘	里北大桥
张家港市	1	朝东圩港	沿江公路桥
张家港市	2	东横河	六渡桥
张家港市	3	东横河	振兴北桥
张家港市	4	二干河	栏杆桥
张家港市	5	二干河	十一圩闸
张家港市	6	横套河	福前套闸
张家港市	7	十一圩港	港丰公路大桥
张家港市	8	四干河	鲍家桥
张家港市	9	新沙河	庄河桥
张家港市	10	一干河	店岸桥
张家港市	11	张家港河市	码头大桥
张家港市	12	张家港河	袁家桥
张家港市	13	张家港河	张家港闸
吴江区	1	京杭大运河	沪常高速桥
吴江区	2	京杭大运河	云龙大桥
吴江区	3	三船路港	三船路河桥
吴江区	4	三船路港	花园路桥
吴江区	5	苏申外港	入洋湖口
吴江区	5-1	苏申外港	周松线桥 (新屯浦大桥)
吴江区	6	苏申外港	入白蚬湖上游 50 m
吴江区	7	牛长泾	牛长泾大桥
吴江区	8	元荡	元荡湖口(白石矶桥)

续表

县(市、区)	序号	水体名称	测点名称
吴江区	9	太浦河	汾湖大桥
吴江区	10	太浦河	太浦河桥
吴江区	11	京杭大运河	G15W1 高速桥
吴江区	12	京杭大运河	沪渝高速桥
吴江区	13	太浦河	梅堰大桥
吴江区	14	太浦河	太浦闸
吴江区	15	頔塘	索普码头
吴江区	16	澜溪塘	澜溪塘 199 处
吴江区	17	苏嘉运河	王江泾
吴江区	18	京杭大运河	胡店
吴江区	18-1	京杭大运河	申嘉新线
吴江区	19	麻溪	南麻大桥
吴江区	20	頔塘	丝绸码头
吴江区	20-1	頔塘	铜七线桥(明港大桥)
高新区	1	浒光运河	新新桥
高新区	2	浒光运河	武夷山桥
高新区	3	浒光运河	通安龙康路站
高新区	4	京杭大运河	北津桥
高新区	5	西塘河	宏图桥
高新区	6	京杭大运河	鹤溪大桥
高新区	7	京杭大运河	金筑街桥
高新区	8	马运河	马运河桥
高新区	9	京杭大运河	何山大桥
高新区	10	京杭大运河	索山大桥
高新区	11	胥江	原吴越路桥
高新区	12	胥江	晋福桥
高新区	13	游湖转河	镇湖大桥
高新区	14	金墅港	太湖桥
姑苏区	1	京杭大运河	轻化仓库
姑苏区	2	官渎港	坝基桥
姑苏区	3	内外城河	觅渡桥

续表

县(市、区)	序号	水体名称	测点名称
姑苏区	4	元和塘	洋泾桥
姑苏区	5	京杭大运河	泰让桥
姑苏区	6	京杭大运河	人民桥
姑苏区	7	内外城河	兴市桥
姑苏区	8	山塘河	新民桥
姑苏区	9	上塘河	广济桥
姑苏区	10	内外城河	积庆桥
姑苏区	11	西塘河	新渔桥
昆山市	1	七浦塘	毛浜堰
昆山市	2	七浦塘	S224 省道桥
昆山市	3	杨林塘	窑石线桥
昆山市	4	杨林塘	友谊路桥
昆山市	5	杨林塘	横泾
昆山市	6	张家港	朱家堰
昆山市	7	张家港	望山大桥
昆山市	8	张家港	长江中路桥
昆山市	9	娄江	昆山-太仓交界
昆山市	10	吴淞江	姑苏-昆山交界
昆山市	11	吴淞江	百灵路桥
昆山市	12	吴淞江	杨浦村南
昆山市	13	吴淞江	G1501 高速桥
昆山市	14	夏驾河	微山湖路桥南
昆山市	15	夏驾河	三巷路桥
昆山市	16	吴淞江	菉溪大桥
昆山市	17	支浦江	下北港南
昆山市	18	支浦江	俱进路桥
昆山市	19	千灯浦	陶家桥
昆山市	20	道褐浦	道褐浦北闸
昆山市	21	道褐浦	陆家桥
昆山市	22	新开泾河	新开泾桥
昆山市	23	朱库港	朱库港口

续表

县(市、区)	序号	水体名称	测点名称
昆山市	24	急水港	急水港桥
昆山市	25	金鸡河	金龙路桥
昆山市	26	娄江	昆山-姑苏交界
昆山市	27	娄江	时代悦府南
昆山市	28	娄江	柏庐中路桥

第二节　监测频次及指标

一、监测时间

根据区域划分及监测点位确定情况可知，苏州市水文水质同步监测点位共计129个。河道流量监测时间段可分为：枯水期（1—2月；10—12月）、平水期（3—4月）和丰水期（5—9月）。本次监测时间在6月，属于丰水期。

二、监测频率

在区域企业正常运行的情况下，每个监测节点连续监测3天，监测结果取3次的平均值。

三、监测指标

（1）水文指标：流量、流向；

（2）水质指标：总磷（主要指标）、COD、氨氮、总氮。

四、监测方式

（1）用水尺现场测量水位；

（2）用旋桨式流速仪人工现场测量断面流速；

（3）现场采集水样带回实验室进行水质分析。

第三节　监测结果及分析

一、流量监测结果

所有监测点位水文测量具体结果如表5.2所示。

表 5.2 苏州市水文监测情况汇总表

县(市、区)	序号	水体名称	测点名称	河宽(m)	河深(m)	流量(m^3/s)	流速(m/s)	流向
太仓市	1	荡茜河	荡茜闸	22		1.77		
太仓市	2	浏河塘	陆渡桥	25		1.01		
太仓市	3	钱泾	友谊桥	30		1.19		
太仓市	4	浪港	东方红桥	16		0.42		
太仓市	5	盐铁塘	城北桥	24		0.54		
太仓市	6	杨林塘	仪桥	16		0.34		
太仓市	7	钱泾	钱泾	35.5		2.20		
太仓市	8	浪港	浪港闸	35.5		4.02		
太仓市	9	浏河塘	振东渡口	18.3		0.91		
太仓市	10	盐铁塘	高墩泾	24		0.33		
太仓市	11	浏河塘	浏河水闸	110		41.44		
太仓市	12	杨林塘	杨林桥	25		1.30		
太仓市	13	盐铁塘	一级公路桥	24		2.52		
太仓市	14	盐铁塘	新丰桥镇	11		0.51		
吴中区	1	苏东河	摆渡桥	24.2		2.28		
吴中区	2	苏东河	越溪桥	25.5		0.90		
吴中区	3	胥江	航管站	37.7		3.62		
吴中区	4	木光运河	善人桥	13.2		0.16		
吴中区	5	浒光河	虎山桥	35		0.13		
吴中区	6	张家浜	张家浜	46.6		1.13		
吴中区	7	大缺嘴港	反修桥	24		0.03		
吴中区	8	西塘河	大龙江桥	30.6		0.91		
吴中区	9	大缺嘴港	北闸口桥	13.5		0.01		
吴中区	10	北港	北港桥闸	7.7		0.19		
吴中区	11	金吴港	白塔湾	11.5		0.16		
常熟市	1	望虞河	向阳桥	103.8		296.80		
常熟市	2	常浒河	三里桥	61.2		15.04		
常熟市	3	锡北运河	王庄北新桥	21.8		1.14		
常熟市	4	盐铁塘	窑镇	26.2		0.67		
常熟市	5	元和塘	元和塘桥	22.1		1.85		
常熟市	6	盐铁塘	沈家市	31.1		2.93		

续表

县(市、区)	序号	水体名称	测点名称	河宽(m)	河深(m)	流量(m^3/s)	流速(m/s)	流向
常熟市	7	张家港	朱家堰	26.5		0.65		
常熟市	8	盐铁塘	耿泾闸口	23.9		0.00		
常熟市	9	元和塘	潭泾村	53.8		0.54		
常熟市	10	望虞河	张桥	128.5		9.92		
常熟市	11	嘉菱荡	钓郏桥	18.3		4.09		
常熟市	12	常浒河	白宕桥	21.5		1.74		
常熟市	13	张家港	大义光明村	63.4		5.28		
常熟市	14	张家港	湖桥	48.3		1.09		
常熟市	15	锡北运河	官塘	47.2		0.65		
相城区	1	元和塘	北桥大桥	141		1.551		
相城区	2	望虞河	鹅真塘	125.4		11.639		
相城区	3	元和塘	里北大桥	107		3.973		
张家港市	1	朝东圩港	沿江公路桥	99.2		10.72		
张家港市	2	东横河	六渡桥	40		5.06		
张家港市	3	东横河	振兴北桥	36		3.68		
张家港市	4	二干河	栏杆桥	41		3.67		
张家港市	5	二干河	十一圩闸	122.5		31.91		
张家港市	6	横套河	福前套闸	8		0.08		
张家港市	7	十一圩港	港丰公路大桥	51.6		5.34		
张家港市	8	四干河	鲍家桥	19.3		0.41		
张家港市	9	新沙河	庄河桥	37		1.53		
张家港市	10	一干河	店岸桥	35.6		3.54		
张家港市	11	张家港河	码头大桥	48		10.01		
张家港市	12	张家港河	袁家桥	40		4.14		
张家港市	13	张家港河	张家港闸	76.4		6.13		
吴江区	1	京杭大运河	云龙大桥	78.52	4.77	62.567	0.202	北-南
吴江区	2	三船路港	三船路河桥	36.62	2.62	4.28	0.502	东-西
吴江区	3	苏申外港	周松线桥（新屯浦大桥）	74.08	4.47	51.067	0.204	北-南
吴江区	4	牛长泾	牛长泾大桥	54.11	3.41	15.019	0.099	北-南

续表

县(市、区)	序号	水体名称	测点名称	河宽(m)	河深(m)	流量(m^3/s)	流速(m/s)	流向
吴江区	5	元荡	元荡湖口(白石矶桥)	173.20	2.14	38.723	0.149	东北-西南
吴江区	6	太浦河	梅堰大桥	158.62	5.31	88.067	0.294	西-东
吴江区	7	澜溪塘	澜溪塘199处	83.05	5.07	19.762	0.063	北-南
吴江区	8	苏嘉运河	王江泾	107.41	4.06	15.269	0.053	南-北
吴江区	9	京杭大运河	申嘉新线	74.9	5.92	30.557	0.098	西南-东北
吴江区	10	麻溪	南麻大桥	41.87	5.32	22.669	0.123	东-西
吴江区	11	頔塘	铜七线桥(明港大桥)	99.87	5.35	115.654	0.269	西-东
高新区	1	浒光运河	新新桥	35	2.3	12.33	0.15	
高新区	2	浒光运河	武夷山桥	30	1.8	13.13	0.24	
高新区	3	浒光运河	通安龙康路站	45	2.6	12.30	0.10	
高新区	4	京杭大运河	北津桥	85	4	24.27	0.07	
高新区	5	西塘河	宏图桥	58	3.6	15.83	0.08	
高新区	6	京杭大运河	鹤溪大桥	60	5.3	20.57	0.06	
高新区	7	京杭大运河	金筑街桥	73	5.5	21.90	0.05	
高新区	8	马运河	马运河桥	18	2.2	3.47	0.09	
高新区	9	京杭大运河	何山大桥	81	5.4	22.40	0.05	
高新区	10	京杭大运河	索山大桥	83	5.6	21.63	0.05	
高新区	11	胥江	原吴越路桥	17	4.5	9.03	0.12	
高新区	12	胥江	晋福桥	60	4.8	11.47	0.04	
高新区	13	游湖转河	镇湖大桥	45	3.2	13.20	0.09	
高新区	14	金墅港	太湖桥	10	1.7	3.07	0.18	
昆山市	1	七浦塘	S224省道桥	20.833	5.30	19.514	0.236	东北-西南
昆山市	2	杨林塘	友谊路桥	26.467	3.85	17.667	0.230	东-西
昆山市	3	张家港	望山大桥	14.533	3.60	14.787	0.401	西北-东南
昆山市	4	吴淞江	百灵路桥	40.567	6.58	42.525	0.209	西北-东南
昆山市	5	夏驾河	三巷路桥	23.733	4.07	29.923	0.212	北-南
昆山市	6	支浦江	俱进路桥	10.067	3.12	6.033	0.512	东-西
昆山市	7	千灯浦	陶家桥	10.867	3.87	12.001	0.201	北-南
昆山市	8	道褐浦	道褐浦北闸	14.033	2.60	8.925	0.340	北-南

续表

县(市、区)	序号	水体名称	测点名称	河宽(m)	河深(m)	流量(m^3/s)	流速(m/s)	流向
昆山市	9	朱库港	朱库港口	25.433	5.88	40.971	0.389	东-西
昆山市	10	急水港	急水港桥	48.767	4.87	51.831	0.301	东-西
昆山市	11	金鸡河	金龙路桥	24.733	3.90	15.307	0.207	北-南
昆山市	12	娄江	柏庐中路桥	17.467	4.87	13.580	0.209	东-西

二、水质监测结果

1. 太仓市

由太仓市 14 个监测点位的断面水质监测结果可知，14 个测点断面的水质情况总体保持稳定，除城北桥和一级公路桥断面水质超标外，其余 12 个断面水质均达标。具体水质情况见图 5.2。

对照水质考核目标，城北桥和一级公路桥断面水质超标，其中，城北桥断面为Ⅳ类水质，超标因子为总磷和氨氮（总磷 0.22 mg/L，超标 0.08 倍；氨氮 1.89 mg/L，超标 0.89 倍）；一级公路桥断面为Ⅳ类水质，超标因子为氨氮（1.97 mg/L，超标 0.97 倍）。

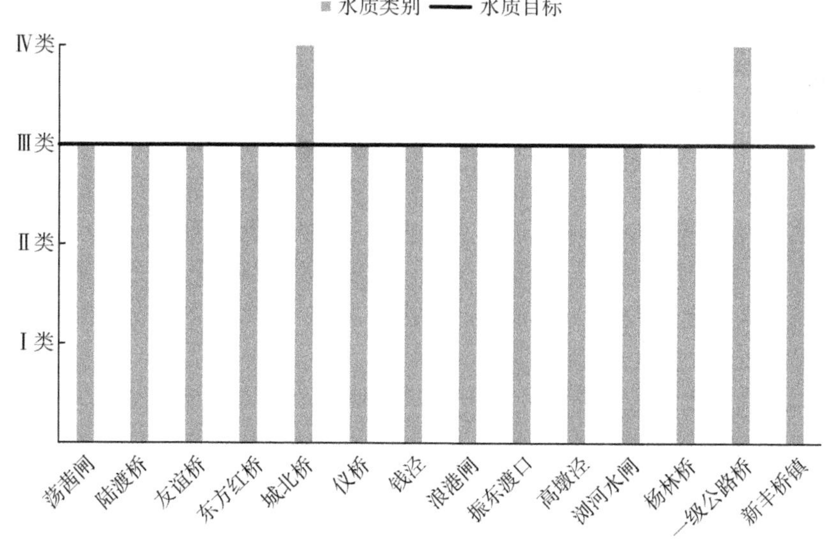

图 5.2　太仓市 14 个测点断面水质类别

针对 14 个监测点位断面水质指标进行详细分析。

根据水文水质同步监测数据结果可知城北桥和一级公路桥断面水质超标，根据区域划分及监测点位所属水体分析，城北桥和一级公路桥断面均位于盐铁塘，两者均属于太仓市经济开发区范围内，监测点位附近有太仓市城东污水处理厂、太仓市城区污水处理厂，上游双凤污水处理厂尾水也排入盐铁塘，因此判断主要污染源可能为区内工业点源及污水厂尾水。

2. 吴中区

根据2021年6月对11个监测点位的断面水质监测结果可知，11个测点断面的水质情况总体保持稳定，断面水质均达标，其中，摆渡桥、航管站、北港桥闸断面水质类别为Ⅱ类。具体水质情况见图5.3。

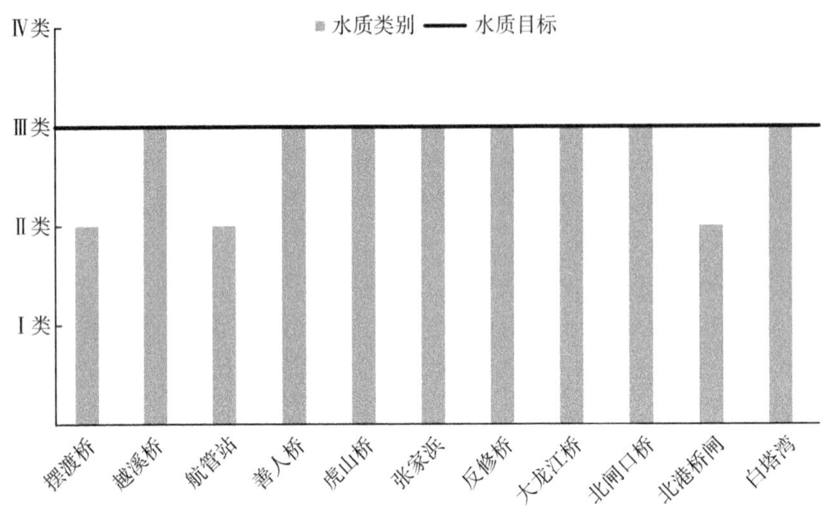

图5.3 吴中区测点断面水质类别

针对11个监测点位断面水质指标进行详细分析。

根据水文水质同步监测数据结果，按照2020年度考核目标，吴中区11个断面水质均达标，且总磷指标均未超过Ⅱ类水标准；但张家浜断面的COD指标接近Ⅲ类水标准值，另有7个断面（越溪桥、善人桥、虎山桥、反修桥、大龙江桥、北闸口桥和白塔湾）COD指标超过15 mg/L。根据吴中区生态环境统计分析数据可知，2016年以来全区生活污水排放量呈上升趋势，主要污染物为COD和氨氮；全区工业废水污染物排放量呈下降趋势，其中，纺织业是全区COD排放量最大的行业，占全区工业COD排放量的80%。

因此，依据本次监测结果，结合吴中区近年水体污染情况可知，吴中区主要水体水质情况较好，部分断面所在区域COD指标需注意存在超标的风险，主要原因可能是临近工业园区。其中，张家浜断面位置判断存在的COD污染源可能位于临湖镇，断面附近有人口集中区、镇级产业园区，COD污染主要来源于城镇生活污水排放及工业企业（主要为纺织、设备制造企业）污水排放，其他7个COD指标超过15 mg/L的断面（越溪桥、善人桥、虎山桥、反修桥、大龙江桥、北闸口桥、白塔湾）附近也均存在镇级或以上产业园。

3. 常熟市

根据2021年6月对15个监测点位的断面水质监测结果可知，15个断面的水质情况总体保持稳定，断面水质均达标，其中，朱家堰、张桥、钓邾桥断面水质类别为Ⅱ类。具体水质情况见图5.4。

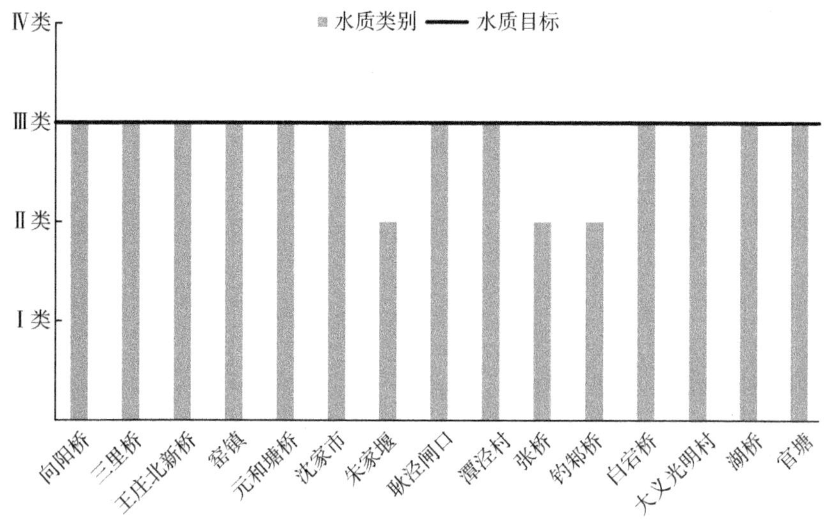

图5.4　常熟市测点断面水质类别

针对15个监测点位断面水质指标进行详细分析。

根据水文水质同步监测数据结果，按照2020年度考核目标，常熟市15个断面水质均达标，近年来主要污染物指标控制成效较好，河流水质逐步改善，通过本次监测未发现明显的污染源。

4. 相城区

根据2021年6月对3个监测点位的断面水质监测结果可知，3个测点断面的水质情况总体保持稳定，断面水质均达到Ⅲ类水标准。具体水质情况见图5.5。

针对3个监测点位断面水质指标进行详细分析。

对照水质考核目标，北桥大桥、鹅真塘和蠡北大桥断面水质均达标，测量时期断面水质情况总体向好。

根据水文水质同步监测数据结果可知北桥大桥、鹅真塘和蠡北大桥断面水质均未超标，仅北桥大桥COD指标接近Ⅲ类水标准值，蠡北大桥总氮指标超出Ⅴ类水标准值，但总氮不作为水质定类指标。因此，就本次监测结果显示，相城区主要水体水质情况较好，根据COD指标判断存在的主要污染源可能位于北桥街道。

相城区目前共有12家污水处理厂，其中6家污水厂的尾水均排入元和塘。北桥街道范围内有1家城镇污水处理厂，尾水排入元和塘，尾水中COD排放标准为19 mg/L，接近Ⅲ类水COD 20 mg/L的标准值。因此，在区内水质总体情况良好的背景下，需注意污水厂尾水排放量过大及COD排放标准不一致可能导致的

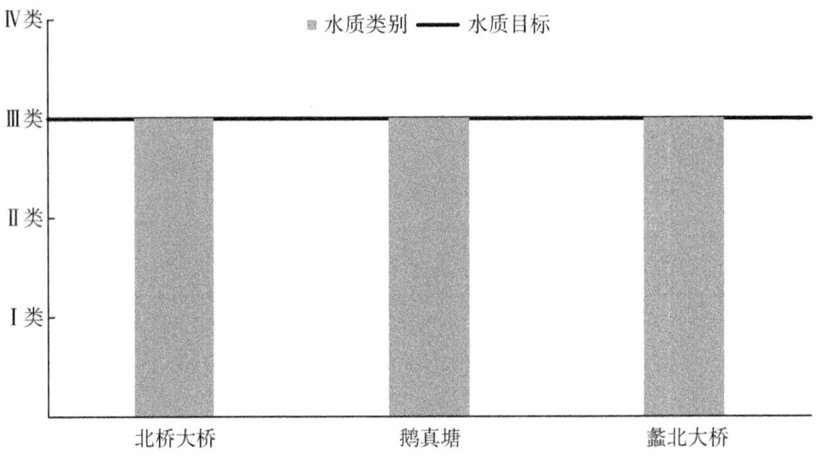

图 5.5　3 个测点断面水质类别

COD 浓度超标问题。

5. 张家港市

根据 2021 年 6 月对张家港市 13 个监测点位的断面水质监测结果可知，13 个断面的水质情况总体保持稳定，断面水质均达标，其中，沿江公路桥、店岸桥、张家港闸断面水质类别为Ⅱ类。具体水质情况见图 5.6。

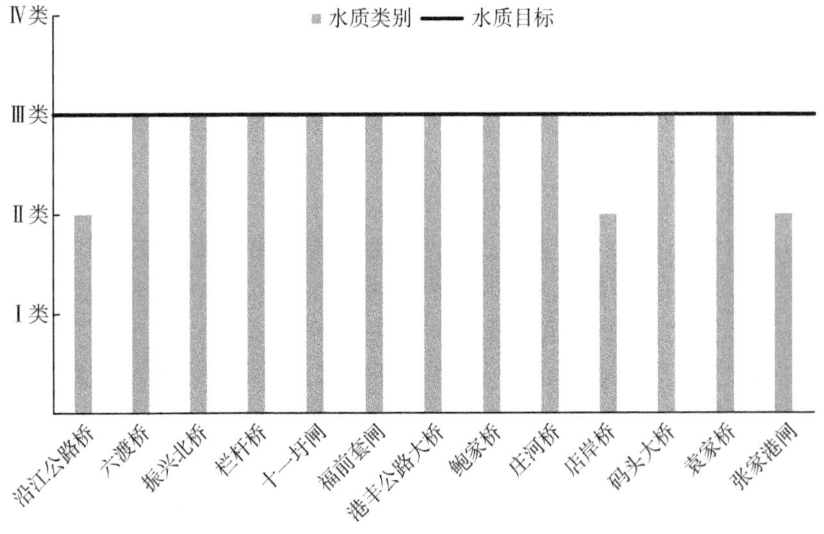

图 5.6　张家港市测点断面水质类别

针对 13 个监测点位断面水质指标进行详细分析。

对照水质考核目标，所有断面水质均达标，测量时期断面水质情况总体较好。根据水文水质同步监测数据结果，按照 2020 年度考核目标，张家港市 13 个断面水质均达标，近年来主要污染物指标控制成效较好，河流水质逐步改善，通过本次监测未发现明显的污染源。

6. 吴江区

根据 2021 年 8 月 3—5 日对 20 个监测点位的断面水质监测结果可知，20 个测点断面的水质情况总体保持稳定。除太浦闸、花园路桥、胡店、丝绸码头 4 个监测断面外，其余断面水质均达到Ⅲ类，且 13 个断面水质达到Ⅱ类。

对照水质考核目标，太浦闸、花园路桥、胡店和丝绸码头断面水质均超标。其中，太浦闸断面为Ⅴ类水质，超标因子为 COD(35 mg/L，超标 0.75 倍)；花园路桥断面为Ⅳ类水质，超标因子为氨氮(1.452 mg/L，超标 0.45 倍)；胡店断面为Ⅳ类水质，超标因子为 COD(24.0 mg/L，超标 0.20 倍)；丝绸码头断面为Ⅳ类水质，超标因子为 COD(20.75 mg/L，超标 0.04 倍)。

根据水文水质同步监测数据结果可知太浦闸断面水质为Ⅴ类，花园路桥、胡店和丝绸码头断面水质为Ⅳ类。根据区域划分及监测点位布点位置可知，太浦闸断面位于太浦河上，属七都镇范围，主要超标因子为 COD，根据太浦闸断面 2015—2019 年水质监测数据，断面水质均达到Ⅲ类，考虑到断面水质较好且位于水源地附近，初步判断可能为监测数据误差，已与监测单位沟通补测，待补测数据进一步分析。花园路桥断面位于三船路港，属太湖新城范围，主要超标因子为氨氮，根据断面所在位置及超标因子判断可能的超标原因为周边生活污水排放。胡店断面位于京杭大运河上，处于桃源镇和盛泽镇交界处，水质超标原因可能为周边生活污水排放及污水厂尾水排放。丝绸码头断面位于頔塘，为浙江湖州市南浔区与震泽镇交界处，水质超标受周边生活污水排放及内河航运影响。

7. 高新区

根据 2021 年 7 月对 14 个监测点位的断面水质监测结果可知，鹤溪大桥断面水质为Ⅴ类，马运河桥断面水质为劣Ⅴ类；其余断面除太湖桥断面达到Ⅱ类外，其余 11 个断面水质均为Ⅳ类。

根据水文水质同步监测数据结果可知鹤溪大桥断面水质为Ⅴ类，马运河桥断面水质为劣Ⅴ类，太湖桥断面达到Ⅱ类，其余 11 个断面水质均为Ⅳ类。根据区域划分及监测点位布点位置可知，鹤溪大桥断面位于京杭大运河上游相城区境内，主要超标因子为总磷、COD，超标原因为上游来水。马运河桥断面位于马运河，属枫桥街道范围，主要超标因子为氨氮，马运河贯穿枫桥街道城区中心汇入京杭大运河，根据断面所在位置、水文监测结果及水质超标因子判断，水质较差原因可能为周边污水厂尾水排放，且水体河宽河深较小，水流较为缓慢，污染物降解条件较差。

8. 昆山市

根据 2021 年 8 月 18—20 日对 28 个监测点位的断面水质监测结果可知，28 个测点断面的水质情况总体保持稳定。S224 省道桥、昆山-太仓交界、百灵路桥、G1501 高速桥、三巷路桥、下北港南、新开泾桥、急水港桥、昆山-姑苏交界 9 个监测断面水质为Ⅳ类，其余 19 个断面水质均达到Ⅲ类。

对照水质考核目标，S224 省道桥断面超标因子为总磷(0.277 mg/L，超标 0.39 倍)；昆山-太仓交界断面超标因子为总磷(0.240 mg/L，超标 0.20 倍)；百灵路桥断面超标因子为总磷(0.249 mg/L，超标 0.25 倍)；G1501 高速桥断面超标因子为总磷(0.203 mg/L，超标 0.02 倍)；三巷路桥断面超标因子为总磷(0.214 mg/L，超标 0.07 倍)；下北港南断面超标因子为总磷(0.245 mg/L，超标 0.22 倍)；新开泾桥断面超标因子为总磷(0.237 mg/L，超标 0.19 倍)；急水港桥断面超标因子为总磷(0.255 mg/L，超标 0.27 倍)；昆山-姑苏交界断面超标因子为氨氮(1.070 mg/L，超标 0.07 倍)。

根据水文水质同步监测数据结果可知，S224 省道桥、昆山-太仓交界、百灵路桥、G1501 高速桥、三巷路桥、下北港南、新开泾桥、急水港桥、昆山-姑苏交界 9 个监测断面水质为Ⅳ类。根据区域划分及监测点位布点位置可知，S224 省道桥断面位于七浦塘，属巴城镇范围，主要超标因子为总磷，根据断面所在位置及超标因子判断可能的超标原因为周边生活污水排放。昆山-太仓交界断面位于娄江，处于昆山市开发区和太仓市交界处，主要超标因子为总磷，水质超标原因可能为上游直排企业及污水厂尾水排放。百灵路桥断面位于吴淞江，处于开发区和张浦镇交界处，主要超标因子为总磷，水质超标原因可能为周边直排企业尾水及生活污水排放。G1501 高速桥断面位于吴淞江，处于花桥镇和上海市交界处，主要超标因子为总磷，水质超标原因可能为周边生活污水排放。三巷路桥断面位于夏驾河，属巴城镇范围，主要超标因子为总磷，水质超标原因可能为周边直排企业尾水排放。下北港南断面位于支浦江，处于张浦镇与吴中区(上游)交界处，主要超标因子为总磷，水质超标原因可能为周边生活污水排放。新开泾桥断面位于新开泾河，属淀山湖镇范围，主要超标因子为总磷，水质超标原因可能为周边生活污水排放。急水港桥断面位于急水港，处于周庄镇与上海交界处，主要超标因子为总磷，水质超标原因可能为周边生活污水排放。昆山-姑苏交界断面位于娄江，处于巴城镇与吴中区(上游)交界处，主要超标因子为氨氮，水质超标原因可能为污水厂尾水及周边生活污水排放。

9. 工业园区

自 2019 年 7 月，园区实行市级、区级以及街道级三级河长河道和湖库全覆盖监测，全部 214 个水体设立 289 个断面。2020 年 1—12 月，区内实测 288 个断面。

2020 年 1—12 月，各街道、社工委监测断面中年均水质达到优Ⅲ的 200 个、Ⅳ类的 64 个，Ⅴ类和劣Ⅴ类断面分别为 19 个和 5 个。符合Ⅴ类、劣Ⅴ断面分别为 19 个、5 个，共计 24 个。Ⅴ类、劣Ⅴ类断面的定类因子主要包括：氨氮、总磷。

综合以上监测结果分析，园区市级、区级断面整体水质较好，街道级断面有部分断面还处于劣Ⅴ类和Ⅴ类，水环境治理与提升还有待进一步加强。

板块方面，东沙湖、月亮湾、湖东社工委、胜浦街道水质整体较好。娄葑、唯亭、斜塘街道水质相对较差。劣Ⅴ类断面几乎全部分布在这四个街道中。

10. 姑苏区

从 2021 年 11 个监测断面的水质来看(表 5.3),3 月份觅渡桥断面的水质监测指标为Ⅳ类水,超出Ⅲ类水质标准,主要超标污染物为氨氮,监测值为 1.44 mg/L,超标倍数为 0.44 倍;兴市桥断面和积庆桥断面的水质监测指标为Ⅳ类水,超出Ⅲ类水质标准,主要超标污染物为氨氮和总磷,监测值分别为 1.45 mg/L、0.29 mg/L 和 1.27 mg/L、0.21 mg/L,超标倍数分别为 0.45 倍、0.45 倍和 0.27 倍、0.05 倍。总体来说,各监测断面在 3 月份水质较好,超标断面的超标污染物主要为氨氮。坝基桥、觅渡桥、泰让桥、兴市桥、积庆桥在 5 月份的水质监测指标均超出Ⅲ类水质标准,其中觅渡桥监测断面水质为Ⅴ类水。坝基桥、觅渡桥、泰让桥断面的主要超标污染物为 COD,监测值分别为 27 mg/L、33 mg/L、21 mg/L,超标倍数分别为 0.35 倍、0.65 倍、0.05 倍;积庆桥断面主要超标污染物为氨氮,监测值为 1.07 mg/L,超标倍数为 0.07 倍;兴市桥断面 COD、氨氮、总磷均超标,监测值分别为 23 mg/L、1.25 mg/L、0.22 mg/L,超标倍数分别为 0.15 倍、0.25 倍、0.1 倍。总体来说,各监测断面在 5 月份水质较差,超标断面的超标污染物主要为 COD 和氨氮。轻化仓库断面在 1 月、2 月和 4 月水质均为Ⅳ类水,超标污染物均为氨氮,监测值各为 1.1 mg/L、1.11 mg/L、1.4 mg/L,超标倍数分别为 0.1 倍、0.11 倍、0.4 倍。新渔桥断面在 2021 年上半年的水质监测情况均为Ⅱ、Ⅲ类水。总体来说,轻化仓库、觅渡桥和兴市桥断面水质不达标的时间较多,主要超标污染物为氨氮,应引起注意。

表 5.3　姑苏区测点断面水质情况　　(单位:mg/L)

断面名称	月份	水质目标	水质类别	超标污染物 (目标参数/监测数据)
轻化仓库	1	Ⅲ	Ⅳ	氨氮(1/1.1)
	2	Ⅲ	Ⅳ	氨氮(1/1.11)
	3	Ⅲ	Ⅲ	
	4	Ⅲ	Ⅳ	氨氮(1/1.4)
	5	Ⅲ	Ⅱ	
	6	Ⅲ	Ⅱ	
坝基桥	3	Ⅲ	Ⅲ	
	5	Ⅲ	Ⅳ	COD(20/27)
觅渡桥	3	Ⅲ	Ⅳ	氨氮(1/1.44)
	5	Ⅲ	Ⅴ	COD(20/33)
洋泾桥	3	Ⅲ	Ⅲ	
	5	Ⅲ	Ⅱ	

续表

断面名称	月份	水质目标	水质类别	超标污染物 (目标参数/监测数据)
泰让桥	3	Ⅲ	Ⅱ	
	5	Ⅲ	Ⅳ	COD(20/21)
人民桥	3	Ⅲ	Ⅲ	
	5	Ⅲ	Ⅲ	
兴市桥	3	Ⅲ	Ⅳ	氨氮(1/1.45) 总磷(0.2/0.29)
	5	Ⅲ	Ⅳ	COD(20/23) 氨氮(1/1.25) 总磷(0.2/0.22)
新民桥	3	Ⅲ	Ⅱ	
	5	Ⅲ	Ⅱ	
广济桥	3	Ⅲ	Ⅱ	
	5	Ⅲ	Ⅱ	
积庆桥	3	Ⅲ	Ⅳ	氨氮(1/1.27) 总磷(0.2/0.21)
	5	Ⅲ	Ⅳ	氨氮(1/1.07)
新渔桥	1	Ⅲ	Ⅲ	
	2	Ⅲ	Ⅱ	
	3	Ⅲ	Ⅱ	
	4	Ⅲ	Ⅱ	
	5	Ⅲ	Ⅱ	
	6	Ⅲ	Ⅱ	

第六章

基于水量平衡的总磷溯源研究

第一节　关键产污区识别

苏州市总磷污染负荷见表 6.1。2019 年苏州市各县级行政区总磷负荷对比，面源总磷构成专题。苏州市总磷排放量吴江区(218.83 t/a)＞常熟市＞昆山市＞张家港市＞工业园区＞吴中区＞太仓市＞高新区＞相城区＞姑苏区(25.47 t/a)。吴江区点源总磷负荷最大，达到 105.03 t/a，其次为工业园区、常熟市、张家港市和昆山市，相城区点源总磷负荷最小，为 12.72 t/a。吴江区面源总磷负荷最大，达到 113.81 t/a，其次为常熟市、昆山市和张家港市，姑苏区面源总磷负荷最小，仅为 3.49 t/a。此外，各地区点源及面源占比存在显著差异，其中姑苏区、工业园区总磷负荷以点源为主，分别占总量的 86.3%和 85.6%。太仓市和常熟市总磷负荷以面源为主，占比为 68.7%和 65.0%。

各地区面源总磷负荷构成特征也存在较大差异，其中常熟市、张家港市和太仓市以水田产污为主，高新区、吴中区、吴江区以旱地产污为主，相城区、姑苏区、工业园区、昆山市以城镇径流污染为主。

表 6.1　2019 年苏州市总磷污染负荷汇总表　(单位：t/a)

县(市、区)	点源			面源						合计
	工业直排	污水处理厂	未接管城镇生活	旱地产污	水田产污	城镇地表径流污染	畜禽养殖	水产养殖	农村居民	
高新区	0.76	14.89	3.03	7.17	1.15	6.03	0	0	1.8	34.83
吴中区	0.09	21.02	14.22	13.9	3.56	11.6	0.31	1.55	4.17	70.42
相城区	0.02	6.73	5.97	5.04	3.36	8.61	0.05	0	1.01	30.79
姑苏区	0	9.42	12.56	0.2	0.02	3.27	0	0	0	25.47
吴江区	1.99	98.89	4.15	24.21	18.16	22.32	12.83	23.57	12.67	218.79
工业园区	0.65	47.14	14.79	1.9	0.14	8.38	0	0	0.08	73.08
常熟市	4.21	25.72	18.65	19.85	27.27	19.85	6.79	8.5	8.02	138.86
张家港市	1.54	23.79	17.25	10.64	16.91	15.67	9.43	4.67	1.75	101.65
昆山市	2.75	29.77	8.28	12.38	8.88	24.06	0.65	8.24	8.4	103.41
太仓市	3.69	9.39	8.9	10.54	18.75	12.61	2.36	2.97	1.03	70.24
合计	15.70	286.76	107.80	105.83	98.20	132.40	32.42	49.50	38.93	867.54

第二节 总磷污染源识别

2019 年苏州市各类污染源总磷负荷主要来源于面源，占总负荷的 52.7%，点源排放占 47.3%；其中点源排放以污水处理厂为主，占点源总磷排放量的 69.9%，未接管生活源及直排工业点源占 26.3%和 3.8%；种植业是苏州市面源总磷的主要来源，占 44.6%，其次为城镇地表径流污染，占面源总磷排放量的 28.9%。

第三节 不同水文情势下污染贡献影响分析

一、磷素污染贡献影响分析

以 2019 年直排工业点源、污水处理厂的实际排放量及各典型年污染负荷模型的面源污染计算结果，作为不同水文情势下污染贡献影响预测的污染源源强，其中面源污染包括农村生活、畜禽水产养殖、水田及旱地产污、城镇地表径流污染。分别统计各类污染源及各地区总磷负荷构成。

1. 丰水年总磷负荷构成及分布特征

图 6.1 为丰水年苏州市各类污染源总磷负荷构成，由图可见，丰水年苏州总磷负荷主要来源于面源，约占总负荷的 54.1%，点源排放约占 45.9%；其中种植业是丰水年苏州市面源总磷的主要来源，占 44.6%，其次为城镇地表径流污染，占面源总磷排放量的 30.4%。

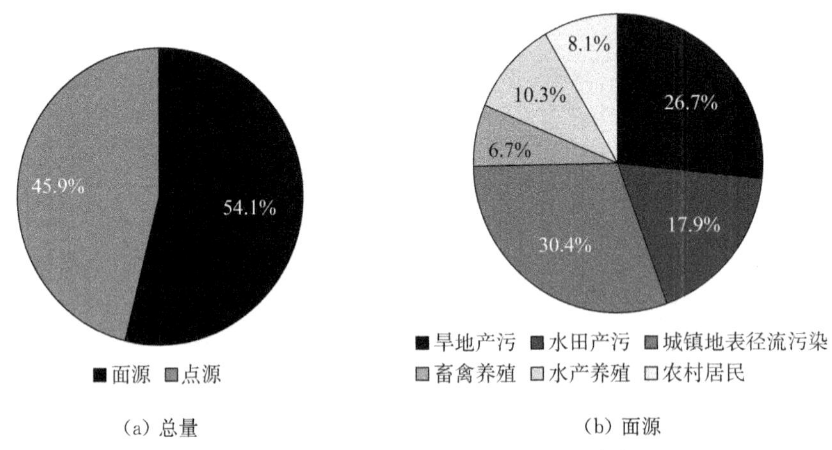

图 6.1 苏州市污染源 TP 负荷构成(丰水年)

图 6.2 和图 6.3 分别为丰水年苏州市各县级行政区面源总磷负荷对比图及总磷构成专题图。

由图 6.2 可见，丰水年吴江区面源总磷负荷最大，达到 110 t/a，其次是常熟市、张家港市和昆山市，姑苏区面源总磷负荷最小，仅为 3.6 t/a。此外，各地区点源及面源占比存在显著差异，其中高新区、姑苏区、工业园区总磷负荷以点源为主，分别占总量的 53.1%、86.0%和 86.0%，其他地区总磷负荷以面源为主，占比介于 51.2%～68.1%。

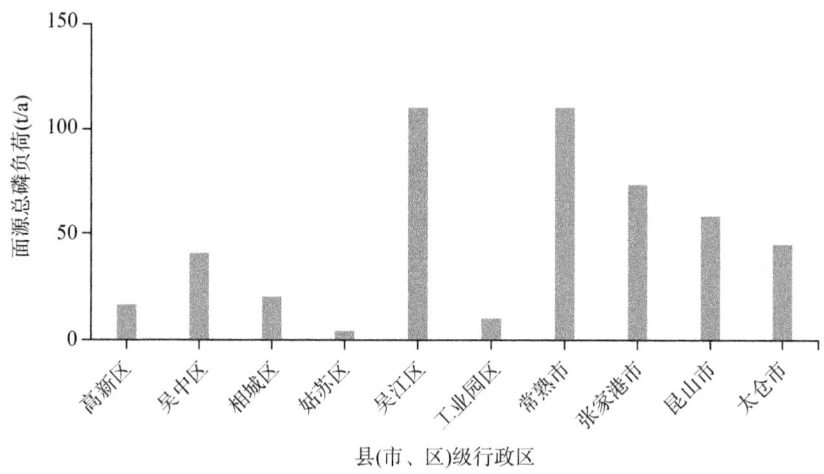

图 6.2　苏州市各县级行政区面源 TP 负荷对比(丰水年)

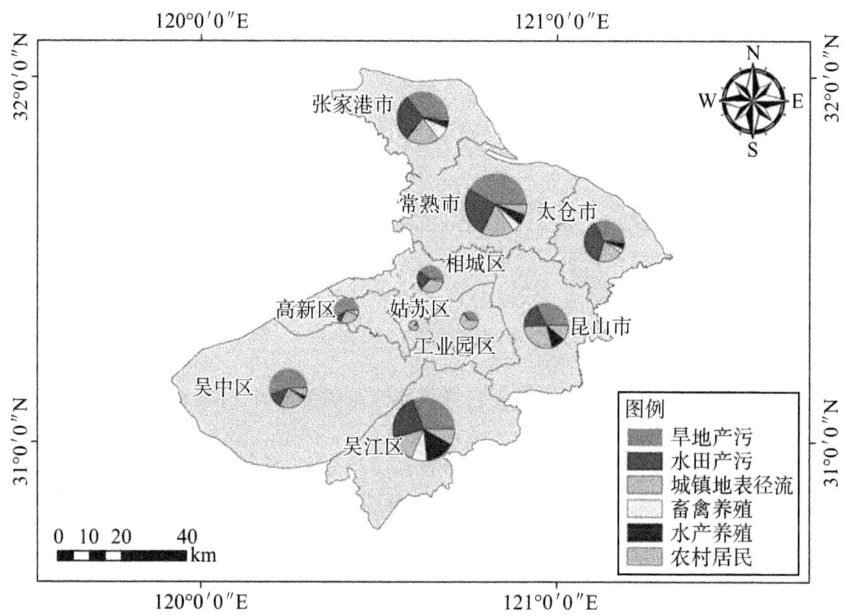

图 6.3　苏州市各县级行政区面源 TP 负荷构成(丰水年)

由图 6.3 可见，各地区面源总磷负荷构成特征也存在较大差异，其中高新区、吴江区、吴中区、常熟市、张家港市以旱地产污为主，太仓市以水田产污为主，相城区、姑苏区、工业园区、昆山市以城镇径流污染为主。

2. 平水年总磷负荷构成及分布特征

平水年苏州总磷负荷点源与面源基本持平；其中种植业仍然是平水年苏州市面源总磷的主要来源，占 41.7%，较丰水年有所下降；其次为城镇地表径流污染，占面源总磷排放量的 28.7%。

图 6.4 为平水年苏州市各县级行政区面源总磷负荷对比图。

由图 6.4 可见，平水年吴江区面源总磷负荷最大，达到 97.6 t/a，其次是常熟市、昆山市和张家港市，姑苏区面源总磷负荷最小，仅为 3.4 t/a。此外，各地区点源及面源占比存在显著差异，其中高新区、姑苏区、工业园区总磷负荷以点源为主，分别占总量的 54.9%、86.6%和 86.5%，略大于丰水年。其他地区总磷负荷以面源为主，占比介于 50.3%～65.4%，小于丰水年。

各地区面源总磷负荷构成特征也存在较大差异，其中高新区、吴中区、常熟市以旱地产污为主，吴江区、太仓市以水田产污为主，相城区、姑苏区、工业园区、张家港市、昆山市以城镇径流污染为主。

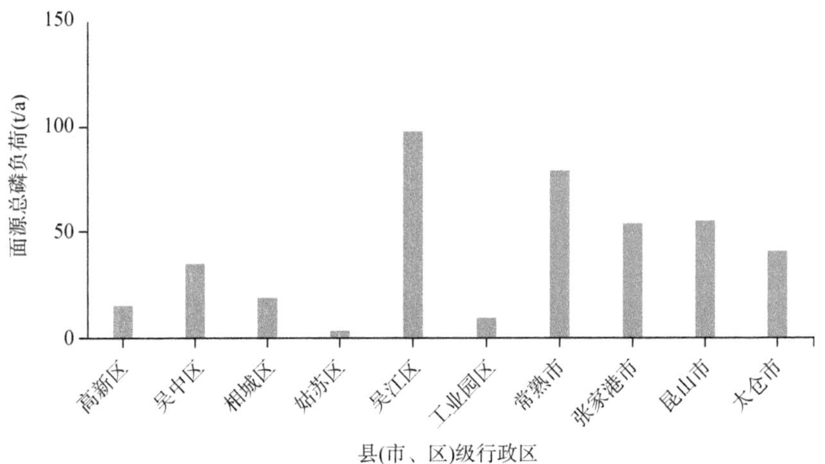

图 6.4　苏州市各县级行政区面源总磷负荷对比(平水年)

3. 枯水年总磷负荷构成及分布特征

图 6.5 为枯水年苏州市各类污染源总磷负荷构成，由图可见，枯水年苏州总磷负荷点源大于面源，分别占总负荷的 55.4%和 44.6%；其中种植业是枯水年苏州市面源总磷的主要来源，占 32.2%，较平水年有所下降，城镇地表径流污染占比 31.3%。

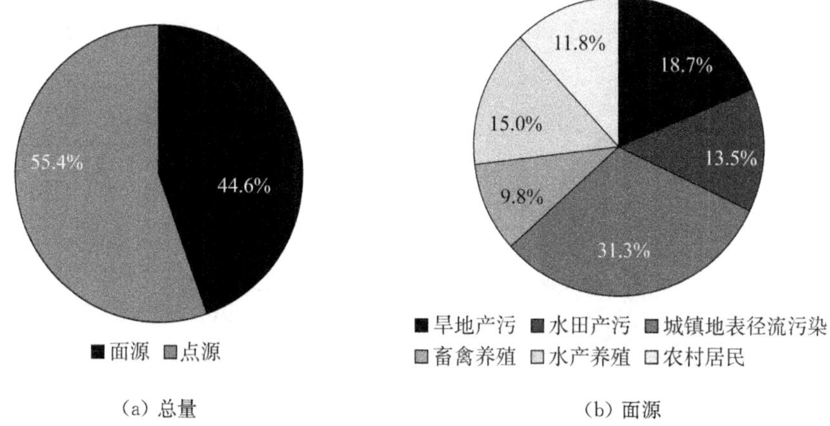

(a) 总量　　　　　(b) 面源

图 6.5　苏州市污染源 TP 负荷构成(枯水年)

图 6.6 为枯水年苏州市各县级行政区面源总磷负荷对比图。

由图 6.6 可见，枯水年吴江区面源总磷负荷最大，达到 78.7 t/a，其次是常熟市、张家港市和昆山市，姑苏区面源总磷负荷最小，仅为 2.6 t/a。此外，各地区点源及面源占比存在显著差异，其中高新区、吴中区、相城区、姑苏区、吴江区、工业园区总磷负荷以点源为主，占比介于 52.8%～89.8%，其他地区总磷负荷以面源为主，小于平水年。

各地区面源总磷负荷构成特征也存在较大差异，大部分地区面源总磷负荷均以城镇径流污染为主。

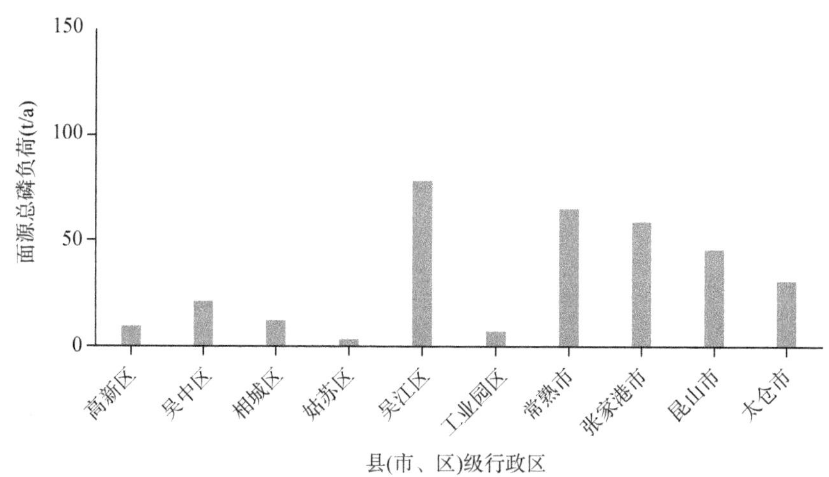

图 6.6　苏州市各县级行政区面源总磷负荷对比(枯水年)

4. 特枯年总磷负荷构成及分布特征

图 6.7 为特枯年苏州市各类污染源总磷负荷构成，由图可见，特枯年苏州总磷

负荷主要来源于点源，占总负荷的58.2%；其中城镇地表径流污染是特枯年苏州市面源总磷的主要来源，占30.9%；其次为种植业，占面源总磷排放量的28.1%。

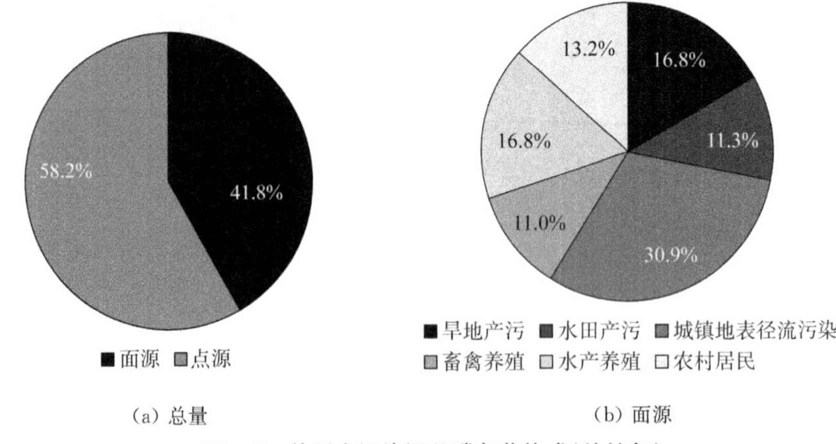

(a) 总量　　(b) 面源

图6.7　苏州市污染源总磷负荷构成(特枯年)

图6.8为特枯年苏州市各县级行政区面源总磷负荷对比图。

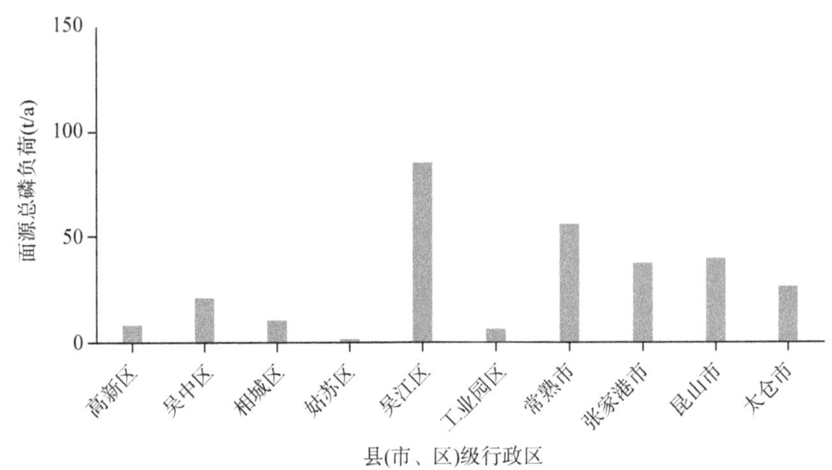

图6.8　苏州市各县级行政区面源总磷负荷对比(特枯年)

由图6.8可见，特枯年吴江区面源总磷负荷仍是最大，达到85.4 t/a，其次是常熟市、昆山市和张家港市，姑苏区面源总磷负荷最小，仅为2.5 t/a。除常熟市和太仓市外，其他地区总磷负荷均以点源为主，占比介于50.7%～90.4%，与枯水年相当。

与枯水年相似，绝大部分地区面源总磷负荷均以城镇径流污染为主。

二、考核断面磷素负荷贡献影响分析

首先，根据来水组成要素及类型定义，将降雨径流及废水排放、沿江引水、太湖分别设置为不同的来水组成要素；其次，通过来水组成模型预测各国考及省考断面各种来水组成要素的水量占比；再次，统计各种来水组成要素中总磷的水量加权平均浓度；最后，计算不同途径的总磷来源对水质考核断面的磷素负荷贡献率。

来水组成要素定义：为了辨识不同县级行政区对水质控制断面的贡献率，将苏州市 10 个县级行政区的降雨径流（面源）及废水排放（点源）分别定义为不同的来水组成要素，同时，为了辨识其他地区总磷负荷对苏州水质考核断面的影响，将其他地区的降雨径流及废水排放定义为独立的来水组成要素。对于沿江引水，进一步细分为望虞河以西引江、望虞河引江、阳澄区引江和浦西区引江，分别设置为不同的来水组成要素。

来水组成计算：将不同典型年的降水和蒸发过程输入水文模型，进而驱动污染负荷模型、河网水动力模型及来水组成模型，计算苏州市国考及省考断面上述各种来水组成要素的水量占比。

平均浓度统计：利用基准年污染源调查及不同典型年污染负荷计算成果，结合水文模型对旱地、水田和城镇的产流量预测结果及长江引水总磷平均浓度，统计各种来水组成要素总磷的水量加权平均浓度，作为磷素污染贡献率计算依据。

按式 6.1 计算各种来水组成要素的总磷对苏州市国考及省考断面的贡献率：

$$P_i^j = \frac{\phi_i^j \cdot \overline{C}_i}{\sum_{i=1}^{n} \phi_i^j \cdot \overline{C}_i} \tag{6.1}$$

式 6.1 中：P_i^j 为第 i 种来水组成要素总磷对第 j 个水质考核断面的负荷贡献率；ϕ_i^j 为第 i 种来水组成要素在第 j 个水质考核断面处的水量占比，由来水组成模型计算得到；C_i 为第 i 种来水组成要素的总磷平均浓度，单位为 mg/L；n 为来水组成要素的数量。

对于来水组成要素中的降雨径流及废水排放，需要按式 6.2 计算其水量加权平均浓度：

$$\overline{C}_i = \frac{\sum_{i=1}^{m} WL_i}{\sum_{i=1}^{m} W_i} \tag{6.2}$$

式 6.2 中：WL_i 为第 i 种来水组成要素的总磷负荷，单位为 t/a，由污染负荷模型计算得到；W_i 为第 i 种来水组成要素的水量，单位为万 m^3/a，由水文模型预测得到；m 为降雨径流及废水排放中子类的数量，其中，降雨径流包括旱地、水田、城镇降雨径流3种，废水排放包括直排工业点源、污水处理厂、未接管生活源3种。

1. 丰水年总磷负荷贡献比例

由于部分国考断面和省考断面位于长江、太湖等模型计算范围以外，因此，根据总磷负荷贡献比例计算方法，统计了丰水年苏州市10个县级行政区及其他地区排污、沿江引水（太仓、常熟、张家港、望虞河、其他）、太湖的总磷来源对28个国考断面和48个省考断面的总磷负荷贡献率。

对于沿长江分布的各国考和省考断面，沿江引水对其总磷负荷的贡献率普遍较大。经统计，丰水年沿江引水对长江沿线8个国考断面和19个省考断面的总磷负荷贡献率介于37.86％～95.66％，平均为68.89％，其中贡献最小的是张家港闸，最大的是位于一干河的店岸桥，与断面空间分布和引江水量密切相关。按照张家港市沿江口门的调度规则，张家港闸以排水为主，因此，长江引水对其总磷负荷贡献率较低，而一干河闸以引水为主，长江引水的总磷负荷贡献率较高。

对于位于望虞河、大运河、太浦河等骨干河道沿线的各考核断面，受苏州以外其他地区排污的影响较大，例如位于望虞河的官塘、张桥、鹅真塘和312国道桥等断面，其他地区的贡献率分别为67.23％、46.88％、52.94％和46.36％；位于大运河的浒关上游、轻化仓库、瓜泾口北等断面，其他地区排污的贡献率分别达到87.89％、72.33％和57.78％，且随水流流向呈现逐渐递减趋势；其他地区排污对位于太浦河的太浦闸、太浦河桥、汾湖大桥等断面的贡献率具有相似的变化趋势，贡献率分别为61.92％、51.17％和43.26％。

对于位于太湖沿线的各考核断面，太湖出水对其总磷负荷影响总体较小，呈现一定的差异性。经过统计，太湖出水对太湖沿岸3个国考断面（虎山桥、航管站、瓜泾口西）和6个省考断面（太湖桥、摆渡桥、三船路桥、新开路桥、戗港、太浦闸）的总磷负荷贡献率介于1.30％～25.16％，平均为9.48％，与太湖出水水质总磷含量较低有关。

2. 平水年总磷负荷贡献比例

根据总磷负荷贡献比例计算方法，统计了平水年苏州市10个县级行政区及其他地区排污、沿江引水（太仓、常熟、张家港、望虞河、其他）、太湖的总磷来源对28个国考断面和48个省考断面的总磷负荷贡献率。

对于沿长江分布的各国考和省考断面，沿江引水对其总磷负荷的贡献率普遍较大。经统计，平水年沿江引水对长江沿线8个国考断面和19个省考断面的总磷负荷贡献率介于52.64％～97.23％，平均为80.63％，高于丰水年，其中贡献最小的是张家港闸，最大的是位于三干河的三干河桥，与一干河闸相似，三干河闸也以引水为主，长江引水对其总磷负荷贡献率较高。

对于位于望虞河、大运河、太浦河等骨干河道沿线的各考核断面，受苏州以外其他地区排污的影响较大，但较丰水年明显下降，同时受望虞河引江影响增大。例如位于望虞河的官塘、张桥、鹅真塘和312国道桥等断面，其他地区的贡献率分别为42.97%、24.75%、31.21%和26.51%；位于大运河的浒关上游、轻化仓库、瓜泾口北等断面，其他地区排污的贡献率分别达到84.14%、69.21%和54.70%，较丰水年略有减小；其他地区排污对位于太浦河的太浦闸、太浦河桥、汾湖大桥等断面的贡献率具有相似的变化趋势，贡献率分别为59.79%、51.53%和44.62%，与丰水年相比变化不大。

对于位于太湖沿线的各考核断面，太湖出水对其总磷负荷影响总体较小，呈现一定的差异性。经过统计，太湖出水对太湖沿岸3个国考断面（虎山桥、航管站、瓜泾口西）和6个省考断面（太湖桥、摆渡桥、三船路桥、新开路桥、戗港、太浦闸）的总磷负荷贡献率介于0.06%～29.34%，平均为7.91%，与太湖出水水质总磷含量较低有关。

3. 枯水年总磷负荷贡献比例

根据总磷负荷贡献比例计算方法，统计了枯水年苏州市10个县级行政区及其他地区排污、沿江引水（太仓、常熟、张家港、望虞河、其他）、太湖的总磷来源对28个国考断面和48个省考断面的总磷负荷贡献率。

对于沿长江分布的各国考和省考断面，沿江引水对其总磷负荷的贡献率普遍较大。经统计，枯水年沿江引水对长江沿线8个国考断面和19个省考断面的总磷负荷贡献率介于53.46%～96.83%，平均为81.88%，较平水年略有提高，其中贡献最小的仍然是张家港闸，最大的是店岸桥。

对于位于望虞河、大运河、太浦河等骨干河道沿线的各考核断面，受苏州以外其他地区排污的影响较大，与平水年相比差别较小。例如位于望虞河的官塘、张桥、鹅真塘和312国道桥等断面，其他地区的贡献率分别为48.18%、23.49%、30.43%和35.44%；位于大运河的浒关上游、轻化仓库、瓜泾口北等断面，其他地区排污的贡献率分别达到83.93%、72.32%和57.49%，与平水年差别较小；其他地区排污对位于太浦河的太浦闸、太浦河桥、汾湖大桥等断面的贡献率分别为48.61%、44.89%和38.61%，与平水年相比有所减小。

对于位于太湖沿线的各考核断面，太湖出水对其总磷负荷影响总体较小，呈现一定的差异性。经过统计，太湖出水对太湖沿岸3个国考断面（虎山桥、航管站、瓜泾口西）和6个省考断面（太湖桥、摆渡桥、三船路桥、新开路桥、戗港、太浦闸）的总磷负荷贡献率介于0.11%～41.24%，平均为11.02%，与太湖出水水质总磷含量较低有关。

4. 特枯年总磷负荷贡献比例

根据总磷负荷贡献比例计算方法，统计了特枯年苏州市10个县级行政区及其他地区排污、沿江引水（太仓、常熟、张家港、望虞河、其他）、太湖的总磷来源对28个国考断面和48个省考断面的总磷负荷贡献率。

对于沿长江分布的各国考和省考断面，沿江引水对其总磷负荷的贡献率普遍较大。经统计，特枯年沿江引水对长江沿线8个国考断面和19个省考断面的总磷负荷贡献率介于54.72%～98.59%，平均为83.11%，为所有典型年最大，其中贡献最小的仍然是张家港闸，最大的是三干河桥。

对于位于望虞河、大运河、太浦河等骨干河道沿线的各考核断面，受苏州以外其他地区排污的影响较大，与枯水年相比差别较小。例如位于望虞河的官塘、张桥、鹅真塘和312国道桥等断面，其他地区的贡献率分别为44.85%、22.44%、31.13%和31.22%；位于大运河的浒关上游、轻化仓库、瓜泾口北等断面，其他地区排污的贡献率分别达到81.87%、70.02%和55.02%，略小于枯水年；其他地区排污对位于太浦河的太浦闸、太浦河桥、汾湖大桥等断面的贡献率分别为69.30%、53.84%和43.38%，高于枯水年。

对于位于太湖沿线的各考核断面，太湖出水对其总磷负荷影响总体较小，呈现一定的差异性。经过统计，太湖出水对太湖沿岸3个国考断面（虎山桥、航管站、瓜泾口西）和6个省考断面（太湖桥、摆渡桥、三船路桥、新开路桥、戗港、太浦闸）的总磷负荷贡献率介于0.16%～24.14%，平均为7.68%，与太湖出水水质总磷含量较低有关。

第七章

苏州市总磷主要污染源及控制对策

第一节　主要污染源

苏州市总磷排放量由高到低排序为:吴江区>常熟市>昆山市>张家港市>工业园区>吴中区>太仓市>高新区>相城区>姑苏区;面源总磷排放量:吴江区>常熟市>昆山市>张家港市>太仓市>吴中区>相城区>高新区>工业园区>姑苏区;点源总磷排放量:吴江区>工业园区>常熟市>张家港市>昆山市>吴中区>太仓市>姑苏区>高新区>相城区。

苏州市总磷负荷主要来源于面源,各典型年面源总磷负荷占比介于41.8%(特枯年)~54.1%(丰水年);种植业是丰水年、平水年、枯水年苏州市面源总磷的主要来源,占比为32.2%~44.6%,城镇地表径流污染是特枯年苏州市面源总磷的主要来源,占30.9%。

总体上看苏州市点源总磷排放以污水处理厂为主,占点源总磷排放量的69.9%,其次为未接管城镇污水排放,各县(市、区)存在差异。

各地区点源及面源占比存在显著差异。其中姑苏区、工业园区总磷负荷以点源为主,分别占总量的86.3%和85.6%;太仓市、常熟市、昆山市以面源为主,占比分别为68.7%、65.0%和60.5%,其他地区占比介于46.4%~58.7%。各地区面源总磷负荷构成特征也存在较大差异,其中常熟市、张家港市和太仓市以水田产污为主,高新区、吴中区、吴江区、昆山市以旱地产污为主,姑苏区、工业园区、相城区以城镇径流污染为主。

不同水文情势下的磷素污染贡献研究表明,对于沿长江分布的考核断面,沿江引水对其总磷负荷的贡献率普遍较大,各典型年的平均贡献率介于68.89%~83.11%,与断面空间分布和引江水量密切相关。位于骨干河道沿线的各考核断面受苏州以外其他地区排污的影响较大,望虞河各断面相关贡献率介于22.44%~67.23%,大运河各断面相关贡献率为54.70%~87.89%,太浦河各断面相关贡献率为38.61%~69.30%。太湖出水对各环湖断面的总磷负荷影响总体较小,各典型年平均贡献率介于7.68%~11.02%。

第二节　治理措施

结合污染源分析,从重点加强农业面源污染治理、城镇生活污水接管、城镇初期雨水收集、污水处理厂提标改造等方面提出建议。各县(市、区)应根据自身总磷负荷特征采取更有针对性的措施。

一、强化农业面源管控力度

适度优化种植结构,以县(市、区)为单位,完善农业产业准入负面清单制度。深化高标准农田生态化改造,开展农作物病虫害绿色防控,推进化肥农药减量增效,加强农膜回收利用,实施农田排灌系统生态化改造,力争实现"退水不直排、肥水不下河、养分再循环"。到 2025 年,主要农作物机械智能深施肥技术覆盖率达 50%以上,病虫害绿色防控覆盖率达 65%以上,农膜基本实现全量回收。结合《江苏省"十四五"地表水环境监测网设置方案》,全面开展重点地区农田退水水质监测,对确定直接影响断面水质稳定达标的沿岸农田进行种植结构调整,开展排灌系统生态化改造或建设分布式污水处理设施。推进建设全市农业面源监测体系,制订相关管理制度,进一步明确监管责任,探索建设农业面源污染监测"一张网"。

二、加强城镇生活污水接管

全面落实城镇生活污水处理提质增效。积极推进污水处理提质增效"333"行动,加快补齐生活污水收集和处理设施短板。全面摸排"小散乱"排水、阳台和单位内部排水,建立问题清单和任务清单,及时整治到位。

全面排查城镇建成区沿河排水口、入河排污口、暗涵内排口、沿河截流管道等,重点解决旱天污水直排,有效管控雨天合流制溢流污染,消除污水直排口。全面排查污水管网覆盖现状,划定管网覆盖空白区或薄弱区域,有序推进区域污水管网建设、雨污分流工作,提升污水收集能力,消除污水管网空白区,高标准实施管网工程建设,提升新建污水管网质量管控水平。全面排查检测雨污水管网功能性和结构性状况,查清错接、混接和渗漏等问题,分片推进管网改造与修复,提升污水管网检测修复和养护管理水平。2025 年,生活污水处理率城市达到 98%,集镇达到 92%。

三、持续推进排口整治工作

分类推进入河(湖)排污口规范整治。在排查、监测和溯源的基础上,完成"一口一策"整治方案制定。按照"取缔一批、整治一批、规范一批"的原则,分类推进河流湖库的入河排污口规范整治。扎实推进入河(湖)排污口规范化建设,对建设不规范的现有排污口,完善公告牌、警示牌、标志牌等排污口规范化建设。形成更加科学完备的监管体系和长效机制,防止问题回潮、反弹。全面规范排污口管理,实现"排污单位—污水管网—受纳水体"全过程监管,形成权责清晰、监控到位、管理规范的排污口监管体系。

四、强化初期雨水污染治理

借助海绵城市建设,鼓励采用多种低影响开发设施削减初期雨水径流污染,因地制宜建设初期雨水调蓄和处理设施，接纳城市初期雨水。完善城市绿色生态基础设施功能，增加雨水调蓄模块，推广小型雨水收集、贮存和处理系统，提高城市雨水径流积存、渗透和净化能力，建设渗、滞、蓄、净、用、排相结合的雨水收集利用设施，削减城市面源污染。

五、污水处理厂提标改造

评估现有污水处理和污泥处理处置能力和运行效能，优化处理设施布局，适度超前建设，推进污水处理厂之间的互联互通建设，推进建制镇污水处理设施全覆盖、全运行。针对进水浓度低的污水处理厂制定"一厂一策"方案，实现生活污水"厂网河"一体化治理模式。全面推进污水处理厂建设和提标改造，污水厂尾水全面执行"苏州特别排放限值标准"。强化污水处理设施运行监管，全面完成污水厂进水指标在线监测。确保各类生活污水处理设施正常运行和达标排放，推进污水厂尾水生态湿地建设，进一步提高尾水安全性。

第八章

苏州市河湖分布概况

第一节　河湖分布情况调查

此次生态调查以苏州市河网水系结构为基础，在含有国、省监控断面的骨干河流名录及江苏省湖泊保护名录中选取苏州市具有代表性的河湖作为调查对象。

(1) 吴中区河湖分布情况

吴中区西临太湖，区内构成“两线一点”的骨干水系框架，“一点”即太湖，其大部分水域位于吴中区；“两线”分别为中部的京杭大运河和东部的吴淞江，形成一纵一横的骨干水系通道。吴中区境内现有大小河道 1 500 余条，河道总长 1 408 km，水域面积约 78 km^2(不包括太湖水面)，平均水面率 10%；河网密度约 1.8 km/km^2。根据现状调查资料，除京杭大运河、吴淞江等流域性骨干河道外，区内较具规模的区、镇级河道共有 88 条，总长度约 308 km，其中区级河道 8 条，镇级河道 80 条。

此次生态调查选取吴中区具有代表性的河湖——太湖、澄湖、胥江、苏东河和京杭大运河。

(2) 高新区河湖分布情况

高新区属于苏南太湖水系，河流纵横，水流缓慢。一般河道间距为 500～800 m，最大间距不超过 1 200 m。高新区内河道多呈东西方向或南北方向，其中南北向河流主要包括：京杭大运河苏南段(又名“江南运河”)、大轮浜、石城河和金枫运河；东西向河流主要包括：马运河、金山浜、枫津河、双石港、浒光运河和大白荡。其中，江南运河为四级航道，马运河、金山浜、金枫运河、大白荡和浒光运河为通航河道，其他大多为不通航河道。

此次生态调查以高新区河网水系结构为基础，高新区共 3 个省控断面，分别为京杭大运河浒关上游、轻化仓库、太湖桥，在含有国、省监控断面的骨干河流名录及江苏省湖泊保护名录中选取高新区具有代表性的河湖——太湖、游湖、金墅港、浒光运河、江南运河和金山浜。

(3) 吴江区河湖分布情况

吴江区内河渠纵横交叉，湖荡星罗棋布，河湖交织相通，组成密如蛛网的水道系统，既有利于船运与灌溉，又有利于调节水位。吴江区内流域性河道共 3 条，包括太浦河、江南运河、吴淞江；区域性河道共 5 条，包括牵牛河、頔塘、苏申外港、八荡河、苏嘉运河。吴江区 50 亩以上的湖泊荡漾 351 个，除太湖外，较大的湖泊有元荡、长漾、北麻漾等。湖荡一般多呈圆形或长圆形，水深 2～3 m，湖岸平齐，湖底平坦硬实。

此次生态调查以吴江区河网水系结构为基础，在含有国、省监控断面的骨干河流名录及江苏省湖泊保护名录中选取吴江区具有代表性的河湖——东太湖、元荡、北麻漾、同里湖、京杭大运河、太浦河。

(4) 相城区河湖分布情况

相城区内有河道 1 100 多条，省骨干河道 13 条，省保护名录湖泊 10 个，水域面积达 151.472 km^2，占土地总面积的 30.9%。

此次生态调查以相城区河网水系结构为基础，在含有国、省监控断面的骨干河流名录及江苏省湖泊保护名录中选取相城区具有代表性的河湖——阳澄湖、盛泽荡、漕湖、元和塘和京杭大运河。

(5) 姑苏区河湖分布情况

姑苏区的水系主要包括外城河及进出外城河的河流，支流纵横，交错成网。城区内河流的水量和水位主要受太湖、长江及京杭大运河的影响。外城河又称护城河、环城河，全长 17.48 km，宽 50～130 m，底宽 15～40 m，枯水时水深 2.5 m 左右，平均水深 2.8 m，是姑苏区水系与周边水系进行水体交换的主要通道。外城河原以胥江进水、京杭大运河出水为主，1986 年京杭大运河改道后，胥江进外城河的水量减少 40%左右。2002 年环城河工程启动，外城河(护城河)成为旅游景观河道，京杭大运河往来船只不再进入古城区，外城河、上塘河、山塘河、胥江从此不再是京杭大运河航道。姑苏区的主要入境河流有京杭大运河、胥江、西塘河、外塘河、元和塘等，多集中在城西和城北。

此次生态调查选取姑苏区具有代表性的河湖——京杭大运河、胥江、西塘河、苏州外城河。

(6) 工业园区河湖分布情况

工业园区内有著名的阳澄湖、金鸡湖、独墅湖、东沙湖、镬底潭等湖泊，其中阳澄湖、金鸡湖、独墅湖、镬底潭已被列入《江苏省湖泊保护名录》；区内河道有流域性河道吴淞江，区域性骨干河道娄江、苏申外港，其他河道包括界浦河等。区内水域面积约为 72.337 km^2(含阳澄湖水面)，水面率为 26.02%。

此次生态调查选取工业园区具有代表性的河湖——金鸡湖、独墅湖、阳澄湖、娄江、吴淞江、青秋浦。

(7) 昆山市河湖分布情况

昆山市全境有 2 815 条河道，河流总长超过 2 800 km，湖泊 38 个。境内河湖水源主要为太湖、阳澄湖、澄湖等西部来水，经吴淞江、娄江、庙泾河、七浦塘、杨林塘、急水港等河道过境，其中急水港、吴淞江和娄江为主要泄水河道。

此次生态调查以昆山市河网水系结构为基础，在含有国、省监控断面的骨干河流名录及江苏省湖泊保护名录中选取昆山市具有代表性的河湖——阳澄东湖、傀儡湖、吴淞江、娄江、杨林塘、浏河。

(8) 张家港市河湖分布情况

张家港市境内区域性骨干河道 3 条,分别为张家港、河圩港、走马塘,长 62.1 km;市级河道 22 条,长 316.91 km;镇级河道 251 条,长 674.05 km;跨界河道 22 条,长 100.29 km;村级河道及其他水体 7 063 条,长 3 022.25 km,其中重要村级河道 242 条,长 235.67 km。境内有各类湖泊 8 个,水域面积 3.31 km^2。境内以东横河、盐铁塘为界,南部为澄(江阴)锡(无锡)虞(常熟)区,北部为新沙区。

此次生态调查选取张家港市具有代表性的河湖——暨阳湖、朝东圩港、六干河、三干河。

(9) 常熟市河湖分布情况

常熟市境内共有各级河道 5 000 多条,分布特征基本以城区为中心、向四方放射扩展,南密而北疏,水面率达 15.3%,是典型的平原河网地区。境内列入《江苏省骨干河道名录(2018 修订)》的河道共有 21 条,其中流域性河道有望虞河 1 条,区域性河道有张家港河、白茆塘、常浒河、元和塘、七浦塘、盐铁塘(长江-常太交界)、走马塘、锡北运河等 8 条,跨县重要河道有济民塘、盐铁塘(走马塘-常张交界)等 2 条,县域重要河道有北福山塘、南福山塘、海洋泾、金泾、徐六泾等 10 条;列入《江苏省湖泊保护名录》的湖泊共有 10 个,分别为昆承湖、尚湖、南湖荡、六里塘、官塘、陶荡面、琴湖、陈塘、嘉菱荡和宛山荡,其中最大的是昆承湖和尚湖,面积分别为 14.0 km^2 和 6.7 km^2。

此次生态调查选取常熟市具有代表性的河湖——尚湖、昆承湖、望虞河、张家港河、白茆塘、常浒河、盐铁塘。

(10) 太仓市河湖分布情况

太仓市全市现有各级河道 4 000 余条,总长度 3 099.74 km,其中,区域性河道共有 4 条,分别是东西向的浏河、杨林塘、七浦塘(新荡茜河)和南北向的盐铁塘;市级河道(除流域性河道外)12 条,分别是东西向的新泾、钱泾、荡茜河、鹿鸣泾、浪港河、茜泾河和南北向的吴塘河、半泾河、十八港、白米泾、石头塘、随塘河。东西向通江河道主要承担防洪排涝、引水灌溉、航运等功能;南北向河道主要起到沟通水系、排涝、引水、调蓄水量等功能。

金仓湖是太仓市最大的湖泊,具有休闲娱乐的功能。浏河、杨林塘及七浦塘都是太仓市内重要的航道;其中浏河是太仓水运大动脉;杨林塘是《江苏省干线航道网规划(2023—2035 年)》中连申线苏南段的重要组成部分;七浦塘作为七级航道,是阳澄地区五大主要通江河道之一。钱泾、浪港和新泾是太仓市内不具有航运功能的小型骨干河流,具有与航运河道不一样的水文条件和岸带建设,影响因素也各异。此次生态调查选取太仓市具有代表性的河湖——金仓湖、浏河、杨林塘、七浦塘、钱泾、浪港和新泾。

第二节　沿河(湖)土地开发利用情况

利用高分二号卫星影像(精度 0.8 m),选取苏州市主要河湖开展土地开发利用现状调查,调查区域包括了各县(市、区)代表性湖泊以及河道,内容包括水域、草地、林地、耕地、城市建设用地和未利用土地。系统分析河道沿线 100 m、500 m、1 000 m 范围内土地开发利用现状,了解河湖沿线生态空间格局现状,土地利用现状调查参考《关于印发＜全国生态环境监测与评价技术方案＞等四份技术材料的通知》(总站生字〔2015〕163 号)的分类体系。

总体而言,苏州市各县(市、区)主要河湖的沿岸缓冲区的土地开发利用情况以建设用地为主,草地、耕地分布相对较少。其中,太湖(吴中区、高新区、吴江区)沿岸缓冲区土地开发利用以水域、林地为主,草地分布较少。各县(市、区)分布情况为:(1) 吴中区主要河湖的沿岸缓冲区的土地开发利用情况主要为建设用地,其次为水域、耕地,草地分布较少;(2) 高新区主要河湖的沿岸缓冲区的土地开发利用情况主要为建设用地,其次为林地,草地分布较少;(3) 吴江区主要河湖的沿岸缓冲区的土地开发利用情况主要为建设用地,其次为耕地,草地分布较少;(4) 相城区主要河湖的沿岸缓冲区的土地开发利用情况主要为建设用地,其次为水域,草地分布较少;(5) 姑苏区主要河湖的沿岸缓冲区的土地开发利用情况主要为建设用地,其次为林地,耕地分布较少;(6) 工业园区主要河湖的沿岸缓冲区的土地开发利用情况主要为建设用地,其次为林地、水域,耕地和草地分布较少;(7) 昆山市主要河湖的沿岸缓冲区的土地开发利用情况主要为建设用地,其次为林地、耕地,水域和草地分布较少;(8) 张家港市主要河湖的沿岸缓冲区的土地开发利用情况主要为建设用地,其次为耕地,草地分布较少;(9) 常熟市主要河湖的沿岸缓冲区的土地开发利用情况主要为建设用地,其次为耕地、水域,林地和草地分布较少;(10) 太仓市主要河湖的沿岸缓冲区的土地开发利用情况主要为建设用地,其次为耕地、水域,林地和草地分布较少。详见表 8.1 至 8.20。

(1) 吴中区沿河(湖)土地开发利用现状

吴中区主要河湖(太湖、澄湖、京杭大运河、胥江和苏东河)沿岸流域土地开发利用现状如表 8.1 所示。

表 8.1　吴中区主要河湖沿岸 100 m、500 m、1 000 m 范围内土地开发利用现状

河湖名称	一级类型	二级类型	面积(km^2)		
			100 m	500 m	1 000 m
太湖	水域	河渠	3.180 216	8.357 916	9.669 208
		水库坑塘	0.930 3	4.109 046	4.743 19
		滩地	4.334 553	7.937 493	10.587 76

续表

河湖名称	一级类型	二级类型	面积(km^2)		
			100 m	500 m	1 000 m
太湖	草地	草地	2.560 474	9.248 093	14.653 22
	林地	有林地	3.179 813	34.424 99	40.591 57
		疏林地	2.460 157	10.445 52	16.518 68
	耕地	水田	1.661 483	11.102 67	16.358 56
		田地	5.335 244	22.754 94	30.258 44
	城乡建设用地	建筑物	0.826 537	7.772 259	12.742 4
		道路	2.255 071	9.101 775	13.494 48
	未利用土地	裸土	0.669 508	1.858 884	2.756 029
澄湖	水域	河渠	0.149 533	0.692 609	1.499 358
		水库坑塘	0.512 963	2.477 282	4.583 898
		滩地	0	0	0
	草地	草地	0.036 706	0.215 911	0.332 601
	林地	有林地	0.092 49	0.427 149	0.764 409
		疏林地	0.083 854	0.396 181	0.910 269
	耕地	水田	0.125 369	0.862 384	2.076 283
		田地	0.090 54	0.583 628	1.118 999
	城乡建设用地	建筑物	0.669 672	3.007 983	5.845 413
		道路	0.205 668	0.788 191	1.603 372
	未利用土地	裸土	0.032 882	0.085 1	0.178 958
胥江	水域	河渠	0.055 778	0.604 195	2.073 483
		水库坑塘	0.035 322	0.199 363	0.267 022
		滩地	0	0	0
	草地	草地	0.111 493	0.666 991	0.988 982
	林地	有林地	0.098 767	0.238 942	0.788 164
		疏林地	0.057 821	0.100 845	0.302 09
	耕地	水田	0.000 02	0.000 245	0.112 704
		田地	0.026 088	0.072 729	0.137 988
	城乡建设用地	建筑物	1.345 269	7.608 302	14.817 31
		道路	0.449 761	1.625 866	3.237 508
	未利用土地	裸土	0.136 894	0.572 307	1.005 109

续表

河湖名称	一级类型	二级类型	面积(km²)		
			100 m	500 m	1 000 m
苏东河	水域	河渠	0.174 492	1.266 48	3.552 747
		水库坑塘	0.186 448	0.705 092	1.676 585
		滩地	0	0	0
	草地	草地	0.202 878	0.733	1.322 794
	林地	有林地	0.173 457	0.521 19	1.024 263
		疏林地	0.369 306	1.459 443	2.848 746
	耕地	水田	0.472 781	2.452 223	4.836 32
		田地	0.396 526	2.554 462	4.476 639
	城乡建设用地	建筑物	1.365 243	7.983 349	16.323 6
		道路	0.880 175	4.262 448	8.360 619
	未利用土地	裸土	0.084 9	0.506 229	0.984 894
京杭大运河	水域	河渠	0.113 907	0.595 308	1.131 307
		水库坑塘	0.006 083	0.144 13	0.185 813
		滩地	0.000 591	0.000 591	0.000 591
	草地	草地	0.021 246	0.059 362	0.194 214
	林地	有林地	0.104 201	0.148 399	0.333 227
		疏林地	0.054 232	0.339 097	1.087 705
	耕地	水田	0.086 642	0.743 683	1.586 25
		田地	0.090 54	0.027 724	0.095 481
	城乡建设用地	建筑物	0.946 286	4.885 019	9.810 721
		道路	0.469 036	1.392 396	2.069 584
	未利用土地	裸土	0.201 188	0.590 459	0.673 915

吴中区两湖三河沿岸 100 m、500 m 和 1 000 m 的缓冲区范围总体土地开发利用情况如表 8.2 所示。

表 8.2　吴中区主要河湖沿岸缓冲区土地开发利用现状调查结果

河湖名称	土地开发利用现状
	100 m 缓冲区
太湖	水域＞耕地＞林地＞建设用地＞草地
澄湖	建设用地＞水域＞耕地＞林地＞草地
胥江	建设用地＞林地＞草地＞水域＞耕地
苏东河	建设用地＞耕地＞林地＞水域＞草地

续表

河湖名称	土地开发利用现状
京杭大运河	建设用地>耕地>林地>水域>草地
	500 m缓冲区
太湖	林地>耕地>水域>建设用地>草地
澄湖	建设用地>水域>耕地>林地>草地
胥江	建设用地>水域>草地>林地>耕地
苏东河	建设用地>耕地>林地>水域>草地
京杭大运河	建设用地>耕地>水域>林地>草地
	1 000 m缓冲区
太湖	林地>耕地>建设用地>水域>草地
澄湖	建设用地>水域>耕地>林地>草地
胥江	建设用地>水域>林地>草地>耕地
苏东河	建设用地>耕地>水域>林地>草地
京杭大运河	建设用地>耕地>林地>水域>草地

(2) 高新区沿河(湖)土地开发利用现状

高新区主要河湖(太湖、游湖、江南运河、金墅港、浒光运河和金山浜)沿岸流域土地开发利用现状如表8.3所示。

表8.3 高新区主要河湖沿岸100 m、500 m、1 000 m范围内土地开发利用现状

河湖名称	一级类型	二级类型	面积(km^2)		
			100 m	500 m	1 000 m
太湖	水域	河渠	1.144 257	2.281 806	3.126 139
		水库坑塘	0.109 9	0.342 293	0.511 392
		滩地	0	0	0
	草地	草地	0.200 181	0.505 36	0.765 955
	林地	有林地	1.032 227	2.534 389	3.305 525
		疏林地	0.745 227	1.749 147	2.494 155
	耕地	水田	0.983 856	2.592 309	3.480 17
		田地	0.405 625	1.148 616	1.687 165
	城乡建设用地	建筑物	0.125 218	0.893 071	1.461 377
		道路	0.815 398	2.222 994	3.157 806
	未利用土地	裸土	0.161 493	0.650 436	1.184 269

续表

河湖名称	一级类型	二级类型	面积(km^2)		
			100 m	500 m	1 000 m
游湖	水域	河渠	0.909 255	0.982 205	0.995 419
		水库坑塘	0.119 538	0.201 327	0.303 322
		滩地	0	0	0
	草地	草地	0.009 779	0.156 701	0.176 641
	林地	有林地	0.967 204	1.909 698	2.306 962
		疏林地	0.039 323	0.336 848	0.610 938
	耕地	水田	0.053 758	0.333 501	0.849 806
		田地	0.042 382	0.198 938	0.372 303
	城乡建设用地	建筑物	0.021 516	0.320 334	1.098 903
		道路	0.002 329	0.087 877	0.157 817
	未利用土地	裸土	0	0.134 039	0.204 29
江南运河	水域	河渠	0.202 074	0.728 677	1.621 122
		水库坑塘	0.000 848	0.072 375	0.078 571
		滩地	0	0	0
	草地	草地	0.503 597	1.842 391	3.025 212
	林地	有林地	0.014 446	0.265 166	0.850 351
		疏林地	0.286 281	1.079 348	1.981 961
	耕地	水田	0.023 854	0.421 562	1.063 34
		田地	0.089 465	0.343 701	0.571 633
	城乡建设用地	建筑物	2.452 495	10.090 02	17.802 82
		道路	0.920 359	3.242 057	6.080 291
	未利用土地	裸土	0.220 568	0.889 086	1.562 834
金墅港	水域	河渠	0.149 49	0.267 93	0.383 699
		水库坑塘	1.046 285	1.233 958	1.366 561
		滩地	0	0	0
	草地	草地	0.796 435	1.873 453	2.385 674
	林地	有林地	1.007 655	1.260 623	1.790 808
		疏林地	0.526 064	1.013 042	1.670 795
	耕地	水田	0.784 275	1.538 228	1.954 863
		田地	0.175 93	0.607 176	0.978 433
	城乡建设用地	建筑物	1.290 415	2.338 413	3.087 352
		道路	0.458 644	1.266 499	1.994 2
	未利用土地	裸土	0.232 251	0.434 486	0.896 331

续表

河湖名称	一级类型	二级类型	面积(km^2)		
			100 m	500 m	1 000 m
金山浜	水域	河渠	0.042 904	0.230 172	0.537 948
		水库坑塘	0.030 939	0.210 523	0.393 114
		滩地	0	0	0
	草地	草地	0.049 82	0.340 99	0.610 921
	林地	有林地	0.038 164	0.464 906	1.730 375
		疏林地	0.209 153	1.113 378	2.153 914
	耕地	水田	0.009 376	0.023 87	0.031 772
		田地	0.010 506	0.093 951	0.106 626
	城乡建设用地	建筑物	0.513 777	2.290 453	4.038 97
		道路	0.226 202	1.081 328	1.923 598
	未利用土地	裸土	0.156 968	0.848 251	1.568 598
浒光运河	水域	河渠	0.045 421	0.351 579	0.896 331
		水库坑塘	0.000 079	0.000 079	0.089 286
		滩地	0	0	0
	草地	草地	0.064 773	0.436 427	0.810 642
	林地	有林地	0.112 556	0.972 324	2.737 931
		疏林地	0.048 12	0.183 165	0.397 363
	耕地	水田	0.054 503	0.565 077	1.312 992
		田地	0.009 841	0.108 436	0.266 454
	城乡建设用地	建筑物	0.855 352	5.248 746	10.672 51
		道路	0.944 828	3.375 937	6.263 872
	未利用土地	裸土	0.105 804	0.748 68	1.386 424

高新区两湖四河沿岸 100 m、500 m 和 1 000 m 的缓冲区范围总体土地开发利用情况如表 8.4 所示。

表 8.4　高新区主要河湖沿岸缓冲区土地开发利用现状调查结果

河湖名称	土地开发利用现状
	100 m 缓冲区
太湖	林地>耕地>水域>建设用地>草地
游湖	水域>林地>耕地>建设用地>草地
江南运河	建设用地>草地>林地>水域>耕地
金墅港	建设用地>林地>水域>耕地>草地
金山浜	建设用地>林地>水域>草地>耕地

续表

河湖名称	土地开发利用现状
浒光运河	建设用地＞林地＞草地＞耕地＞水域
	500 m 缓冲区
太湖	林地＞耕地＞建设用地＞水域＞草地
游湖	林地＞水域＞耕地＞建设用地＞草地
江南运河	建设用地＞草地＞林地＞水域＞耕地
金墅港	建设用地＞林地＞耕地＞草地＞水域
金山浜	建设用地＞林地＞水域＞草地＞耕地
浒光运河	建设用地＞林地＞耕地＞草地＞水域
	1 000 m 缓冲区
太湖	林地＞耕地＞建设用地＞水域＞草地
游湖	林地＞水域＞建设用地＞耕地＞草地
江南运河	建设用地＞草地＞林地＞水域＞耕地
金墅港	建设用地＞林地＞耕地＞草地＞水域
金山浜	建设用地＞林地＞水域＞草地＞耕地
浒光运河	建设用地＞林地＞耕地＞水域＞草地

（3）吴江区沿河（湖）土地开发利用现状

吴江区调查区域包括四个湖泊（东太湖、元荡、北麻漾、同里湖），两条河道（京杭大运河、太浦河），沿岸流域土地开发利用现状如表 8.5 所示。

表 8.5　吴江区主要河湖沿岸 100 m、500 m、1 000 m 范围内土地开发利用现状

河湖名称	一级类型	二级类型	面积（km^2）		
			100 m	500 m	1 000 m
东太湖	水域	河渠	0.752 463	1.521 074	2.396 333
		水库坑塘	1.180 521	2.338 335	3.551 66
		滩地	1.438 18	1.591 028	1.769 019
	草地	草地	2.124 57	3.432 859	4.498 307
	林地	有林地	0.244 322	0.991 72	1.663 548
		疏林地	1.004 304	2.293 876	4.426 895
	耕地	水田	1.102 527	3.530 504	5.762 188
		田地	0.522 121	1.651 564	2.558 692
	城乡建设用地	建筑物	8.291 277	10.510 48	12.600 1
		道路	1.576 196	3.648 555	5.910 954
	未利用土地	裸土	2.785 524	4.401 072	5.876 954

续表

河湖名称	一级类型	二级类型	面积(km^2)		
			100 m	500 m	1 000 m
元荡	水域	河渠	0.162 926	0.923 278	2.732 763
		水库坑塘	0.007 691	0.084 574	0.200 142
		滩地	0	0	0
	草地	草地	0.123 625	0.478 402	0.800 981
	林地	有林地	0.356 154	1.304 233	2.191 074
		疏林地	0.250 998	0.762 234	0.965 06
	耕地	水田	0.143 819	0.538 42	1.231 171
		田地	0.048 234	0.333 242	0.622 612
	城乡建设用地	建筑物	0.241 758	1.888 192	3.742 163
		道路	0.084 06	0.545 57	1.070 137
	未利用土地	裸土	0.183 534	0.429 279	0.574 663
北麻漾	水域	河渠	1.299 945	2.633 755	4.213 434
		水库坑塘	0.168 349	0.541 911	0.963 22
		滩地	0	0	0
	草地	草地	0.125 757	0.545 745	0.994 695
	林地	有林地	1.077 616	2.335 862	3.351 979
		疏林地	0.087 637	0.315 767	0.606 235
	耕地	水田	0.725 3	1.581 533	2.345 538
		田地	0.452 323	1.602 484	2.448 008
	城乡建设用地	建筑物	0.727 844	1.807 844	2.658 465
		道路	0.281 359	1.053 681	1.704 342
	未利用土地	裸土	0.430 434	0.926 643	1.455 45
同里湖	水域	河渠	0.840 65	1.108 89	1.374 775
		水库坑塘	0.043 812	0.273 915	1.116 353
		滩地	0	0	0
	草地	草地	0.103 525	0.224 553	0.382 706
	林地	有林地	0.046 854	0.265 406	0.613 6
		疏林地	0.195 974	0.496 511	0.885 255
	耕地	水田	0.421 579	1.427 798	2.199 225
		田地	0.027 101	0.253 54	0.728 898
	城乡建设用地	建筑物	0.453 396	1.845 18	3.168 217
		道路	0.056 751	0.238 131	0.423 456
	未利用土地	裸土	0.305 877	0.701 319	1.294 056

续表

河湖名称	一级类型	二级类型	面积(km²)		
			100 m	500 m	1 000 m
京杭大运河	水域	河渠	1.064 626	1.871 39	2.584 237
		水库坑塘	0.293 576	2.295 329	3.915 102
		滩地	0	0	0
	草地	草地	0.438 656	1.114 729	2.217 982
	林地	有林地	0.823 725	2.537 202	4.471 738
		疏林地	0.853 45	2.526 841	4.566 043
	耕地	水田	0.390 349	1.373 074	2.678 091
		田地	0.682 934	1.748 735	2.569 007
	城乡建设用地	建筑物	2.592 472	8.079 578	13.711 61
		道路	2.201 918	4.751 638	7.496 28
	未利用土地	裸土	1.768 345	4.796 858	7.675 891
太浦河	水域		0.885 019	1.921 217	2.814 603
			6.709 736	9.402 623	10.603 27
			0	0	0
	草地		2.402 352	7.416 832	12.886 95
	林地		1.339 005	3.903 163	6.925 604
			0.458 914	1.696 141	2.924 194
	耕地		1.177 23	4.328 664	8.060 59
			1.066 406	3.752 9	5.669 908
	城乡建设用地		1.717 968	5.992 521	10.514 49
			1.201 215	3.982 092	6.857 599
	未利用土地		0.849 561	2.794 105	4.484 98

吴江区调查区域河湖沿岸 100 m、500 m 和 1 000 m 的缓冲区范围总体土地开发利用情况如表 8.6 所示。

表 8.6　吴江区主要河湖沿岸缓冲区土地开发利用现状调查结果

河湖名称	土地开发利用现状
	100 m 缓冲区
东太湖	建设用地>水域>草地>耕地>林地
元荡	林地>建设用地>耕地>水域>草地
北麻漾	水域>耕地>林地>建设用地>草地
同里湖	水域>建设用地>耕地>林地>草地
京杭大运河	建设用地>林地>水域>耕地>草地

续表

河湖名称	土地开发利用现状
太浦河	水域＞建设用地＞草地＞耕地＞林地
	500 m 缓冲区
东太湖	建设用地＞水域＞耕地＞草地＞林地
元荡	建设用地＞林地＞水域＞耕地＞草地
北麻漾	耕地＞水域＞建设用地＞林地＞草地
同里湖	建设用地＞耕地＞水域＞林地＞草地
京杭大运河	建设用地＞林地＞水域＞耕地＞草地
太浦河	水域＞建设用地＞耕地＞草地＞林地
	1 000 m 缓冲区
东太湖	建设用地＞耕地＞水域＞林地＞草地
元荡	建设用地＞林地＞水域＞耕地＞草地
北麻漾	水域＞耕地＞建设用地＞林地＞草地
同里湖	建设用地＞耕地＞水域＞林地＞草地
京杭大运河	建设用地＞林地＞水域＞耕地＞草地
太浦河	建设用地＞耕地＞草地＞水域＞林地

(4) 相城区沿河(湖)土地开发利用现状

相城区主要河湖(阳澄湖、漕湖、盛泽荡、元和塘、京杭大运河)沿岸流域土地开发利用现状如表 8.7 所示。

表 8.7　相城区主要河湖沿岸 100 m、500 m、1 000 m 范围内土地开发利用现状

河湖名称	一级类型	二级类型	面积(km^2)		
			100 m	500 m	1 000 m
阳澄湖	水域	河渠	11.625 944	13.736 736	15.019 418
		水库坑塘	2.828 894	5.263 644	7.422 111
		滩地	0.424 836	0.443 309	0.724 639
	草地	草地	0.029 32	0.058 853	0.109 866
	林地	有林地	1.810 485	3.324 683	3.976 541
		疏林地	0.466 801	1.589 351	2.376 782
	耕地	水田	6.425 734	10.009 114	11.032 804
		田地	0.333 912	0.648 205	0.771 572
	城乡建设用地	建筑物	3.494 786	9.156 467	11.707 222
		道路	1.764 942	3.344 31	4.579 614
	未利用土地	裸土	0.872 287	1.619 303	2.104 424

续表

河湖名称	一级类型	二级类型	面积(km²)		
			100 m	500 m	1 000 m
漕湖	水域	河渠	0.100 316	0.540 614	1.348 682
		水库坑塘	0.161 034	0.643 566	1.046 261
		滩地	0	0	0
	草地	草地	0.222 925	0.907 794	1.789 854
	林地	有林地	0.085 002	0.269 792	0.486 128
		疏林地	0.196 043	0.931 262	1.860 981
	耕地	水田	0.157 707	1.070 824	2.429 839
		田地	0.148 941	0.653 756	1.092 769
	城乡建设用地	建筑物	0.156 845	0.818 285	2.082 717
		道路	0.215 592	0.779 252	1.635 720
	未利用土地	裸土	0.427 242	1.411 195	2.315 045
盛泽荡	水域	河渠	0.136 552	1.018 262	2.235 815
		水库坑塘	0.025 080	0.170 829	0.678 151
		滩地	0	0	0
	草地	草地	0.091 209	0.363 612	0.800 826
	林地	有林地	0.102 309	0.407 808	0.904 691
		疏林地	0.191 277	0.974 011	2.108 391
	耕地	水田	0.157 757	0.801 394	1.329 502
		田地	0.097 385	0.567 233	0.988 869
	城乡建设用地	建筑物	0.099 766	0.523 479	1.323 041
		道路	0.182 943	0.537 515	1.432 508
	未利用土地	裸土	0.129 743	0.427 984	0.730 121
元和塘	水域	河渠	0.345 288	1.856 529	4.004 932
		水库坑塘	0.112 975	0.714 072	2.186 418
		滩地	0	0	0
	草地	草地	0.167 163	0.566 176	1.051 414
	林地	有林地	0.074 849	0.531 141	1.074 276
		疏林地	0.163 422	0.643 335	1.417 375
	耕地	水田	0.066 13	0.386 495	0.973 519
		田地	0.027 592	0.081 621	0.223 53
	城乡建设用地	建筑物	1.443 386	8.476 502	16.629 005
		道路	0.515 027	2.492 788	4.434 004
	未利用土地	裸土	0.506 175	2.298 228	4.035 762

续表

河湖名称	一级类型	二级类型	面积(km²)		
			100 m	500 m	1 000 m
京杭大运河	水域	河渠	0.026 226	0.096 342	0.273 857
		水库坑塘	0.007 800	0.094 409	0.094 409
		滩地	0	0	0
	草地	草地	0.074 088	0.175 42	0.371 319
	林地	有林地	0.086 43	0.530 782	1.518 912
		疏林地	0.069 015	0.486 198	0.855 986
	耕地	水田	0.005 639	0.074 979	0.173 952
		田地	0.120 038	0.628 167	1.543 803
	城乡建设用地	建筑物	0.803 451	3.829 816	6.768 125
		道路	0.220 927	0.537 515	1.514 177
	未利用土地	裸土	0.075 747	0.180 803	0.481 25

相城区三湖两河沿岸 100 m、500 m 和 1 000 m 的缓冲区范围总体土地开发利用情况如表 8.8 所示。

表 8.8　相城区主要河湖沿岸缓冲区土地开发利用现状调查结果

河湖名称	土地开发利用现状
	100 m 缓冲区
阳澄湖	水域＞耕地＞建设用地＞林地＞草地
漕湖	建设用地＞耕地＞林地＞水域＞草地
盛泽荡	林地＞建设用地＞耕地＞水域＞草地
元和塘	建设用地＞水域＞林地＞草地＞耕地
京杭大运河	建设用地＞林地＞耕地＞草地＞水域
	500 m 缓冲区
阳澄湖	水域＞建设用地＞耕地＞林地＞草地
漕湖	耕地＞建设用地＞林地＞水域＞草地
盛泽荡	林地＞耕地＞水域＞建设用地＞草地
元和塘	建设用地＞水域＞林地＞草地＞耕地
京杭大运河	建设用地＞林地＞耕地＞水域＞草地
	1 000 m 缓冲区
阳澄湖	水域＞建设用地＞耕地＞林地＞草地

续表

河湖名称	土地开发利用现状
漕湖	建设用地>耕地>水域>林地>草地
盛泽荡	林地>水域>建设用地>耕地>草地
元和塘	建设用地>水域>林地>草地>耕地
京杭大运河	建设用地>林地>耕地>草地>水域

(5) 姑苏区沿河(湖)土地开发利用现状

姑苏区调查区域包括四条河道(京杭大运河、苏州外城河、西塘河、胥江),沿河流域土地开发利用现状如表 8.9 所示。

表 8.9　姑苏区主要河湖沿岸 100 m、500 m、1 000 m 范围内土地开发利用现状

河湖名称	一级类型	二级类型	面积(km^2)		
			100 m	500 m	1 000 m
京杭大运河	水域	河渠	0.073 785	0.218 448	0.475 438
		水库坑塘	0	0	0
		滩地	0	0	0.055 682
	草地	草地	0	0.020 31	0.020 31
	林地	有林地	0.031 798	0.075 4	0.471 861
		疏林地	0.020 322	0.060 031	0.098 326
	耕地	耕地	0	0.029 786	0.100 809
	城乡建设用地	建筑物	0.986 566	4.989 339	9.274 004
		道路	0.097 469	0.472 36	1.509 852
	未利用土地	裸土	0.050 368	0.076 203	0.180 849
苏州外城河	水域	河渠	0.132 467	0.253 937	0.403 467
		水库坑塘	0.011 963	0.035 738	0.035 738
		滩地	0	0	0
	草地	草地	0	0.022 906	0.022 906
	林地	有林地	0.215 089	0.473 872	0.501 83
		疏林地	0.036 725	0.037 086	0.037 063
	耕地	耕地	0	0	0.015 723
	城乡建设用地	建筑物	1.813 161	10.580 13	20.085 41
		道路	0.327 122	1.160 054	1.841 57
	未利用土地	裸土	0.092 699	0.138 019	0.150 566

续表

河湖名称	一级类型	二级类型	面积(km^2)		
			100 m	500 m	1 000 m
西塘河	水域	河渠	0.043 266	0.115 61	0.214 375
		水库坑塘	0.071 343	0.320 699	0.396 64
		滩地	0.156 063	0.755 516	1.068 287
	草地	草地	0.031 351	0.283 189	0.560 951
	林地	有林地	0.138 573	0.518 751	1.049 089
		疏林地	0.142 56	0.590 264	0.647 106
	耕地	耕地	0	0.028 428	0.440 824
	城乡建设用地	建筑物	0.595 801	3.252 891	6.832 6
		道路	0.207 297	0.743 537	1.286 136
	未利用土地	裸土	0.030 18	0.067 21	0.098 995
胥江	水域	河渠	0.027 712	0.135 383	0.263 547
		水库坑塘	0	0	0
		滩地	0	0	0
	草地	草地	0	0.020 310	0.020 310
	林地	有林地	0.006 299	0.007 069	0.179 452
		疏林地	0	0.010 364	0.030 728
	耕地	耕地	0	0	0
	城乡建设用地	建筑物	0.647 954	3.553 556	7.686 699
		道路	0.027 416	0.244 263	0.639 913
	未利用土地	裸土	0.009 234	0.015 504	0.021 692

姑苏区四条河道沿岸 100 m、500 m 和 1 000 m 的缓冲区范围总体土地开发利用情况如表 8.10 所示。

表 8.10 姑苏区主要河湖沿岸缓冲区土地开发利用现状调查结果

河湖名称	土地开发利用现状
	100 m 缓冲区
京杭大运河	建设用地＞水域＞林地＞耕地＝草地
苏州外城河	建设用地＞林地＞水域＞耕地＝草地
西塘河	建设用地＞林地＞水域＞草地＞耕地
胥江	建设用地＞水域＞林地＞草地＝耕地

续表

河湖名称	土地开发利用现状
	500 m 缓冲区
京杭大运河	建设用地>水域>林地>耕地>草地
苏州外城河	建设用地>林地>水域>草地>耕地
西塘河	建设用地>林地>水域>草地>耕地
胥江	建设用地>水域>林地>草地>耕地
	1 000 m 缓冲区
京杭大运河	建设用地>林地>水域>耕地>草地
苏州外城河	建设用地>林地>水域>草地>耕地
西塘河	建设用地>林地>水域>草地>耕地
胥江	建设用地>水域>林地>草地>耕地

(6) 工业园区沿河(湖)土地开发利用现状

工业园区调查区域包括三个湖泊(金鸡湖、独墅湖、阳澄湖),三条河道(娄江、吴淞江、青秋浦),沿岸流域土地开发利用现状如表 8.11 所示。

表 8.11　工业园区主要河湖沿岸 100 m、500 m、1 000 m 范围内土地开发利用现状

河湖名称	一级类型	二级类型	面积(km^2)		
			100 m	500 m	1 000 m
金鸡湖	水域	河渠	0.413 937	0.529 373	0.905 925
		水库坑塘	0.026 967	0.038 962	0.079 287
	草地	草地	0.095 119	0.844 801	1.034 514
	林地	有林地	0.299 093	0.758 962	1.098 328
		疏林地	0.592 978	1.577 437	2.670 487
	耕地	水田	0.240 642	0.241 364	0.353 356
		田地	0.111 892	0.111 99	0.160 062
	城乡建设用地	建筑物	1.074 45	4.205 699	6.387 839
		道路	0.350 082	1.246 336	2.018 941
	未利用土地	裸土	0.079 294	0.299 034	0.487 278

续表

河湖名称	一级类型	二级类型	面积(km²)		
			100 m	500 m	1 000 m
独墅湖	水域	河渠	0.429 465	0.778 188	1.280 466
		水库坑塘	0.085 488	0.399 097	0.452 167
	草地	草地	0.278 038	0.767 324	1.073 753
	林地	有林地	0.616 304	0.006 733	0.019 744
		疏林地	0.027 24	0.425 479	0.452 236
	耕地	水田	0.346 268	0.269 098	0.316 826
		田地	0.006 733	0.066 063	0.110 357
	城乡建设用地	建筑物	4.891 941	5.943 988	6.840 858
		道路	0.209 855	0.794 665	1.308 075
	未利用土地	裸土	0.305 439	0.008 109	0.008 109
阳澄湖	水域	河渠	0.413 692	2.247 618	5.815 492
		水库坑塘	0.253 351	1.070 086	1.489 036
	草地	草地	0.222 653	1.025 515	1.238 075
	林地	有林地	0.407 041	1.636 45	2.892 146
		疏林地	0.001 066	0.066 119	0.125 63
	耕地	水田	0.007 187	0.097 225	0.182 54
		田地	0.032 889	0.217 154	0.369 898
	城乡建设用地	建筑物	0.512 045	3.475 806	8.200 807
		道路	0.722 199	2.521 18	4.554 495
	未利用土地	裸土	0.054 395	0.830 509	1.277 408
娄江	水域	河渠	0.524 428	1.344 175	2.124 975
		水库坑塘	0.104 378	0.305 63	0.692 118
	草地	草地	0.604 777	1.757 612	2.748 579
	林地	有林地	0.934 326	3.215 865	5.858 941
		疏林地	0.540 813	1.909 163	3.608 492
	耕地	水田	0.175 403	0.734 92	1.430 596
		田地	0.006 39	0.052 927	0.280 629
	城乡建设用地	建筑物	2.086 646	7.115 415	12.848 675
		道路	3.391 052	5.079 885	6.901 336
	未利用土地	裸土	1.045 194	3.001 263	5.343 135

续表

河湖名称	一级类型	二级类型	面积(km²)		
			100 m	500 m	1 000 m
吴淞江	水域	河渠	0.693 583	1.134 971	1.415 016
		水库坑塘	0.171 547	0.366 632	0.543 266
	草地	草地	0.631 752	1.116 673	1.476 947
	林地	有林地	0.441 986	1.127 716	1.919 648
		疏林地	0.346 194	0.850 364	1.352 164
	耕地	水田	0.530 556	1.144 59	1.690 07
		田地	0.215 801	0.459 89	0.685 23
	城乡建设用地	建筑物	0.934 412	3.722 535	5.696 72
		道路	0.669 902	1.981 991	2.793 673
	未利用土地	裸土	1.212 503	2.967 491	4.350 023
青秋浦	水域	河渠	0.212 261	0.703 984	1.669 482
		水库坑塘	0.039 725	0.186 691	0.280 799
	草地	草地	0.089 715	0.341 438	0.672 704
	林地	有林地	0.358 688	1.025 507	1.854 898
		疏林地	0.143 796	0.620 541	1.149 384
	耕地	水田	0.004 218	0.061 918	0.144 749
		田地	0.023 953	0.152 99	0.306 76
	城乡建设用地	建筑物	0.272 914	3.027 78	6.757 208
		道路	0.218 252	0.952 671	1.884 862
	未利用土地	裸土	0.152 195	0.921 382	1.995 908

工业园区调查区域河湖沿岸 100 m、500 m 和 1 000 m 的缓冲区范围总体土地开发利用情况如表 8.12 所示。

表 8.12　工业园区主要河湖沿岸缓冲区土地开发利用现状调查结果

河湖名称	土地开发利用现状
	100 m 缓冲区
金鸡湖	建设用地>林地>水域>耕地>草地
独墅湖	建设用地>林地>水域>耕地>草地
阳澄湖	建设用地>水域>林地>草地>耕地
娄江	建设用地>林地>水域>草地>耕地
吴淞江	建设用地>水域>林地>耕地>草地
青秋浦	林地>建设用地>水域>草地>耕地

续表

河湖名称	土地开发利用现状
	500 m缓冲区
金鸡湖	建设用地>林地>草地>水域>耕地
独墅湖	建设用地>水域>草地>林地>耕地
阳澄湖	建设用地>水域>林地>草地>耕地
娄江	建设用地>林地>草地>水域>耕地
吴淞江	建设用地>林地>耕地>水域>草地
青秋浦	建设用地>林地>水域>草地>耕地
	1 000 m缓冲区
金鸡湖	建设用地>林地>草地>水域>耕地
独墅湖	建设用地>水域>草地>林地>耕地
阳澄湖	建设用地>水域>林地>草地>耕地
娄江	建设用地>林地>水域>草地>耕地
吴淞江	建设用地>林地>耕地>水域>草地
青秋浦	建设用地>林地>水域>草地>耕地

(7) 昆山市沿河(湖)土地开发利用现状

昆山市调查区域包括两个湖泊(阳澄东湖、傀儡湖),四条河流(吴淞江、娄江、杨林塘、浏河),沿岸流域土地开发利用现状如表8.13所示。

表8.13 昆山市主要河湖沿岸100 m、500 m、1 000 m范围内土地开发利用现状

河湖名称	一级类型	二级类型	面积(km^2)		
			100 m	500 m	1 000 m
阳澄东湖	水域	河渠	0.082 54	0.170 56	0.347 42
		水库坑塘	1.764 21	2.111 3	2.734 55
	草地	草地	0.080 57	0.167 4	0.255 65
	林地	有林地	0.340 17	0.951 86	1.429 84
		疏林地	0.324 55	1.067 15	1.897 94
	耕地	水田	0.981 34	1.682 16	2.588 87
		田地	0.050 69	0.134 41	0.434 45
	城乡建设用地	建筑物	1.729 59	4.708 92	6.088 3
		道路	0.247 63	0.580 73	0.895 29
	未利用土地	裸土	0.255 79	0.837 69	1.253 73

续表

河湖名称	一级类型	二级类型	面积(km²)		
			100 m	500 m	1 000 m
傀儡湖	水域	河渠	0.093 58	0.575 52	1.375 74
		水库坑塘	0.088 49	0.536 32	1.189 51
	草地	草地	0.026 97	0.169 67	0.464 11
	林地	有林地	0.476 15	1.536 63	2.743 52
		疏林地	0.037 03	0.074 79	0.126 69
	耕地	水田	0.211 89	1.385 64	2.928 44
		田地	0.184 49	0.622 01	0.914 75
	城乡建设用地	建筑物	0.018 93	0.988 09	3.256 65
		道路	0.046 11	0.319 87	0.591 87
	未利用土地	裸土	0.042 28	0.220 33	0.541 23
吴淞江	水域	河渠	1.113 4	2.348 95	3.336 01
		水库坑塘	0.373 68	1.604 08	2.108 96
	草地	草地	1.472 17	3.532 78	5.618 93
	林地	有林地	1.189 86	2.206 57	3.196 98
		疏林地	2.530 57	6.436 1	10.302 4
	耕地	水田	0.897 62	3.055 45	5.214 28
		田地	1.467 54	4.188 56	6.487 98
	城乡建设用地	建筑物	3.115 91	9.556 03	15.581 3
		道路	2.364 28	5.208 05	7.642 97
	未利用土地	裸土	1.747 32	4.295 43	5.952 61
娄江	水域	河渠	0.618 46	1.204 53	1.944 23
		水库坑塘	0.170 52	0.361 89	0.677 16
	草地	草地	0.164 05	0.609 89	1.136 62
	林地	有林地	0.429 28	0.976 31	1.855 35
		疏林地	0.447 99	1.251 97	2.208 22
	耕地	水田	0.256 66	0.723 54	1.251 92
		田地	0.060 81	0.391 32	0.865 97
	城乡建设用地	建筑物	7.602 82	10.714 3	14.498 9
		道路	0.645 61	1.220 66	1.989 43
	未利用土地	裸土	0.556 35	1.503 94	2.488 01

续表

河湖名称	一级类型	二级类型	面积(km²)		
			100 m	500 m	1 000 m
杨林塘	水域	河渠	0.672 64	1.268 39	1.551 42
		水库坑塘	1.265 65	2.091 49	2.346 91
	草地	草地	0.078 91	0.239 2	0.420 1
	林地	有林地	0.196 41	0.691 38	1.227 02
		疏林地	0.749 78	2.080 69	3.722 89
	耕地	水田	1.432 61	2.191 84	3.195 93
		田地	0.804 44	2.149 33	3.399 5
	城乡建设用地	建筑物	2.099 2	3.492 13	5.880 21
		道路	0.176 13	0.454 45	0.774 06
	未利用土地	裸土	0.256 83	0.928 77	1.681 33
浏河	水域	河渠	0.146 32	0.740 91	1.372 68
		水库坑塘	0.051 29	0.286 84	0.681 36
	草地	草地	0.108 2	0.533 16	1.058 07
	林地	有林地	0.007 6	0.148 56	0.323 35
		疏林地	0.271 69	1.531 44	3.293 87
	耕地	水田	0.347 44	1.700 64	2.950 14
		田地	0.026 23	0.204 86	0.386 75
	城乡建设用地	建筑物	0.474 74	3.356 48	7.161 97
		道路	0.768 56	2.805 18	5.417 8
	未利用土地	裸土	0.000 09	0.001	0.122 35

昆山市调查区域河湖沿岸 100 m、500 m 和 1 000 m 的缓冲区范围总体土地开发利用情况如表 8.14 所示。

表 8.14　昆山市主要河湖沿岸缓冲区土地开发利用现状调查结果

河湖名称	土地开发利用现状
	100 m 缓冲区
阳澄东湖	建设用地>水域>耕地>林地>草地
傀儡湖	林地>耕地>水域>建设用地>草地
吴淞江	建设用地>林地>耕地>水域>草地
娄江	建设用地>林地>水域>耕地>草地
杨林塘	建设用地>耕地>水域>林地>草地
浏河	建设用地>耕地>林地>水域>草地

续表

河湖名称	土地开发利用现状
	500 m缓冲区
阳澄东湖	建设用地＞水域＞林地＞耕地＞草地
傀儡湖	耕地＞林地＞建设用地＞水域＞草地
吴淞江	建设用地＞林地＞耕地＞水域＞草地
娄江	建设用地＞林地＞水域＞耕地＞草地
杨林塘	耕地＞建设用地＞水域＞林地＞草地
浏河	建设用地＞耕地＞林地＞水域＞草地
	1 000 m缓冲区
阳澄东湖	建设用地＞林地＞水域＞耕地＞草地
傀儡湖	建设用地＞耕地＞林地＞水域＞草地
吴淞江	建设用地＞林地＞耕地＞草地＞水域
娄江	建设用地＞林地＞水域＞耕地＞草地
杨林塘	建设用地＞耕地＞林地＞水域＞草地
浏河	建设用地＞林地＞耕地＞水域＞草地

(8) 张家港市沿河(湖)土地开发利用现状

张家港市主要河湖(暨阳湖、朝东圩港、六干河、三干河)沿岸流域土地开发利用现状如表8.15所示。

表8.15　张家港市主要河湖沿岸100 m、500 m、1 000 m范围内土地开发利用现状

河湖名称	一级类型	二级类型	面积(km²)		
			100 m	500 m	1 000 m
暨阳湖	水域	河渠	0.080 721	0.160 635	0.239 828
		水库坑塘	0.020 364	0.053 841	0.060 413
		滩地	0	0	0
	草地	草地	0.001 469	0.086 276	0.172 897
	林地	有林地	0.418 726	0.729 434	1.105 697
		疏林地	0.303 471	0.585 86	0.923 03
	耕地	水田	0	0.039 621	0.098 764
		田地	0	0	0.069 419
	城乡建设用地	建筑物	1.304 125	3.001 865	4.662 37
		道路	0.101 262	0.345 289	0.657 495
	未利用土地	裸土	0	0.002 605	0.080 425

续表

河湖名称	一级类型	二级类型	面积(km^2)		
			100 m	500 m	1 000 m
朝东圩港	水域	河渠	0.080 721	2.887 102	4.326 583
		水库坑塘	0.020 364	0.318 145	0.493 652
		滩地	0	0	0
	草地	草地	0.001 469	0.428 411	0.869 21
	林地	有林地	0.418 726	0.714 979	1.280 187
		疏林地	0.303 471	2.869 985	4.942 442
	耕地	水田	0	1.586 253	2.192 116
		田地	0	1.845 966	3.004 083
	城乡建设用地	建筑物	1.304 125	7.296 913	10.028 51
		道路	0.101 262	2.189 226	3.993 066
	未利用土地	裸土	0	1.904 049	3.502 151
六干河	水域	河渠	0.621 532	1.153 421	1.662 887
		水库坑塘	0.192 851	0.322 816	0.676 87
		滩地	0.752 784	1.007 322	1.320 832
	草地	草地	0.112 273	0.602 015	1.158 484
	林地	有林地	0.239 761	0.993 367	1.712 134
		疏林地	0.249 887	1.059 634	1.833 524
	耕地	水田	0.178 886	0.591 533	0.974 169
		田地	0.909 752	3.201 913	7.210 121
	城乡建设用地	建筑物	2.068 16	3.574 277	5.297 064
		道路	0.473 314	1.029 195	1.594 202
	未利用土地	裸土	0.202 972	0.540 801	0.762 847
三干河	水域	河渠	0.609 379	2.822 036	4.756 492
		水库坑塘	0.077 838	2.061 516	2.600 537
		滩地	0	0	0
	草地	草地	0.422 46	2.139 421	3.751 977
	林地	有林地	0.045 75	0.445 379	0.879 601
		疏林地	0.112 3	0.860 086	1.715 877
	耕地	水田	0.164 144	3.300 079	5.193 015
		田地	0.197 951	3.529 899	4.782 873
	城乡建设用地	建筑物	0.394 831	1.788 261	2.841 168
		道路	0.832 663	3.351 156	5.641 26
	未利用土地	裸土	0.097 594	0.658 772	1.483 378

张家港市一湖三河沿岸 100 m、500 m 和 1 000 m 的缓冲区范围总体土地开发利用情况如表 8.16 所示。

表 8.16　张家港市主要河湖沿岸缓冲区土地开发利用现状调查结果

河湖名称	土地开发利用现状
	100 m 缓冲区
暨阳湖	建设用地>林地>水域>草地>耕地
朝东圩港	建设用地>水域>林地>耕地>草地
六干河	建设用地>水域>耕地>林地>草地
三干河	建设用地>水域>草地>耕地>林地
	500 m 缓冲区
暨阳湖	建设用地>林地>水域>草地>耕地
朝东圩港	建设用地>林地>耕地>水域>草地
六干河	建设用地>耕地>水域>林地>草地
三干河	耕地>建设用地>水域>草地>林地
	1 000 m 缓冲区
暨阳湖	建设用地>林地>水域>草地>耕地
朝东圩港	建设用地>林地>耕地>水域>草地
六干河	耕地>建设用地>水域>林地>草地
三干河	耕地>建设用地>水域>草地>林地

(9) 常熟市沿河(湖)土地开发利用现状

常熟市主要河湖沿岸流域土地开发利用现状如表 8.17 所示。

表 8.17　常熟市主要河湖沿岸 100 m、500 m、1 000 m 范围内土地开发利用现状

河湖名称	一级类型	二级类型	面积(km^2)		
			100 m	500 m	1 000 m
尚湖	水域	河渠	0.309 15	1.734 597	2.408 183
		水库坑塘	0.224 69	0.829 576	0.904 887
		滩地	0.141 087	0.670 379	0.849 226
	草地	草地	0.051 434	0.280 953	0.411 19
	林地	有林地	0.698 602	1.571 218	2.364 63
		疏林地	0.159 615	0.971 597	1.293 268
	耕地	水田	0.162 921	1.427 356	2.108 01
		田地	0.018 332	0.150 768	0.503 585
	城乡建设用地	建筑物	0.340 914	5.535 061	6.923 163
		道路	0.303 342	1.655 428	2.952 802
	未利用土地	裸土	0.099 248	0.277 058	0.425 692

续表

河湖名称	一级类型	二级类型	面积(km^2)		
			100 m	500 m	1 000 m
昆承湖	水域	河渠	0.589 628	1.405 632	1.866 407
		水库坑塘	0.042 258	0.169 625	0.552 226
		滩地	0.317 392	0.417 284	0.554 47
	草地	草地	0.480 841	0.652 683	0.675 098
	林地	有林地	0.611 231	1.571 221	2.310 936
		疏林地	0.336 053	0.632 98	0.829 667
	耕地	水田	1.221 201	2.008 539	2.859 311
		田地	0.601 861	0.886 999	0.950 775
	城乡建设用地	建筑物	0.831 947	3.987 336	9.071 862
		道路	0.455 833	1.175 358	1.645 154
	未利用土地	裸土	2.181 658	2.473 219	2.919 109
望虞河	水域	河渠	4.010 441	5.803 183	7.458 859
		水库坑塘	0.509 576	1.508 968	2.626 103
		滩地	0	0	0
	草地	草地	0.365 975	1.436 407	2.640 334
	林地	有林地	0.393 273	1.027 35	1.738 4
		疏林地	1.719 961	4.801 61	8.533 479
	耕地	水田	1.632 311	5.172 145	7.911 933
		田地	0.700 67	3.661 908	6.133 53
	城乡建设用地	建筑物	7.982 096	13.134 41	17.408 508
		道路	1.836 154	5.678 737	9.648 787
	未利用土地	裸土	2.181 658	2.473 219	2.919 109
张家港河	水域	河渠	0.597 708	5.088 061	12.211 153
		水库坑塘	0.543 61	2.323 471	4.317 905
		滩地	0.155 348	0.823 483	1.648 593
	草地	草地	0.071 003	0.307 869	0.442 178
	林地	有林地	0.356 701	1.713 288	3.857 464
		疏林地	0.121 539	0.796	2.203 12
	耕地	水田	0.826 509	3.579 101	6.380 541
		田地	0.609 851	2.499 513	4.308 025
	城乡建设用地	建筑物	2.417 756	12.297 768	23.800 928
		道路	0.692 061	2.810 09	5.314 37
	未利用土地	裸土	0.084 553	0.330 92	0.710 181

续表

河湖名称	一级类型	二级类型	面积(km^2)		
			100 m	500 m	1 000 m
白茆塘	水域	河渠	0.507 505	3.331 935	7.644 46
		水库坑塘	0.211 915	1.401 217	2.920 821
		滩地	1.080 723	3.667 687	6.870 693
	草地	草地	0.881 179	3.527 636	6.673 289
	林地	有林地	0.357 45	1.161 816	2.016 386
		疏林地	0.770 561	3.358 269	6.418 69
	耕地	水田	0.905 913	6.066 423	12.928 423
		田地	0.599 362	3.092 046	6.225 022
	城乡建设用地	建筑物	1.461 459	8.666 784	17.785 157
		道路	0.516 767	2.605 489	5.322 513
	未利用土地	裸土	0.987 674	4.347 276	7.469 547
常浒河	水域	河渠	1.998 97	3.484 142	4.980 572
		水库坑塘	0.450 931	0.499 209	0.593 485
		滩地	0	0	0
	草地	草地	0.213 231	1.044 354	1.949 561
	林地	有林地	0.158 124	0.704 409	1.317 586
		疏林地	0.609 42	1.567 066	2.962 618
	耕地	水田	1.505 648	3.679 197	5.563 639
		田地	0.145 891	0.870 731	1.568 449
	城乡建设用地	建筑物	15.758 365	18.621 787	21.922 981
		道路	1.675 955	3.959 19	6.099 593
	未利用土地	裸土	0.319 358	0.733 941	1.076 347
盐铁塘	水域	河渠	1.472 353	2.431 229	3.486 187
		水库坑塘	3.191 536	3.287 503	3.470 323
		滩地	0.697 613	2.057 314	3.217 240
	草地	草地	0.328 715	1.552 883	1.841 617
	林地	有林地	0.129 240	0.472 517	0.847 296
		疏林地	0.782 317	2.103 972	3.435 874
	耕地	水田	0.449 993	1.332 235	2.419 997
		田地	7.628 064	12.543 56	15.541 382
	城乡建设用地	建筑物	4.460 367	10.567 947	15.354 647
		道路	2.284 287	6.052 853	9.750 658
	未利用土地	裸土	0.382 051	0.923 649	1.570 043

常熟市两湖五河沿岸 100 m、500 m 和 1 000 m 的缓冲区范围总体土地开发利用情况如表 8.18 所示。

表 8.18 常熟市主要河湖沿岸缓冲区土地开发利用现状调查结果

河湖名称	土地开发利用现状
	100 m 缓冲区
尚湖	林地＞水域＞建设用地＞耕地＞草地
昆承湖	耕地＞建设用地＞水域＞林地＞草地
望虞河	建设用地＞水域＞耕地＞林地＞草地
张家港河	建设用地＞耕地＞水域＞林地＞草地
白茆塘	建设用地＞水域＞耕地＞林地＞草地
常浒河	建设用地＞水域＞耕地＞林地＞草地
盐铁塘	耕地＞建设用地＞水域＞林地＞草地
	500 m 缓冲区
尚湖	建设用地＞水域＞林地＞耕地＞草地
昆承湖	建设用地＞耕地＞水域＞林地＞草地
望虞河	建设用地＞耕地＞水域＞林地＞草地
张家港河	建设用地＞水域＞耕地＞林地＞草地
白茆塘	建设用地＞水域＞耕地＞林地＞草地
常浒河	建设用地＞耕地＞水域＞林地＞草地
盐铁塘	建设用地＞耕地＞水域＞林地＞草地
	1 000 m 缓冲区
尚湖	建设用地＞水域＞林地＞耕地＞草地
昆承湖	建设用地＞耕地＞水域＞林地＞草地
望虞河	建设用地＞耕地＞林地＞水域＞草地
张家港河	建设用地＞水域＞耕地＞林地＞草地
白茆塘	建设用地＞水域＞耕地＞林地＞草地
常浒河	建设用地＞耕地＞水域＞林地＞草地
盐铁塘	建设用地＞耕地＞水域＞林地＞草地

(10) 太仓市沿河(湖)土地开发利用现状

太仓市主要河湖(金仓湖、浏河、杨林塘、七浦塘、浪港、钱泾、新泾)沿岸流域土地开发利用现状如表 8.19 所示。

表 8.19　太仓市主要河湖沿岸 100 m、500 m、1 000 m 范围内土地开发利用现状

河湖名称	一级类型	二级类型	面积(km^2)		
			100 m	500 m	1 000 m
金仓湖	水域	河渠	0.597 708	5.088 061	12.211 153
		水库坑塘	0.543 61	2.323 471	4.317 905
		滩地	0.155 348	0.823 483	1.648 593
	草地	草地	0.071 003	0.307 869	0.442 178
	林地	有林地	0.356 701	1.713 288	3.857 464
		疏林地	0.121 539	0.796	2.203 12
	耕地	水田	0.826 509	3.579 101	6.380 541
		田地	0.609 851	2.499 513	4.308 025
	城乡建设用地	建筑物	2.417 756	12.297 768	23.800 928
		道路	0.692 061	2.810 09	5.314 37
		阴影	0.018 767	0.102 238	0.372 584
	未利用土地	沼泽地	0	0	0
		裸土	0.084 553	0.330 92	0.710 181
浏河	水域	河渠	0.870 936	2.615 304	5.528 513
		水库坑塘	0.075 26	0.991 569	2.095 642
		滩地	0.033 975	0.166 003	0.254 706
	草地	草地	0.475 781	2.108 423	3.862 108
	林地	有林地	0.191 005	0.687 252	1.128 963
		疏林地	0.138 048	0.872 764	1.793 299
	耕地	水田	0.168 23	1.581 169	3.582 12
		田地	0.196 307	0.793 878	1.463 147
	城乡建设用地	建筑物	0.853 57	5.058 036	10.266 26
		道路	0.643 566	2.910 413	6.186 256
		阴影	0.169 408	1.222 838	2.501 51
	未利用土地	沼泽地	0.114 008	0.743 541	1.398 702
		裸土	0.239 395	0.712 177	1.384 842
杨林塘	水域	河渠	0.575 981	2.426 286	5.743 646
		水库坑塘	0.181 928	1.615 291	3.390 458
		滩地	0.137 722	0.198 139	0.290 738
	草地	草地	0.542 236	2.095 262	4.072 578
	林地	有林地	0.232 97	1.584 699	3.399 213
		疏林地	0.088 717	0.325 998	0.573 269

续表

河湖名称	一级类型	二级类型	面积(km²)		
			100 m	500 m	1 000 m
杨林塘	耕地	水田	0.864 029	5.137 103	9.722 548
		田地	0.319 694	1.706 015	3.322 912
	城乡建设用地	建筑物	1.460 6	7.792 463	15.986 345
		道路	0.649 64	2.825 372	5.631 592
		阴影	0.232 97	1.538 382	3.082 064
	未利用土地	沼泽地	0	0.012 032	0.044 594
		裸土	0.222 978	0.827 727	1.737 562
钱泾	水域	河渠	0.196 888	1.304 346	3.470 736
		水库坑塘	0.072 932	0.405 079	0.867 827
		滩地	0	0	0.000 622
	草地	草地	0.285 755	1.074 037	2.074 598
	林地	有林地	0.052 713	0.282 455	0.584 106
		疏林地	0.116 187	0.501 315	0.937 622
	耕地	水田	0.293 705	1.740 289	3.461 992
		田地	0.088 202	0.874 586	1.725 502
	城乡建设用地	建筑物	0.464 702	2.447 186	5.091 188
		道路	0.244 148	1.055 652	2.121 63
		阴影	0.045 793	0.250 167	0.538 908
	未利用土地	沼泽地	0	0	0
		裸土	0.196 876	0.980 498	1.961 115
七浦塘	水域	河渠	0.517 692	2.691 792	6.390 163
		水库坑塘	0.143 84	1.076 351	2.409 981
		滩地	0	0	0
	草地	草地	0.336 463	1.373 41	2.701 951
	林地	有林地	0.272 352	1.403 063	2.656 407
		疏林地	0.266 117	0.878 37	1.538 499
	耕地	水田	0.717 512	3.569 62	7.981 531
		田地	0.709 869	2.905 293	5.247 619
	城乡建设用地	建筑物	0.628 348	4.652 111	9.721 951
		道路	0.579 224	2.648 547	5.190 066
		阴影	0.122 524	0.848 724	1.798 154
	未利用土地	沼泽地	0	0	0
		裸土	0.294 711	1.262 117	2.150 465

续表

河湖名称	一级类型	二级类型	面积(km²)		
			100 m	500 m	1 000 m
浪港	水域	河渠	0.261 765	1.700 653	4.130 094
		水库坑塘	0.187 137	0.898 326	1.590 712
		滩地	0.012 318	0.029 459	0.046 374
	草地	草地	0.133 485	0.489 063	1.045 13
	林地	有林地	0.173 798	0.608 189	1.224 019
		疏林地	0.115 864	0.508 581	0.984 517
	耕地	水田	0.306 476	1.855 037	3.441 206
		田地	0.133 366	0.933 518	1.982 054
	城乡建设用地	建筑物	0.238 825	1.450 594	3.514 021
		道路	0.271 418	1.202 444	2.430 836
		阴影	0.073 412	0.255 14	0.527 435
	未利用土地	沼泽地	0.000 058	0.000 058	0.000 058
		裸土	0.143 082	0.792 29	1.360 43
新泾	水域	河渠	0.076 123	0.605 465	2.104 653
		水库坑塘	0.009 073	0.063 829	0.201 391
		滩地	0.000 369	0.001 799	0.004 305
	草地	草地	0.099 433	0.532 201	1.154 989
	林地	有林地	0.009 484	0.056 31	0.195 449
		疏林地	0.020 739	0.115 313	0.328 119
	耕地	水田	0.024 64	0.179 494	0.558 146
		田地	0.038 356	0.429 654	1.081 849
	城乡建设用地	建筑物	0.226 945	1.256 672	2.393 818
		道路	0.125 727	0.599 109	1.202 517
		阴影	0.039 333	0.181 739	0.359 611
	未利用土地	沼泽地	0	0	0
		裸土	0.136 553	0.625 948	1.257 881

太仓市一湖六河沿岸 100 m、500 m 和 1 000 m 的缓冲区范围总体土地开发利用情况如表 8.20 所示。

表 8.20　太仓市主要河湖沿岸缓冲区土地开发利用现状调查结果

河湖名称	土地开发利用现状
	100 m 缓冲区

续表

河湖名称	土地开发利用现状
金仓湖	林地＞建设用地＞草地＞水域＞耕地
浏河	建设用地＞水域＞草地＞耕地＞林地
杨林塘	建设用地＞耕地＞水域＞草地＞林地
钱泾	耕地＞建设用地＞草地＞水域＞林地
七浦塘	耕地＞建设用地＞水域＞林地＞草地
浪港	建设用地＞水域＞耕地＞林地＞草地
新泾	建设用地＞草地＞水域＞耕地＞林地
	500 m缓冲区
金仓湖	林地＞建设用地＞耕地＞水域＞草地
浏河	建设用地＞水域＞耕地＞草地＞林地
杨林塘	建设用地＞耕地＞水域＞草地＞林地
钱泾	建设用地＞耕地＞水域＞草地＞林地
七浦塘	建设用地＞耕地＞水域＞林地＞草地
浪港	建设用地＞耕地＞水域＞林地＞草地
新泾	建设用地＞水域＞耕地＞草地＞林地
	1 000 m缓冲区
金仓湖	建设用地＞林地＞耕地＞水域＞草地
浏河	建设用地＞水域＞耕地＞草地＞林地
杨林塘	建设用地＞耕地＞水域＞草地＞林地
钱泾	建设用地＞耕地＞水域＞草地＞林地
七浦塘	建设用地＞耕地＞水域＞林地＞草地
浪港	建设用地＞水域＞耕地＞林地＞草地
新泾	建设用地＞水域＞耕地＞草地＞林地

第九章

苏州市水域生态系统调查内容及方法

第一节　研究目标

围绕构建生态健康河湖生态系统的目标，开展苏州市主要河湖的初级生产力、浮游生物、底栖动物、鱼类、水生植物等水生生态调查，以及滨岸带林木植被、农业生态和水土流失等生态系统调查。

第二节　调查区域

选取苏州市主要河湖开展水域生态系统调查和滨岸带生态系统调查，调查区域包括 20 个湖泊，28 条河道，详见表 9.1。

表 9.1　苏州市生态调查区域

县(市、区)	调查区域
吴中区	2 湖(太湖、澄湖)
	3 河(胥江、苏东河、京杭大运河)
高新区	2 湖(太湖、游湖)
	4 河(京杭大运河、金墅港、金山浜、浒光运河)
吴江区	4 湖(东太湖、元荡、北麻漾、同里湖)
	2 河(京杭大运河、太浦河)
相城区	3 湖(阳澄湖、漕湖、盛泽荡)
	2 河(元和塘、京杭大运河)
姑苏区	4 河(京杭大运河、胥江、西塘河、苏州外城河)
工业园区	3 湖(金鸡湖、独墅湖、阳澄湖)
	3 河(娄江、吴淞江、青秋浦)
昆山市	2 湖(阳澄东湖、傀儡湖)
	4 河(吴淞江、娄江、杨林塘、浏河)
张家港市	1 湖(暨阳湖)
	3 河(朝东圩港、六干河、三干河)

续表

县(市、区)	调查区域
常熟市	2湖(尚湖、昆承湖)
	5河(望虞河、张家港河、白茆塘、常浒河、盐铁塘)
太仓市	1湖(金仓湖)
	6河(浏河、杨林塘、钱泾、七浦塘、浪港、新泾)

第三节　重点调查内容

一、水域生态系统调查内容

选取苏州市主要河湖开展水域生态调查，调查内容包括初级生产力、浮游生物、底栖动物、鱼类以及水生植物。淡水生物调查方法按《湖泊富营养化调查规范》和《河湖健康评估技术导则》(SL/T 793—2020)。水生生态调查内容具体如下。

(1) 初级生产力测定：采用叶绿素测定法进行估算。

(2) 浮游生物调查：包括浮游植物和浮游动物调查，监测浮游植物的物种组成、密度、生物量，分析优势种、多样性指数；监测浮游动物(以原生动物、轮虫、枝角类、桡足类为重点)的物种组成、密度、生物量，分析优势种、多样性指数。

(3) 底栖动物调查：包括监测底质类型、监测底栖动物(以软体动物、水生昆虫、水栖寡毛类为重点)物种组成、密度、生物量，分析优势种、多样性指数。

(4) 鱼类调查：包括调查记录鱼类物种名称、组成、相对密度、分析重量和数量组成。

(5) 水生植被调查：包括记录水生植物种类、数量特征、群落结构、覆盖度。

二、滨岸带生态系统调查内容

选取苏州市主要河湖开展滨岸带生态调查，内容包括林木植被调查、农业生态调查与评价以及水体流失情况调查。主要调查方法有收集资料法(当地有关部门的各类规范性文件、技术资料、有关科研单位的研究成果、航拍资料)、遥感及GPS技术应用、访问专家及当地群众等。滨岸带生态调查内容如下。

(1) 林木植被：阐明植被类型、组成、结构、特点，生物多样性等。

(2) 农业生态调查与评价：农业结构，占地类型、面积。

(3) 水体流失情况调查：侵蚀模数、程度、侵蚀量及损失，发展趋势及造成的生态问题。

第四节 调查方法

一、监测点位

根据调查区域内河湖的生境特征、水文特征，在苏州市主要河湖共设置116个初级生产力、浮游生物、底栖动物监测点位，59个鱼类监测点位，143个水生植物监测点位，进行野外调查。监测点位设置基于概率进行抽样，其空间分布确保样点具有代表性，采样点选择涵盖或接近现有的水文水质监测点，监测点涵盖苏州市内的主要河湖、市区内的饮用水水源地、湖区进出水上下游区域等，用GPS仪进行定位，并记录每个监测点的坐标。

二、初级生产力

初级生产力采用叶绿素测定法进行估算。叶绿素的测定使用丙酮法。样品的采集一般使用彼得森采泥器采集水面下0.5 m样品，采样体积为1 L或500 mL。干燥保存的GF/C膜在4 ℃黑暗条件下90%丙酮提取16～24 h，滤膜经过研磨、浸泡、离心取上清液，然后在紫外分光光度计下测定。具体测定方法如下：在比色皿中读取630 nm、645 nm、663 nm和750 nm四个波长处的吸光度值。叶绿素a浓度计算公式为：

$$\text{Chla}=[11.64\times(D663-D750)-2.16\times(D645-D750)+0.1\times(D630-D750)]\times V_1/(V_2\times\delta)$$

其中，Chla为叶绿素a，单位为$\mu g\times L^{-1}$；D为提取液在各波长处吸光度值；V_1为提取液总体积，单位为mL；V_2为抽滤水样体积，单位为L；δ为比色皿光程，单位为cm。

三、浮游植物

浮游植物又称浮游藻类，它们是悬浮于水中生活的微小藻类植物。浮游植物含有叶绿素，能利用光能进行光合作用，将无机物转变为有机物，供其他消费性生物利用，所以它们在水生态系统中具有重要地位。浮游植物的调查包括定性（种类组成）和定量（数量、生物量）的调查。

采样：浮游植物定性样品的采集采用25号浮游生物网（网孔直径为64 μm)，在水面表层呈“∞”字形缓慢捞取浮游植物样品，并将网内浓缩液置于100 mL塑料水样瓶中，现场用鲁哥氏碘液固定，带回实验室供镜检。浮游植物定量样品用有机玻璃采水器采集0.5 m水深处的表层水，取5 L水样置于塑料瓶中，现场用鲁哥氏碘液固定。样品带回实验室后移入沉淀器，静置24 h后，吸去上清液，定容至30 mL，用浮游植物计数框在显微镜下计数。

浓缩：水样带回实验室后，摇匀倒入 1 L 筒形分液漏斗，固定在架子上，放在稳定的实验台上，静置沉淀 24～36 h，用细小虹吸管小心吸去上层清液，直至浮游植物沉淀物体积约 20 mL，旋开瓶活塞放入标有 30 mL 刻度的标本瓶中，再用少许上层清液冲洗沉淀分液漏斗 1～3 次一并放入瓶中，定容到 30 mL。如定量样品水量超过 30 mL，可静置到次日，再小心吸去多余水。如无分液漏斗，可在试剂瓶中，以同样方法逐次沉淀浓缩至 30 mL。每瓶样品必须贴上标签，标明地点、日期、采样点号等。如标本要长期保存，可加上福尔马林，用量为水样量的 4%，并用石蜡封口，至少保存到项目工作全部结束。

种类鉴定：浮游植物种类鉴定参照《中国淡水藻类——系统、分类及生态》(胡鸿钧和魏印心，2006)。浮游植物的种类鉴定需要较专门的知识和训练，根据富营养化研究需要，主要种类最好能鉴定到种，特别是那些对富营养化类型划分有指示意义的种类，或至少能鉴定到属，而对优势种类和形成水华的种类则必须鉴定到种。主要优势种类鉴定后应有关于它们形态的简要描述和草图，以便查对。

定量计数：浮游植物定量计数时，用定量吸管吸取 0.1 mL 浮游植物定量样品，转移至 0.1 mL 浮游生物计数框中，缓慢盖上盖玻片，避免气泡产生，而后将载玻片置于光学显微镜下采用目镜视野法进行镜检计数，每个样品重复计数三次，取其平均值计算密度。浮游植物生物量的计算采用体积转换法，比重取值为 1，体积则通过测量其体长、直径等形状指标计算得来。每个浮游植物种类至少测量足够数量的个体(一般 30 个)的长、宽、厚，根据相应几何形状计算出平均体积。因藻类的比重接近于 1，所以由体积可直接换算为湿重。然后根据计数所得细胞密度(cells/L)换算为生物量(mg/L)。

浮游植物现存量计算方法：

(1) 密度计算

浮游植物密度结果用 ind./L(即个/L)表示。

把计数所得结果按下式换算成每升水中浮游植物的数量：

$$N=\frac{A}{A_c}\times\frac{V_w}{V}\times n \tag{9.1}$$

式 9.1 中：N 为每升水中浮游植物/原生动物/轮虫的数量，单位为 ind./L；A 为计数框面积，单位为 mm^2；A_c 为计数面积，单位为 mm^2，即视野面积视野数；V_w 为 1 L 水样经沉淀浓缩后的样品体积，单位为 mL；V 为计数框体积，单位为 mL；n 为计数所得的浮游植物的个体数。

(2) 生物量计算

浮游生物计算结果用 mg/L(即 mg/L)表示。

藻类比重接近于 1，故可直接由藻类体积换算为生物量(湿重)。生物量为各种藻类数量乘以各自平均体积。

藻类体积若要求不高，可根据现成资料换算。需按体积法计算时，根据藻类体形按最近几何形状测量必要量度，然后按求体积的公式计算出体积。有的藻类几何形状特殊，可分解为几个部分，分别按相似图形求算后相加。

四、浮游动物

采样：分别用13号和25号浮游生物网拖动捞取、富集浮游动物。13号网主要用来采集枝角类、桡足类和大型轮虫，25号网主要用来采集轮虫和原生动物。浮游动物定性样品用13号和25号浮游生物网在水面捞取，带回实验室做活体观察。定量样品取表层水和水面下0.5 m处水各5 L，混合均匀，取混合水样1 L，加鲁哥氏碘液固定。带回实验室，移入沉淀器，静置24 h后，吸去上清液，定容至30 mL。用血球计数板在显微镜下分属计数。

种类鉴定：参考《中国淡水轮虫志》《中国动物志节　肢动物门　甲壳纲　淡水枝角类》《中国动物志　节肢动物门　甲壳纲　淡水桡足类》《中国动物志　无脊椎动物　第四十五卷　纤毛门　寡膜纲　缘毛目》《微型生物监测新技术》《西藏水生无脊椎动物》《水质　微型生物群落监测　PFU法》等。

定量计数：浮游动物中枝角类和桡足类定量样品采集处理同浮游植物，定容至30 mL后用1 mL计数框在显微镜下分属计数。轮虫和甲壳类定量样品采集取表层水和水面下0.5 m处水各5 L混合后，以25号浮游生物网过滤、收集于50 mL小瓶中，加10%的福尔马林固定，在显微镜下分属计数。

原生动物镜检采用0.1 mL计数框，吸取0.1 mL样品置于计数框内，缓慢地盖上盖玻片避免气泡产生，在10×20倍显微镜下全片计数，每个样品重复计数两次，结果取其平均值。轮虫镜检采用1 mL计数框，显微镜放大倍数采用10×10倍。枝角类和桡足类镜检采用5 mL计数框进行。原生动物、轮虫生物量采用体积换算法，比重取1；浮游甲壳类通过测量体长并经体长-体重回归方程求出湿重即生物量。

浮游动物现存量计算方法：

(1) 密度计算

$$D_{原、轮}=\frac{P_n}{V_n}\times V \tag{9.2}$$

式9.2中：P_n为计数出的原生动物或轮虫个数；V_n为计数所用体积，单位为mL；V为1 L水样经沉淀浓缩后的体积，单位为mL。

$$D_{枝、桡}=\frac{P_n}{V} \tag{9.3}$$

式9.3中：P_n为计数出的枝角类或桡足类个数；V为水样总体积，单位为L。

(2) 生物量计算

浮游动物四大类群个体平均湿重的经验值依据《淡水浮游动物的定量方法》所

得，如表 9.2 所示，其与密度的乘积即为生物量。

表 9.2 浮游动物各类群个体平均湿重

类群	个体平均湿重(mg)
原生动物	0.000 05
轮虫	0.001 2
枝角类	0.02
桡足类	0.007
无节幼体	0.003

注：引自《淡水浮游动物的定量方法》(黄祥飞，1982)等。

五、底栖动物

定性采样：定性采样工具为手抄网。用手抄网在水草中或更浅的水体岸边采取底栖动物。手抄网的柄长应大于 1.3 m。还可在湖泊的浅水区，涉水用手捡出卵石、石块或其他基质，用镊子轻轻取下标本，随即固定保存。

定量采样：选用改良彼得森氏采样器(1/40 m^2)进行采集。在河流敞水区和湖泊，将采样器张开，开口向下，沉入河(湖)底约 10～15 cm，将采样器缓慢关闭，将一定范围内的底质全部收集到采样器内。将采样器拉至水面，将河(湖)泥倒入金属容器内，然后用孔径为 45 mm 的铜筛，将河(湖)泥清洗干净，洗净的样品置入塑料袋内，加入少许河(湖)水。

样品处理与保存：为防止加入酒精后脱色，加固定液前要记录好样品色泽。根据现场采样种类多少，要将较硬的甲壳类等与软体动物如水栖寡毛类、蛭类水生昆虫的幼虫稚虫等分开，分别盛入塑料瓶中，个体较小的放入指管中。为防止软体动物断体、脱水、收缩，现场加入 1%福尔马林或 30%酒精固定。样品带回实验室后，用 70%酒精或 5%福尔马林液固定或采用混合固定液，长期保存。摇蚊幼虫分类较复杂，需加甘油制片镜检观察，优势种分类到种，不确定时，用卑瑞斯(Puris)胶封片。

卑瑞斯胶配方：阿拉伯胶 8 g，蒸馏水 10 mL，水合氯醛 30 g，甘油 7 mL，冰乙酸 3 mL。先将阿拉伯胶放入小的烧杯中，加水 10 mL，将烧杯放至水浴锅，水加热至 80 ℃，用玻璃棒搅动，待胶熔后，将水合氯醛加入使其溶解，然后再将甘油和冰乙酸加入，用玻璃棒搅拌均匀，再以薄棉过滤即可用。此胶搁置时间越久越好。

样品的鉴定和计量：在实验室内，将洗净的样品倒入解剖盘中，捡出动物标本，置入 50 mL 的塑料标本瓶中，并加入 10%的福尔马林溶液保存标本。依据生境多样性，每个样站至少采两次重复样。固定标本带回实验室完成种类鉴定和计数。

水生昆虫除摇蚊及其他少数科属外，皆在解剖镜下鉴定到属，在低倍镜下确定目、科，在高倍镜下对照资料鉴定到属。摇蚊科幼虫主要依据头部口器结构的差异来鉴定属种，并需制片，用甘油透明观察。优势种类或其他需观察和研究的种类，可用卑瑞斯胶封片。软体动物、水栖寡毛类鉴定到种，摇蚊幼虫鉴定到属种，水生昆虫(摇蚊幼虫除外)鉴定到科即可。水栖寡毛类的仙女虫科可根据刚毛的形态差异进行种类鉴定，颤蚓科的鉴定较为复杂，多数种类的鉴定需有成熟的个体才能完成。虫体需制作成生物封片，然后对其内部结构，特别是生殖系统的结构进行观察，来鉴别物种。

生物制片的方法如下：虫体用硼砂洋红染色液染色，用盐酸、酒精分色，然后用一系列浓度梯度的酒精脱水，至虫体体内水分完全脱净，用二甲苯透明，再将标本置于玻片上，用阿拉伯胶制成永久封片。

计数需在鉴定的基础上进行数量统计，除个体较大的软体动物外，其他皆在实体解剖镜下按属或种计数，并按大类统计数量。由于不同种类及其数量将影响分析的结果，在计数时不要漏掉稀有种类。用采泥器取样采得的底栖动物，应推算出每平方米的数量。生物重量通常以湿重法计，用 1/10 000 的电子天平，称出属、种的重量，每个个体的重量和平均重量，对断体的动物个数按头数计数。

数据处理：生物多样性用 Simpson 指数(D)、Shannon-Wiener 指数(H')和 Pielou 均匀度指数(E)来表征。

Simpson 指数为优势度指数，可估算各水系中物种的优势度，$D=1-\sum P_i^2$，式中 P_i 为第 i 类种的个体数占群落中总个体数的比例，D 值越大，表示优势物种越少。

Shannon-Wiener 指数为物种多样性指数，$H'=\sum_{i=1}^{s} P_i \ln P_i$，其中 H'值越大，表明物种数越丰富，个体数越多。

Pielou 均匀度指数是利用估计出各水系中的物种歧异度(H')来估计该水系群落物种分布的均匀程度，$E=H'/\ln S$。

六、鱼类

样本采集：根据采集区域的栖息地特点，使用不同规格网具相结合的采集方法。在干流河段，主要租用当地渔民或者渔政部门的船只，利用定制刺网(多层刺网)进行采样，收集鱼类样本；在河口等水流较缓的水域，采用地笼、抛网等方法进行采样，收集鱼类样本。整个调查中，调查人员参与渔民下网和收网的全过程，在采集现场对鱼类进行初步鉴定，并对渔民放置渔具的水域环境和样点信息进行描述和记录。

标本鉴定与收藏：依据《中国动物志　硬骨鱼纲》(中、下卷)和地方性鱼类志，如《太湖鱼类志》《江苏鱼类志》等，结合中国淡水鱼类最新的分类学研究成果，特别是研究区域内及其邻近区域鱼类分类的研究成果，对收集的鱼类标本进行分类鉴定。现场将采集到的鱼类鉴定到种，并且每个种类选取部分个体用 95%的酒精或者 5%福尔马林固定制作成标本。对于现场物种鉴定不能确定的鱼类则制成标本后带回实验室,结合形态和分子实验做进一步的分类鉴定。

生物学数据收集:统计每个样点每一种鱼类样本的总数量,测量每一种鱼类样本(至少 30 尾)的全长、体长、体重(长度测量精确到 1 mm;体重测量精确到 1 g 或 0.1 g)。同时,选取每一种鱼类的代表个体现场进行拍照记录。

当地走访调查:整个调查中,调查人员在监测点自行采样的同时对调查水域周边的渔民、农贸市场和相关职能机构(如渔政部门、公园湖泊管理处)进行走访调查,沟通交流。了解调查水域的水体环境和鱼类组成情况,包括渔民常见的渔获物种类、不同季节鱼类种类变化、近些年来渔获物的变化情况等,充分利用当地群众的丰富经验和职能部门的历史资料数据,收集当地鱼类现状的第一手资料。

七、水生植物

采集方法:选取 0.3 m×0.3 m 随机样方 6～10 个,采用采草夹、采泥器或镰刀采集。根据每平方米中的各类植物的现存量和它们的分布面积,即可求出该区域水体中各类大型水生植物的总现存量和各类植物所占的比例。

在各采样点,调查 100 m 河段内的挺水植物、浮叶植物的种类和分布面积;用沉水植物采样器采集 3 次,结合目测,确定沉水植物种类,估算总盖度、分种盖度,称量各沉水植物的鲜重。

八、滨岸带生态调查

利用高分二号卫星影像(精度 0.8 m)进行遥感解译。

第十章

苏州市水域生态系统调查结果

第一节　主要河湖浮游植物现状

苏州市主要河湖共布设 116 个采样点，共检测出浮游植物 8 门 170 种，其中绿藻门 54 种、硅藻门 65 种、蓝藻门 21 种、甲藻门 9 种、裸藻门 8 种、隐藻门 8 种、金藻门 3 种、黄藻门 2 种。

浮游植物密度较大的河湖主要有：娄江（最高密度 1.33×10^8 cells/L）、东太湖（9.34×10^7 cells/L）、同里湖（8.51×10^6 cells/L）、傀儡湖（8.50×10^7 cells/L）、游湖（7.35×10^7 cells/L）、太湖（5.20×10^7 cells/L）、阳澄湖（阳澄东湖南点位最高，为 5.13×10^7 cells/L）、青秋浦（3.74×10^7 cells/L）、金山浜（3.37×10^7 cells/L）、独墅湖（2.91×10^7 cells/L）、澄湖（2.62×10^7 cells/L）、浒光运河（2.60×10^7 cells/L）、北麻漾（2.54×10^7 cells/L）。

浮游植物密度较小的河湖主要有：杨林塘（仪桥点位 2.40×10^5 cells/L）、新泾（3.61×10^5 cells/L）、六干河（4.22×10^5 cells/L）、盛泽荡（4.21×10^5 cells/L）、常浒河（5.53×10^5 cells/L）、钱泾（8.71×10^5 cells/L）、朝东圩港（1.08×10^6 cells/L）、西塘河（1.13×10^6 cells/L）。

根据 Shannon-Wiener 多样性指数评价标准，$H'<1$ 表明湖体属于重污染地带，$H'=1\sim3$ 表明湖体属于中污染地带，$H'>3$ 表明湖体属于轻污染地带。在本次调查的河湖中，大部分水体为中污染带（$H'=1\sim3$）。

浮游植物种类以绿藻门和硅藻门占比较大。部分湖体检测到优势种蓝藻门微囊藻和硅藻门小环藻，存在藻华暴发的风险。如：娄江、傀儡湖、东太湖、同里湖、阳澄湖、独墅湖、元和塘、京杭大运河、太浦河、吴淞江、青秋浦等。

各县（市、区）具体情况如下：

吴中区调查区域共检测出浮游植物 7 门 80 种，以绿藻门、硅藻门为主。澄湖、苏东河和太湖平均浮游植物密度较大，浮游植物含量比较多。胥江和京杭大运河浮游植物密度较小，浮游植物含量较少。苏东河物种数较多。

高新区调查区域共检测出浮游植物 7 门 91 种，以绿藻门、硅藻门为主。游湖平均浮游植物密度最大，浮游植物含量比较多。江南运河和金墅港浮游植物密度较小，太湖的浮游植物含量较少。

吴江区调查区域共检测出浮游植物 7 门 97 种，以绿藻门、硅藻门为主。同里湖和东太湖平均浮游植物密度较大，浮游植物含量比较多。元荡和北麻漾平均浮游植物密度较小，浮游植物含量相对较少。同里湖浮游植物生物量远大于东太湖、元荡和北麻漾。

相城区调查区域共检测出浮游植物 7 门 72 种，以硅藻门、绿藻门为主。漕湖和阳澄湖平均浮游植物密度较大，浮游植物含量比较多。元和塘和京杭大运河浮游植物密度次之。盛泽荡浮游植物密度最小，浮游植物含量最少。漕湖、阳澄湖和元和塘物种数较多。

姑苏区调查区域共检测出浮游植物 7 门 97 种，以绿藻门、硅藻门为主。胥江的平均浮游植物密度较大，浮游植物含量比较多。西塘河平均浮游植物密度较小，浮游植物含量相对较少。

工业园区调查区域共检测出浮游植物 6 门 62 种，以绿藻门、蓝藻门、硅藻门为主。娄江浮游植物密度较大，浮游植物含量比较多。阳澄湖、青秋浦、独墅湖浮游植物密度次之。金鸡湖、吴淞江平均浮游植物密度较小，浮游植物含量相对较少。

昆山市调查区域共检测出浮游植物 7 门 77 种，以绿藻门、硅藻门为主。阳澄湖、傀儡湖和娄江浮游植物密度较大，吴淞江次之，而杨林塘和浏河密度相对较小。阳澄湖和傀儡湖也具有较大的浮游植物生物量，吴淞江和娄江次之，杨林塘和浏河相对较少。

张家港市调查区域共检测出浮游植物 8 门 101 种，以硅藻门、绿藻门为主。暨阳湖平均浮游植物密度较大，但浮游植物含量相对比较少。朝东圩港平均浮游植物密度次之，但是浮游植物含量比较多，而且物种数比较多。六干河的平均浮游植物密度最小，浮游植物含量最少。与之相反，三干河的平均浮游植物密度最大，浮游植物含量最多。

常熟市调查区域共检测出浮游植物 7 门 99 种，以绿藻门、硅藻门为主。尚湖和昆承湖平均浮游植物密度较大，浮游植物含量比较多。望虞河和盐铁塘浮游植物密度次之。张家港河和白茆塘浮游植物密度较小。常浒河浮游植物密度最小，浮游植物含量最少。

太仓市调查区域共检测出浮游植物 8 门 90 种，以绿藻门、硅藻门为主。浏河、七浦塘和浪港平均浮游植物密度较大，浮游植物含量比较多。新泾、钱泾、金仓湖浮游植物密度较小，浮游植物含量较少。浏河和浪港物种数较多。

第二节 主要河湖浮游动物现状

苏州市共布设了 116 个采样点，共采集到浮游动物 150 种，其中原生动物 48 种（32%）、轮虫 61 种（40.67%）、枝角类 22 种（14.67%）、桡足类 19 种（12.67%），轮虫最多，原生动物次之，桡足类最少。记录到物种数较多的有三干河（46 种）、六干河（41 种）、苏东河（40 种）。浮游动物密度最高的水体集中在高新区，分别为金山浜（29 100 ind./L）、游湖（28 905 ind./L）、浒光运河（12 797 ind./L）。

根据Shannon-Wiener多样性指数水质评价标准，苏州市调查区域各水体生物多样性指数均在1～3，属于中污染地带。

在不少水体中发现优势种有枝角类微型裸腹溞、简弧象鼻溞等耐污种，该类浮游生物习居于富营养型的浅水湖泊中，可反映部分水体存在一定程度的富营养化状况。

各县(市、区)具体情况如下：

吴中区调查区域水体浮游动物总丰度为19 105.5 ind./L，原生动物是最优势类群，其次是轮虫、桡足类和枝角类。全水系的密度优势种是广布多肢轮虫、王氏似铃壳虫、螅状独缩虫、麻铃虫、江苏似铃壳虫、侠盗虫和无节幼体。分布较广的物种有剑水蚤桡足幼体、无节幼体、短尾秀体溞、广布多肢轮虫、简弧象鼻溞、王氏似铃壳虫、麻铃虫、急游虫、侠盗虫、微型裸腹溞、汤匙华哲水蚤和哲水蚤桡足幼体。

高新区调查区域水体浮游动物总丰度为124 535.6 ind./L，原生动物是最优势类群，其次是轮虫、枝角类和桡足类。全水系的密度优势种是王氏似铃壳虫、麻铃虫、钟虫和广布多肢轮虫。分布较广的物种有微型裸腹溞、剑水蚤桡足幼体、短尾秀体溞和简弧象鼻溞、钟虫、台湾温剑水蚤。

吴江区调查区域水体浮游动物总丰度为14 119.4 ind./L，原生动物是最优势类群，其次是轮虫、桡足类和枝角类。全水系的密度优势种是侠盗虫、疣毛轮虫、广布多肢轮虫和暗小异尾轮虫。分布较广的物种有微型裸腹溞、剑水蚤桡足幼体、简弧象鼻溞、汤匙华哲水蚤、哲水蚤桡足幼体、无节幼体、麻铃虫、短尾秀体溞和中华窄腹剑水蚤。

相城区调查区域水体浮游动物总丰度为17 573.9 ind./L，原生动物是最优势类群，其次是轮虫、桡足类和枝角类。全水系的密度优势种是急游虫、疣毛轮虫、广布多肢轮虫、螅状独缩虫和暗小异尾轮虫。分布较广的物种有透明溞和剑水蚤桡足幼体、急游虫、侠盗虫、疣毛轮虫、广布多肢轮虫、无节幼体、螺形龟甲轮虫、短尾秀体溞、简弧象鼻溞、僧帽溞和哲水蚤桡足幼体。

姑苏区调查区域水体浮游动物总丰度为7 405.7 ind./L，原生动物是最优势类群，其次是轮虫、桡足类和枝角类。全水系的密度优势种是麻铃虫、急游虫、钟虫和无节幼体。分布较广的物种有微型裸腹溞、剑水蚤桡足幼体、麻铃虫、钟虫、广布多肢轮虫、短尾秀体溞、简弧象鼻溞、台湾温剑水蚤和球状许水蚤。

工业园区调查区域水体浮游动物的平均丰度为1 700.1 ind./L，原生动物是最优势类群，其次是轮虫、桡足类和枝角类。全水系的密度优势种是麻铃虫、王氏似铃壳虫、广布多肢轮虫和暗小异尾轮虫。分布较广的物种有王氏似铃壳虫、短尾秀体溞、简弧象鼻溞、广布中剑水蚤，上述物种每个样点均被检测到，其次是麻铃虫、广布多肢轮虫、角突网纹溞、右突新镖水蚤。

昆山市调查区域水体浮游动物平均丰度为 2 003.16 ind./L,原生动物是最优势类群,其次是轮虫、桡足类和枝角类。全水系的密度优势种是王氏似铃壳虫、无节幼体、广布多肢轮虫、江苏似铃壳虫。分布较广的物种有广布多肢轮虫、简弧象鼻溞、广布中剑水蚤,上述物种每个样点均被检测到,其次是王氏似铃壳虫、螺形龟甲轮虫、曲腿龟甲轮虫、角突臂尾轮虫、短尾秀体溞、中华窄腹剑水蚤。

张家港市调查区域水体浮游动物总丰度为 22 212.8 ind./L,轮虫是最优势类群,其次是原生动物、桡足类和枝角类。全水系的密度优势种是喇叭虫、广布多肢轮虫、螺形龟甲轮虫、裂痕龟纹轮虫和无节幼体。分布较广的物种有短尾秀体溞、颈沟基合溞、台湾温剑水蚤、简弧象鼻溞、广布多肢轮虫、汤匙华哲水蚤和剑水蚤桡足幼体。

常熟市调查区域水体浮游动物总丰度为 18 214.2 ind./L,原生动物是最优势类群,其次是轮虫、桡足类和枝角类。全水系的密度优势种是广布多肢轮虫、侠盗虫、喇叭虫、疣毛轮虫和螺形龟甲轮虫。分布较广的物种有剑水蚤桡足幼体、短尾秀体溞、简弧象鼻溞、王氏似铃壳虫、微型裸腹溞、汤匙华哲水蚤、台湾温剑水蚤、颈沟基合溞、喇叭虫、无节幼体。

太仓市调查区域水体共采集到浮游动物 64 种,轮虫是最优势类群,其次是原生动物、桡足类和枝角类。全水系的密度优势种是王氏似铃壳虫、广布多肢轮虫、麻铃虫、侠盗虫、疣毛轮虫和钟虫。

第三节　主要河湖底栖动物现状

苏州市本次调查的 116 个采样点共记录大型底栖动物 4 门 8 纲 42 科 112 种,其中环节动物门 32 种(28.6%),节肢动物门 50 种(44.6%),软体动物门 29 种(25.9%),线虫动物门 1 种(0.9%)。

在调查的湖河中,分布最广(出现频次最多)的物种为霍甫水丝蚓,其次为克拉泊水丝蚓、摇蚊属、隐摇蚊属一种、二叉摇蚊属一种和雕翅摇蚊属一种。具有海相属性的 4 种多毛类在浏河、杨林塘和七浦塘等水体有分布。入侵种福寿螺在多个河湖(如吴中区太湖、金鸡湖、金墅港、太浦河等)有分布。

底栖动物物种数较多的水体有:太湖(37 种)、京杭大运河(28 种)、太浦河(28 种)、阳澄湖(26 种)和三干河(24 种)。底栖动物物种数较少的水体有:游湖(5 种)、浒光运河(5 种)、新泾(4 种)和独墅湖(2 种)。

本次调查全市底栖动物平均密度为 1 807.31 ind./m^2,平均生物量为 281.703 g/m^2。其中,环节动物的密度为 807.21 ind./m^2,水生昆虫的密度为 375.52 ind./m^2,软甲类的密度为 206.04 ind./m^2。密度最高的是金仓湖(25 840 ind./m^2);密度较低的是张家港河(107 ind./m^2)和傀儡湖(170 ind./m^2)。密度优势种为霍甫水丝蚓、克拉泊水丝蚓、铜锈环棱螺和大螯蜚属一种。生物量优势种为铜锈环棱螺、环棱螺属一种、梨形环棱螺。

Shannon-Wiener 多样性指数较高的是六干河(2.68)、太浦河(2.66)和苏东河(2.43),较低的是独墅湖(0.06)。Pielou 均匀度最高的是盛泽荡(0.98),最低的是独墅湖(0.09)。

各县(市、区)具体情况如下。

吴中区调查区域共记录大型底栖动物 3 门 5 纲 24 科 39 属 44 种,总平均密度、总平均生物量分别为 1 244 ind./m^2 和 321.8 g/m^2,其中软体动物的密度和生物量均最高。密度优势种为铜锈环棱螺、大螯蜚、赤豆螺和霍甫水丝蚓。生物量优势种为铜锈环棱螺、圆顶珠蚌、梨形环棱螺和格氏短沟蜷。分布最广(出现频次最多)的物种为大螯蜚、铜锈环棱螺(7 次);其后为钩虾、赤豆螺、椭圆萝卜螺和凸旋螺(各 3 次),其余物种仅发现分布在 1～2 个河湖样点中。大型底栖动物生物多样性指数均呈现较低水平。

高新区调查区域共记录大型底栖动物 4 门 8 纲 21 科 31 属 37 种。大型底栖动物总平均密度为 1 083 ind./m^2,水生昆虫、环节动物和软体动物是优势类群,密度优势种为霍甫水丝蚓、铜锈环棱螺、雕翅摇蚊属一种、二叉摇蚊属一种和林间环足摇蚊。总平均生物量为 280.84 g/m^2,软体动物是生物量优势类群,生物量优势种为铜锈环棱螺和梨形环棱螺。分布最广(出现频次最多)的物种为霍甫水丝蚓(5 次);其后为林间环足摇蚊(4 次)、正颤蚓、二叉摇蚊属一种、隐摇蚊属一种和铜锈环棱螺(各 3 次);其余物种仅发现分布在 1～2 个河湖中。具有海相属性的沙蚕科一种仅在太湖有分布。不同河湖大型无脊椎底栖动物生物多样性指数差异较大。

吴江区调查区域共记录大型底栖动物 4 门 8 纲 27 科 42 属 47 种。大型无脊椎底栖动物的总平均密度和总平均生物量分别为 1 612 ind./m^2 和 350.36 g/m^2,其中软体动物的密度最大、生物量最高。密度优势种为铜锈环棱螺、霍甫水丝蚓、大螯蜚、克拉泊水丝蚓和米虾属一种。生物量优势种为铜锈环棱螺、河蚬、沼虾属一种、米虾属一种和大沼螺。分布最广(出现频次最多)的物种为:铜锈环棱螺(12 次),其后为霍甫水丝蚓(8 次)、米虾属一种(7 次)、椭圆萝卜螺(6 次)、环足摇蚊属一种(5 次)、大螯蜚属一种(5 次)、摇蚊属一种(4 次)、多足摇蚊属一种(4 次)、前突摇蚊属一种(4 次),其余物种仅发现分布在 1～3 个样点中。各河湖大型底栖动物生物多样性指数水平中等。

相城区调查区域共记录大型底栖动物 3 门 7 纲 23 科 36 属 38 种。大型底栖动物总平均密度为 2 296 ind./m^2,水生昆虫是密度优势类群,密度优势种为林间环足摇蚊、霍甫水丝蚓、尖口圆扁螺、大螯蜚属一种和铜锈环棱螺。总平均生物量为 249.18 g/m^2,软体动物是调查区域中生物量优势类群,生物量优势种为铜锈环棱螺、梨形环棱螺、河蚬。分布最广(出现频次最多)的物种为林间环足摇蚊。大型无脊椎底栖动物生物多样性指数差异较小。

姑苏区调查区域共记录大型底栖动物3门6纲18科25属29种。大型无脊椎底栖动物的总平均密度和总平均生物量分别为2 180 ind./m^2和760.57 g/m^2，其中软体动物的密度最大、生物量最高。密度优势种为铜锈环棱螺、二叉摇蚊属一种、霍甫水丝蚓、湖沼股蛤。生物量优势种为铜锈环棱螺。分布最广（出现频次最多）的物种为铜锈环棱螺。大型无脊椎底栖动物生物多样性指数差异较小。

工业园区调查区域共记录大型底栖动物3门7纲14科16属20种。大型底栖动物的总平均密度和总平均生物量为1 290 ind./m^2和555.99 g/m^2，其中软体动物的密度最大、生物量最高。密度优势种为霍甫水丝蚓、铜锈环棱螺和环棱螺属一种。生物量优势种为铜锈环棱螺（331.01 g/m^2，59.54%）和环棱螺属一种（145.19 g/m^2，26.11%）。分布最广（出现频次最多）的物种为霍甫水丝蚓、铜锈环棱螺（4次）和方格短沟蜷。大型底栖动物生物多样性指数水平偏低。

昆山市调查区域共记录大型底栖动物3门6纲13科19属22种。总平均密度为560 ind./m^2，水生昆虫的密度最高，密度优势种为长足摇蚊属一种、霍甫水丝蚓、环棱螺属一种和铜锈环棱螺。平均生物量为162.68 g/m^2，软体动物是调查区域中生物量最高的类群，生物量优势种为铜锈环棱螺和环棱螺属一种。分布最广（出现频次最多）的物种为长足摇蚊属一种、摇蚊属一种、环棱螺属一种及铜锈环棱螺。大型底栖动物生物多样性指数水平中等。

张家港市调查区域共记录大型底栖动物4门8纲10目16科34属37种。底栖动物群落总平均密度为500.6 ind./m^2，水生昆虫为密度最优势类群，密度优势种为萝卜螺属、摇蚊属（42.3 ind./m^2，8.4%）和多足摇蚊属。平均生物量为66.3 g/m^2，软体动物为生物量最优势类群，生物量优势种为环棱螺属、环足摇蚊属（7.5 g/m^2，11.3%）和大沼螺。出现率最高的是水丝蚓属、摇蚊属。底栖动物群落多样性指数呈现较低水平。

常熟市调查区域共记录大型底栖动物3门7纲25科38属41种。底栖动物群落总平均密度为1 213.6 ind./m^2，环节动物为密度最优势类群，密度优势种为水丝蚓属、克拉泊水丝蚓和环足摇蚊属。平均生物量为68.38 g/m^2，软体动物为生物量最优势类群，生物量优势种为环棱螺属、豆螺属和齿吻沙蚕属。出现频率最高的是蝶蠃蜚科。底栖动物群落多样性指数呈现较低水平。

太仓市调查区域共记录大型底栖动物4门6纲19科34属40种。总平均密度为5 673 ind./m^2，环节动物是密度优势类群，密度优势种为霍甫水丝蚓、克拉泊水丝蚓、大螯蜚、摇蚊属一种和隐摇蚊。总平均生物量为30.19 g/m^2，软甲类是调查区域中生物量优势类群，生物量优势种为相手蟹、溪沙蚕、克拉泊水丝蚓、大螯蜚、霍甫水丝蚓和河蚬。分布最广（出现频次最多）的物种为霍甫水丝蚓。大型无脊椎底栖动物生物多样性指数呈现较低水平。

第四节　主要河湖鱼类现状

一、种类组成

苏州市本次调查共布设了60个样点，监测记录鱼类52种，隶属于7目14科，分别为鲱形目（鳀科）、鲤形目（鲤科、花鳅科、鳅科）、鲇形目（鲿科）、鲈形目（真鲈科、虾虎鱼科、塘鳢科、刺鳅科、沙塘鳢科、鳢科）、鳗鲡目（鳗鲡科）、合鳃鱼目（合鳃鱼科）、颌针鱼目（鱵科）。鲤形目是本次调查的主要鱼类类群，其次为鲈形目和鲱形目，鲇形目最少。

在鱼类区系组成上，苏州市鱼类主要为长江中下游平原习见鱼类，例如优势种似鳊、似鱎和鳘均属于此类。调查还发现了数种河口鱼类，例如中国花鲈、尖头塘鳢、纹缟虾虎鱼等，还有多种具有河海洄游习性的鱼类，如日本鳗鲡和刀鲚。上述鱼类除纹缟虾虎鱼在阳澄湖被发现外，其他种类均在张家港市六干河与朝东圩港被发现，这可能与相关水体临近长江入海口有关。值得一提的是，喜蚌产卵的鱊亚科和鳈属鱼类在苏州市鱼类组成中占有重要比例，共有9种鱊亚科鱼类和2种鳈属鱼类被发现，这与苏州市境内湖泊众多，孕育了丰富的蚌类有关。此外，鱊亚科的齐氏田中鳑鲏和彩鱊本次调查只在太湖有发现，凸显了太湖在苏州市鱼类区系组成上的独特地位。就不同区域而言，鱼类多样性最高的区域为张家港市，最低的区域为姑苏区。

二、鱼类生态类型

(1) 按照食性，苏州市鱼类可以分为3类：①肉食性鱼类，主要捕食鱼虾软体动物为主的类群，如鲌类、鲈类和黄颡鱼等等。②杂食性鱼类，既取食动物性饵料，又取食植物性饵料的类群，如鲤、鲫、长鳍吻鮈，它们既摄食水生昆虫、虾类、软体动物等，又摄食藻类及植物的残渣或种子等。③植食性鱼类，主要摄食水草和着生丝状藻类，如似鳊、鲢等。

(2) 按照洄游习性，苏州市鱼类可划分为定居性、江河洄游性和河海洄游性三类群。定居性鱼类生长和繁殖或在湖泊中进行，或在河流里进行，大多数鱼类属于此类群，常见鱼类有鲤、鲫、鳑鲏类、鲿类等。以“四大家鱼”等为代表，江河洄游性鱼类在湖泊中生长育肥，生殖季节洄游至江河中繁殖；短颌鲚、似鳊等也属于该类群。河海洄游鱼类在海洋中生活，繁殖季节洄游至江河湖泊，如刀鲚等，或在淡水中生活到海洋中繁殖，如中国花鲈。

(3) 按照产卵方式，苏州市鱼类可以划分为3个类群：①产黏沉性卵鱼类，卵的密度大于水的密度或者卵具黏性，沉于水底孵化或附着于浅水区水草和石块等介质上发育，大多数鱼类产此类型卵，如拟鲿属、鲫、团头鲂等。②产漂流性卵鱼类,如鲢、鳊、黄尾鲴、银鮈等,其卵密度与水相近、无黏性、彼此分离、产出受精卵后随水漂流到一定距离后完成孵化。③产浮性卵鱼类,如短颌鲚,其卵的密度比水小,产后漂浮在水上。虽然鳘类产沉性卵,但是可以吐出水泡托起受精卵浮于水面,因此,将此种鱼归入产浮性卵鱼类。

(4) 按照栖息地的类型,苏州市鱼类可划分为静水型鱼类、流水型鱼类以及兼而有之的广布型鱼类 3 个类群。

(5) 按照栖息水层的类型,苏州市鱼类可划分为中上层、中下层、底层、沿岸带 4 个类群。

各县(市、区)具体情况如下。

吴中区调查区域共记录了鱼类 24 种,隶属于 3 目 3 科,鲤形目是本次调查的主要鱼类类群。采用相对重要性指数(IRI)作为衡量的标准,优势种依次为鳘、鲢、鳙、鲫、鲤、团头鲂和似鱎。依个体数量计,鳘和似鱎丰富度最高;依生物量计,鲤、鲫、鲢、鳙最高。

高新区调查区域共记录了鱼类 28 种,隶属于 5 目 5 科,鲤形目是本次调查的主要鱼类类群,优势种依次为鳘、短颌鲚、似鳊、鲢、兴凯鱊、刀鲚、鳙、似鱎和鲫。依个体数量计,鳘和短颌鲚丰富度最高;依生物量计,鲢和鳙最高。

吴江区调查区域共记录了鱼类 26 种,隶属于 3 目 7 科,鲤形目是本次调查的主要鱼类类群,优势种依次为鲫、鳘、鳙、鲢、短颌鲚、乌鳢、红鳍原鲌。依个体数量计,鳘和鲫物种数目最高;依生物量计,鲫、鳙和鲢最高。

相城区调查区域共记录了鱼类 25 种,隶属于 4 目 5 科,鲤形目是本次调查的主要鱼类类群,优势种依次为似鱎、似鳊、大鳍鱊、短颌鲚、鲢、鳘、华鳈、高体鳑鲏、鳙、贝氏鳘。依个体数量计,似鱎和似鳊丰富度最高;依生物量计,鲢、鳊最高。

姑苏区调查区域共记录了鱼类 12 种,隶属于 4 目 5 科,鲤形目是本次调查的主要鱼类类群,优势种 5 种,分别为似鳊、兴凯鱊、鳘、似鱎、光泽黄颡鱼。依个体数量计,似鳊和兴凯鱊丰富度最高;依生物量计,似鳊和光泽黄颡鱼最高。

工业园区调查区域共记录了鱼类 27 种,隶属于 4 目 5 科,鲤形目是本次调查的主要鱼类类群,优势种依次为短颌鲚、似鳊、贝氏鳘、鳘、大鳍鱊、刀鲚等。依个体数量计,短颌鲚和似鳊丰富度最高;依生物量计,短颌鲚、似鳊最高。

昆山市调查区域共记录了鱼类 28 种,隶属于 4 目 5 科,鲤形目是本次调查的主要鱼类类群,优势种依次为鳙、鳘、似鳊、似鱎、黄颡鱼、蒙古鲌、短颌鲚、达氏鲌和大鳍鱊。依个体数量计,鳘和似鱎丰富度最高;依生物量计,鳙、鳘最高。

张家港市调查区域共记录了鱼类 33 种,隶属于 6 目 11 科,鲤形目是本次调查的主要鱼类类群,优势种依次为大鳍鱊、黄尾鲴和似鳊。依个体数量计,大鳍鱊和似鳊丰富度最高;依渔获物重量计,黄尾鲴最高。

常熟市调查区域共记录了鱼类 32 种,隶属于 5 目 8 科,鲤形目是本次调查的主要鱼类类群,优势种依次为似鳊、大鳍鱊、鳊、达氏鲌、鳘、贝氏鳘、鲢和鲫。依个体数量计，似鳊和鳌丰富度最高；依渔获物重量计，鳙、似鳊和鲤最高。

太仓市调查区域共记录了鱼类25种，隶属于4目5科，鲤形目是本次调查的主要鱼类类群，优势种依次为似鳊、大鳍鱊、鳊、达氏鲌、鳌、贝氏鳌、鲢和鲫。依个体数量计，似鳊和大鳍鱊丰富度最高；依生物量计，似鳊、鲢和鳊最高。

第五节　主要河湖水生植物现状

苏州市本次调查的146个采样点共采集到水生植物36种，其中沉水植物11种(穗状狐尾藻、金鱼藻、苦草、轮叶黑藻等)，浮叶植物10种(荇菜、菱、水鳖等)，挺水植物15种(芦苇、菖蒲、菰等)。

在调查的水体中，分布较广(出现频次多)的物种有：菹草、金鱼藻、穗状狐尾藻、菱、苦草等。东太湖、阳澄东湖、北麻漾、盛泽荡、游湖、太浦河等河湖水生植物盖度大(部分水域高于30%)。多处水域(阳澄湖、吴淞江、杨林塘昆山段)发现外来入侵种凤眼莲(水葫芦)。

各县(市、区)具体情况如下。

吴中区调查区域共采集到水生植物17种，其中沉水植物8种(菹草、金鱼藻、穗状狐尾藻、竹叶眼子菜、篦齿眼子菜、苦草、轮叶黑藻、水盾草)，浮叶植物5种(荇菜、菱、水鳖、槐叶蘋、芡实)，挺水植物4种(菰、芦苇、菖蒲、喜旱莲子草)，分布最广(出现频次最多)的物种为金鱼藻，其次为菹草。高等水生植物的总平均密度和总平均生物量分别为53 ind./m^2和571.1 g/m^2，运河水生植物密度最大，太湖水生植物生物量最高。

高新区调查区域共采集到水生植物21种，其中沉水植物8种(菹草、金鱼藻、穗状狐尾藻、竹叶眼子菜、篦齿眼子菜、苦草、轮叶黑藻、水盾草)，浮叶植物3种(荇菜、菱、睡莲)，挺水植物10种(菰、芦苇、香蒲、菖蒲、喜旱莲子草、梭鱼草、美人蕉、风车草、再力花、莲)，分布最广(出现频次最多)的物种为穗状狐尾藻，其次为菱。高等水生植物的总平均密度和总平均生物量分别为37 ind./m^2和1 022.5 g/m^2，游湖水生植物密度最大、生物量最高。

吴江区调查区域共采集到水生植物17种，其中沉水植物8种(菹草、金鱼藻、穗状狐尾藻、竹叶眼子菜、篦齿眼子菜、苦草、轮叶黑藻、水盾草)，浮叶植物5种(荇菜、菱、凤眼莲、水鳖、紫背萍)，挺水植物4种(菰、芦苇、莲、喜旱莲子草)，分布最广(出现频次最多)的物种为金鱼藻和菱，其次为菹草。高等水生植物的总平均密度和总平均生物量分别为63.4 ind./m^2和1 172.5 g/m^2，元荡水生植物密度最大，京杭大运河水生植物生物量最高。

相城区调查区域共采集到水生植物22种，其中沉水植物7种(菹草、金鱼藻、穗状狐尾藻、竹叶眼子菜、苦草、轮叶黑藻、水盾草)，浮叶植物7种(荇菜、菱、睡莲、凤眼莲、满江红、水鳖、紫背萍)，挺水植物8种(菰、芦苇、香蒲、菖蒲、喜旱莲子草、黄花鸢尾、花菖蒲、紫叶美人蕉),分布最广(出现频次最多)的物种为菹草,其次为穗状狐尾藻、菱。高等水生植物的总平均密度和总平均生物量分别为 119 ind./m^2 和 1 206.1 g/m^2,元和塘水生植物密度最大,阳澄湖水生植物生物量最高。

姑苏区调查区域共采集到水生植物 9 种,其中沉水植物 7 种(菹草、金鱼藻、穗状狐尾藻、竹叶眼子菜、苦草、轮叶黑藻、水盾草),浮叶植物 1 种(满江红),挺水植物 1 种(喜旱莲子草),分布最广(出现频次最多)的物种为金鱼藻和轮叶黑藻。高等水生植物的总平均密度和总平均生物量分别为 181.6 ind./m^2 和 1 291.5 g/m^2,苏州外城河水生植物密度最大、生物量最高。

工业园区调查区域共采集到水生植物 19 种,其中沉水植物 8 种(轮叶黑藻、穗状狐尾藻、金鱼藻、苦草、水盾草、大茨藻、小茨藻、竹叶眼子菜),浮叶植物 5 种(菱、槐叶蘋、水鳖、凤眼莲、紫背萍),挺水植物 6 种(芦苇、菰、美人蕉、香蒲、喜旱莲子草、莲),分布最广(出现频次最多)的物种为金鱼藻,其次为苦草和凤眼莲。高等水生植物的总平均密度和总平均生物量分别为 75.0 ind./m^2 和 1 122.8 g/m^2,阳澄湖水生植物密度和生物量均最高。

昆山市调查区域共采集到水生植物 19 种,其中沉水植物 8 种(穗状狐尾藻、小茨藻、金鱼藻、苦草、轮叶黑藻、篦齿眼子菜、水盾草、竹叶眼子菜),浮叶植物 7 种(菱、荇菜、槐叶蘋、紫背萍、凤眼莲、水鳖、睡莲),挺水植物 4 种(芦苇、喜旱莲子草、菰、莲),分布最广(出现频次最多)的物种为凤眼莲,其次为金鱼藻和槐叶蘋。高等水生植物的总平均密度和总平均生物量分别为 61.5 ind./m^2 和 1 414.1 g/m^2,杨林塘水生植物密度最大,阳澄湖水生植物生物量最高。

张家港市调查区域共采集到水生植物 15 种,其中沉水植物 7 种(菹草、金鱼藻、穗状狐尾藻、竹叶眼子菜、光叶眼子菜、苦草、轮叶黑藻),浮叶植物 3 种(荇菜、菱、水鳖),挺水植物 5 种(芦苇、菖蒲、喜旱莲子草、水芹、铜钱草),分布最广(出现频次最多)的物种为穗状狐尾藻,其次为金鱼藻和苦草。水生植物的总平均密度和总平均生物量分别为 17.2 ind./m^2 和 434.3 g/m^2,三干河水生植物密度最大、生物量最高。

常熟市调查区域共采集到水生植物 14 种,其中沉水植物 8 种(菹草、金鱼藻、穗状狐尾藻、篦齿眼子菜、竹叶眼子菜、苦草、轮叶黑藻、水盾草),浮叶植物 3 种(荇菜、菱、浮萍),挺水植物 3 种(芦苇、菖蒲、喜旱莲子草),分布最广(出现频次最多)的物种为菹草,其次为金鱼藻和穗状狐尾藻。高等水生植物的总平均密度和总平均生物量分别为 30.9 ind./m^2 和 771.4 g/m^2,白茆塘水生植物密度最大、生物量最高。

太仓市调查区域共采集到水生植物 10 种,其中沉水植物 4 种(菹草、穗状狐尾藻、篦齿眼子菜、苦草),浮叶植物 3 种(荇菜、菱、浮萍),挺水植物 3 种(芦苇、菖蒲、铜钱草),分布最广(出现频次最多)的物种为菖蒲,其次为芦苇。高等水生植物的总平均密度和总平均生物量分别为 23.71 ind./m^2 和 743.63 g/m^2,杨林塘水生植物密度最大,新泾水生植物生物量最高。

第十一章

苏州市河湖滨岸带生态系统调查结果

在现状调查和资料收集的基础上，系统评价河道滨岸带植物结构、农业产业结构以及水土流失现状。其中，在对滨岸带的林木植被、农业结构及建设用地情况进行评估时，采用了多个景观生态指数，详细描述和反映结构与分布现状。本书中所采用的五种景观指数及其含义如下。

1. 景观斑块所占面积比例(PLAND)：类别占区域总面积的百分比，衡量某类别景观的大小。

2. 景观斑块密度(PD)：单位面积 100 hm^2 上的景观斑块数，衡量某类别景观的异质性、不均匀性。

3. 景观形状指数(LSI)：某类别所有斑块边缘长度与面积的算术平方根之比，衡量景观形状的规整性。

4. 香农多样性指数(SHDI)：各斑块类型的面积比乘以其值的自然对数之后的和的负值，衡量各景观的多样性。

5. 香农均度指数(SHEI)：香农多样性指数除以给定景观丰度下的最大可能多样性，衡量各景观的优势性。

第一节　滨岸带植物系统现状

本次在苏州市河湖滨岸带开展了植被系统的现状调查，综合了草地、密林地、疏林地三种植被覆盖结构。分析发现，苏州市河湖滨岸带植被覆盖比例整体较高，同时不同河湖间存在较大差异。其中，植被面积占比较大的河湖有：金仓湖、尚湖、暨阳湖、朝东圩港、太湖、游湖、金墅港、元荡、太浦河等；1 km 滨岸带范围内的植被系统以密林地为主，各植被系统的香农多样性指数较低(多位于 0.1～0.5)，表明植被系统的空间分布较不均衡，且破碎程度较高(景观斑块密度数值高)、形状较不规整(景观形状指数高)。

各县(市、区)具体情况如下。

吴中区调查范围内，太湖沿岸植被覆盖面积占比最大。景观形状指数表明，在斑块的规整性上，澄湖、京杭大运河沿岸草地规整性更优，太湖、苏东河沿岸密林地规整性更优，胥江沿岸疏林地规整性更优。香农多样性指数表明，在位置分布上，胥江沿岸草地更均衡，太湖沿岸密林地更均衡，澄湖、苏东河、京杭大运河沿岸疏林地更均衡。香农均度指数表明,太湖、澄湖京杭大运河沿岸草地更占优势,苏东河沿岸密林地更占优势,胥江沿岸疏林地更占优势。

高新区调查范围内,游湖、金墅港沿岸植被覆盖面积占比较大。景观形状指数表明,在斑块的规整性上,太湖、游湖、金山浜沿岸草地规整性更优,江南运河、金墅港沿岸密林地规整性更优,浒光运河沿岸疏林地规整性更优。香农多样性指数表明,在位置分布上,江南运河沿岸草地更均衡,太湖、游湖、浒光运河沿岸密林地更均衡,金山浜沿岸疏林地更均衡。香农均度指数表明,太湖、游湖沿岸草地更占优势,江南运河、金墅港、金山浜沿岸密林地更占优势,浒光运河沿岸疏林地更占优势。

吴江区调查范围内,元荡沿岸植被覆盖面积占比最大。景观形状指数表明,在斑块的规整性上,京杭大运河沿岸草地规整性更优,东太湖、同里湖沿岸密林地规整性更优,元荡沿岸疏林地规整性更优,北麻漾、太浦河疏林地规整性更优。香农多样性指数表明,在位置分布上,太浦河沿岸草地更均衡,元荡、北麻漾、京杭大运河沿岸密林地更均衡,东太湖、同里湖沿岸疏林地更均衡。香农均度指数表明,东太湖、元荡、同里湖、京杭大运河沿岸草地更占优势,北麻漾、太浦河沿岸疏林地更占优势。

相城区调查范围内,漕湖沿岸植被覆盖面积占比最大。景观形状指数表明,在斑块的规整性上,阳澄湖、元和塘沿岸草地规整性更优,漕湖、盛泽荡、京杭大运河沿岸密林地规整性更优。香农多样性指数表明,在位置分布上,漕湖沿岸草地更均衡,阳澄湖、京杭大运河沿岸密林地更均衡,盛泽荡、元和塘沿岸疏林地更均衡。香农均度指数表明,阳澄湖、盛泽荡、京杭大运河沿岸草地更占优势,漕湖、元和塘沿岸密林地更占优势。

姑苏区调查范围内,西塘河沿岸植被覆盖面积占比最大。景观形状指数表明,在斑块的规整性上,各河道沿岸草地规整性更优。香农多样性指数表明,在位置分布上,各河流沿岸密林地更均衡。

工业园区调查范围内,金鸡湖沿岸植被覆盖面积占比最大。景观形状指数表明,在斑块的规整性上,金鸡湖、娄江、吴淞江、青秋浦沿岸草地规整性更优,独墅湖、阳澄湖疏林地规整性更优。香农多样性指数表明,在位置分布上,独墅湖、阳澄湖、娄江、吴淞江、青秋浦沿岸密林地更均衡,金鸡湖沿岸疏林地更均衡。香农均度指数表明,金鸡湖、娄江、青秋浦沿岸草地更占优势,独墅湖、阳澄湖、吴淞江疏林地更占优势。

昆山市调查范围内,吴淞江、傀儡湖沿岸植被覆盖面积占比更大。景观形状指数表明,在斑块的规整性上,阳澄东湖、娄江、杨林塘沿岸草地规整性更优,吴淞江、浏河沿岸密林地规整性更优,傀儡湖疏林地规整性更优。香农多样性指数表明,在位置分布上,傀儡湖沿岸密林地更均衡,阳澄东湖、吴淞江、娄江、杨林塘、浏河沿岸疏林地更均衡。香农均度指数表明,阳澄东湖、娄江、杨林塘沿岸草地更占优势,吴淞江、浏河沿岸密林地更占优势，傀儡湖疏林地更占优势。

张家港市调查范围内，暨阳湖沿岸植被覆盖面积占比最大。景观形状指数表明，在斑块的规整性上，暨阳湖、朝东圩港、六干河沿岸草地规整性更优，三干河沿岸密林地规整性更优。香农多样性指数表明，在位置分布上，三干河沿岸草地更均衡，暨阳湖、朝东圩港、六干河沿岸疏林地更均衡。香农均度指数表明，暨阳湖、朝东圩港、六干河沿岸草地更占优势，三干河沿岸密林地更占优势。

常熟市调查范围内，望虞河沿岸植被覆盖面积占比最大。景观形状指数表明，在斑块的规整性上，尚湖、张家港河、盐铁塘沿岸草地规整性更优，望虞河、白茆塘、常浒河沿岸密林地规整性更优。香农多样性指数表明，在位置分布上，白茆塘沿岸草地更均衡，尚湖、昆承湖、张家港河沿岸密林地更均衡，望虞河、常浒河、盐铁塘沿岸疏林地更均衡。香农均度指数表明，尚湖、张家港河、沿岸草地更占优势，望虞河、白茆塘、常浒河、盐铁塘沿岸密林地更占优势，昆承湖沿岸疏林地更占优势。

太仓市调查范围内，金仓湖沿岸植被覆盖面积占比最大。景观形状指数表明，在占地面积差不多的情况下，金仓湖沿岸密林地规整性更优，浏河、钱泾、浪港沿岸草地规整性更优，杨林塘和七浦塘沿岸疏林地规整性更优。香农多样性指数表明，在位置分布上，浏河、杨林塘、钱泾、七浦塘、新泾沿岸草地更均衡，金仓湖、浪港沿岸密林地更均衡。香农均度指数表明，金仓湖、浏河沿岸草地更占优势，钱泾、新泾沿岸密林地更占优势，杨林塘、七浦塘、浪港沿岸疏林地更占优势。

第二节　滨岸带农业产业现状

综合看来，在不同大小的缓冲区范围内，苏州市调查河湖沿河道的农业产业的分布较均衡、破碎程度低、斑块较规整，以农田种植业为主，水库坑塘渔业为辅。大部分缓冲区内农田用地占比大于水库坑塘，仅有澄湖（吴中区）的沿岸以渔业为主，农田种植业为辅。农业产业占地区域较大的河湖有阳澄湖、七浦塘、浪港、张家港河、盐铁塘、六干河、三干河、澄湖、同里湖等。农业产业占地区域较小的河湖有暨阳湖、京杭大运河、元和塘、浒光运河、金山浜。

各县（市、区）具体情况如下。

吴中区调查范围内，太湖、澄湖沿岸农业产业用地占比较大，除澄湖外，其余河湖沿岸农业产业以农田种植业为主，水库坑塘渔业为辅。景观形状指数表明，在斑块的规整性上，太湖沿岸农田规整性更优，澄湖、苏东河、京杭大运河沿岸水库坑塘规整性更优。香农多样性指数表明，在位置分布上，太湖、苏东河、京杭大运河沿岸农田更均衡，澄湖沿岸水库坑塘更均衡。香农均度指数表明，太湖、澄湖、京杭大运河沿岸农田更占优势，苏东河沿岸水库坑塘更占优势。

高新区调查范围内，太湖、金墅港沿岸农业产业用地占比较大，除金山浜外，其余河湖沿岸农业产业以农田种植业为主，水库坑塘渔业为辅。景观形状指数表明，在斑块的规整性上，金山浜沿岸农田规整性更优，其余河湖沿岸水库坑塘规整性更优。香农多样性指数表明，在位置分布上，其余河湖沿岸农田更均衡，金山浜沿岸水库坑塘更均衡。香农均度指数表明，金山浜沿岸农田更占优势，其余河湖沿岸水库坑塘更占优势。

吴江区调查范围内，北麻漾、同里湖、太湖沿岸农业产业用地占比较大，各河湖沿岸农业产业以农田种植业为主，水库坑塘渔业为辅。景观形状指数表明，在斑块的规整性上，各河湖沿岸水库坑塘规整性更优。香农多样性指数表明，在位置分布上，各河湖沿岸农田更均衡。香农均度指数表明，各河湖沿岸水库坑塘更占优势。总体上，在不同大小的缓冲区范围内，各河湖沿河的农业渔业产业的分布较均衡、破碎程度相对较低、斑块规整。

相城区调查范围内，阳澄湖、漕湖沿岸农业产业用地占比较大，各河湖沿岸均以农业种植业为主，水库坑塘渔业为辅。景观形状指数表明，在斑块的规整性上，各河湖沿岸水库坑塘规整性更优。香农多样性指数表明，在位置分布上，各河湖沿岸农田更均衡。香农均度指数表明，各河湖沿岸水库坑塘更占优势。

姑苏区调查范围内，京杭大运河沿岸农业产业用地占比最大，胥江沿岸无农业产业分布，其余各河湖沿岸 100 m 缓冲区范围内无农田分布。景观形状指数表明，在斑块的规整性上，除胥江外，其余各河湖沿岸水库坑塘规整性更优。香农多样性指数表明，在位置分布上，除胥江外，其余各河湖沿岸农田更均衡。香农均度指数表明，除胥江外，其余各河湖沿岸水库坑塘更占优势。

工业园区调查范围内，吴淞江沿岸农业产业用地占比最大，除阳澄湖、娄江外，其余河湖沿岸均以农业种植业为主，水库坑塘渔业为辅。景观形状指数表明，在斑块的规整性上，阳澄湖、青秋浦沿岸农田规整性更优，金鸡湖、独墅湖、娄江、吴淞江沿岸水库坑塘规整性更优。香农多样性指数表明，在位置分布上，金鸡湖、独墅湖、吴淞江、青秋浦沿岸农田更均衡，阳澄湖、娄江沿岸水库坑塘更均衡。香农均度指数表明，阳澄湖、娄江沿岸农田更占优势，金鸡湖、独墅湖、吴淞江、青秋浦沿岸水库坑塘更占优势。

昆山市调查范围内，阳澄东湖、傀儡湖、杨林塘沿岸农业产业用地占比较大，各河湖沿岸均以农业种植业为主，水库坑塘渔业为辅。景观形状指数表明，在斑块的规整性上，各河湖沿岸水库坑塘规整性更优。香农多样性指数表明，在位置分布上，各河湖沿岸农田更均衡。香农均度指数表明，各河湖沿岸水库坑塘更占优势。

张家港市调查范围内，三干河、六干河沿岸农业产业用地占比最大，除暨阳湖外，其余河湖沿岸均以农业种植业为主，水库坑塘渔业为辅。景观形状指数表明，在斑块的规整性上，各河湖沿岸水库坑塘规整性更优。香农多样性指数表明，在位置分布上，各河湖沿岸农田更均衡。香农均度指数表明，各河湖沿岸水库坑塘更占优势。总体上，在不同大小的缓冲区范围内，张家港各河湖沿岸农业产业的分布较均衡、破碎程度较低、斑块规整。

常熟市调查范围内，盐铁塘、张家港河沿岸农业产业用地占比较大，且各河湖沿岸均以农业种植业为主，水库坑塘渔业为辅。景观形状指数表明，在斑块的规整性上，各河湖沿岸水库坑塘规整性更优。香农多样性指数表明，在位置分布上，各河湖沿岸农田更均衡。香农均度指数表明，各河湖沿岸水库坑塘更占优势。

太仓市调查范围内，七浦塘、浪港沿岸农业产业用地占比较大，且各河湖沿岸均以农业种植业为主，水库坑塘渔业为辅。景观形状指数表明，在斑块的规整性上，各河湖沿岸水库坑塘规整性更优。香农多样性指数表明，在位置分布上，各河湖沿岸农田更均衡。香农均度指数表明，各河湖沿岸水库坑塘更占优势。

第三节　滨岸带水土流失现状

本次对苏州市主要水体滨岸带开展了水土流失现状调查。基于修正通用土壤流失方程RUSLE，融合GIS流域分析技术与多源遥感数据，包括流域降雨、数字高程模型、土地利用类型、土壤质地等，获取空间连续的面域年均土壤侵蚀模数图，对苏州市各区、县级市土壤流失量进行定量分析。根据水利部颁布的《土壤侵蚀分类分级标准》(SL 190—2007)，结合区域土壤侵蚀量强度实际情况，将土壤侵蚀危险等级划分为6级，即微度侵蚀、轻度侵蚀、中度侵蚀、强度侵蚀、极强度侵蚀、剧烈侵蚀。

统计结果发现，苏州市主要河湖滨岸带大部分地区年均土壤侵蚀模数远低于水利部于1992年颁布的土壤侵蚀容许量标准($500\ t\cdot km^{-2}$)，以微度侵蚀为主，总体上水土保持良好。部分水体出现轻、中、强度侵蚀，轻度侵蚀且侵蚀面积比例超过5%的河湖有：澄湖、苏东河、东太湖、同里湖、金鸡湖、独墅湖、吴淞江、青秋浦、娄江、浏河；中度侵蚀的河湖有：太湖、澄湖、苏东河、京杭大运河、江南运河、东太湖、娄江、吴淞江、浏河，侵蚀面积比例除浏河(1.16%)外，其他均小于1%；强度侵蚀的河湖有：东太湖、吴淞江，但强度侵蚀面积比例均低于0.05%；浏河的部分区域达到极强度侵蚀，侵蚀面积比例低，约为0.02%。上述河湖的部分区域，水土流失情况需引起重视。

各县(市、区)具体情况如下。

吴中区的平均土壤侵蚀模数为$145.20\ t\cdot km^{-2}$，侵蚀等级以微度侵蚀为主，无强度及以上侵蚀。研究流域大部分地区侵蚀模数小于$368\ t\cdot km^{-2}$，低于水利部于1992年颁布的土壤侵蚀容许量标准($500\ t\cdot km^{-2}$)，轻度侵蚀和中度侵蚀所占面积比例不到5%，总体上水土保持良好。

高新区的平均土壤侵蚀模数为$92.29\ t\cdot km^{-2}$，侵蚀等级以微度侵蚀为主，轻度侵蚀和中度侵蚀面积占全部侵蚀面积的比例不到2%，无强度及以上侵蚀。研究流域大部分地区侵蚀模数小于$250\ t\cdot km^{-2}$，低于水利部于1992年颁布的土壤侵蚀容许量标准($500\ t\cdot km^{-2}$)，总体上水土保持良好。

吴江区的平均土壤侵蚀模数为 187.67 t · km^{-2}，侵蚀等级以微度侵蚀为主，中度侵蚀和强度侵蚀面积占全部侵蚀面积的比例不到 1%。研究流域大部分地区侵蚀模数小于 500 t · km^{-2}，低于水利部于 1992 年颁布的土壤侵蚀容许量标准(500 t · km^{-2})，总体上水土保持良好。

相城区的平均土壤侵蚀模数为 82.03 t · km^{-2}，侵蚀等级以微度侵蚀为主，无中度及以上侵蚀。研究流域大部分地区侵蚀模数小于 250 t · km^{-2}，远低于水利部于 1992 年颁布的土壤侵蚀容许量标准(500 t · km^{-2})，总体上水土保持良好。

姑苏区的平均土壤侵蚀模数为 2.8 t · km^{-2}，侵蚀等级全部为微度侵蚀。研究流域侵蚀模数远低于水利部于 1992 年颁布的土壤侵蚀容许量标准(500 t · km^{-2})，总体上水土保持良好。

工业园区的平均土壤侵蚀模数为 198.29 t · km^{-2}，侵蚀等级以微度侵蚀为主，中度侵蚀和强度侵蚀面积占全部侵蚀面积的比例不到 1%。研究流域大部分地区侵蚀模数小于 500 t · km^{-2}，低于水利部于 1992 年颁布的土壤侵蚀容许量标准(500 t · km^{-2})，总体上水土保持良好。

昆山市的平均土壤侵蚀模数为 297.18 t · km^{-2}，侵蚀等级以微度侵蚀为主，中度及以上等级侵蚀面积占全部侵蚀面积的比例不足 0.5%。研究流域大部分地区侵蚀模数小于 500 t · km^{-2}，低于水利部于 1992 年颁布的土壤侵蚀容许量标准(500 t · km^{-2})，总体上水土保持良好。

张家港市的平均土壤侵蚀模数为 64.02 t · km^{-2}，侵蚀等级以微度侵蚀为主，轻度侵蚀面积占所有侵蚀面积的比例不到 1%，无中度及以上侵蚀。研究流域大部分地区侵蚀模数小于 250 t · km^{-2}，低于水利部于 1992 年颁布的土壤侵蚀容许量标准(500 t · km^{-2})，总体上水土保持良好。

常熟市的平均土壤侵蚀模数为 73.52 t · km^{-2}，侵蚀等级以微度侵蚀为主，轻度侵蚀面积占所有侵蚀面积的比例不到 1%，无中度及以上侵蚀。研究流域大部分地区侵蚀模数小于 250 t · km^{-2}，低于水利部于 1992 年颁布的土壤侵蚀容许量标准(500 t · km^{-2})，总体上水土保持良好。

太仓市的平均土壤侵蚀模数为 7.459 9 t · km^{-2}，侵蚀等级以微度侵蚀为主，轻度侵蚀面积占所有侵蚀面积的比例不到 1%，无中度及以上侵蚀。研究流域大部分地区侵蚀模数小于 34.77 t · km^{-2}，远低于水利部于 1992 年颁布的土壤侵蚀容许量标准(500 t · km^{-2})，总体上水土保持良好。

第十二章

苏州市水域生态系统特征及建议

第一节　区域河湖生态系统基础特征

一、各县(市、区)河湖生态系统基础特征

1. 吴中区河湖生态系统基础特征

吴中区主要河湖水域生态系统调查区域包括2个湖泊(太湖、澄湖)和3条河道(京杭大运河、胥江、苏东河)。在调查的2湖3河中,太湖溶解氧含量高,澄湖心叶绿素a含量较高。

主要河湖浮游生物现状:9个采样点共检测出浮游植物7门80种,绿藻为优势类群。浮游动物68种,以原生动物和轮虫为主,苏东河浮游动物密度较大,太湖的较小。

主要河湖底栖动物现状:9个采样点共记录底栖动物3门5纲24科39属44种,其中环节动物门10种,节肢动物门19种,软体动物门15种。发现入侵种福寿螺。优势种主要为耐污的广布种(如铜锈环棱螺、大螯蜚等)。5个河湖中,苏东河和澄湖的底栖动物密度较大,京杭大运河较小。苏东河、太湖的香农多样性指数较高,胥江较低。

主要河湖鱼类现状:调查了5个河湖断面,共记录鱼类24种,隶属于3目3科,分别为鲱形目(鳀科)、鲤形目(鲤科)、鲇形目(鲿科)。鲤形目是主要鱼类类群,其次为鲇形目和鲱形目。科级类群中,以鲤科最为丰富。该区域水体鱼类优势种为䱗和鲢;依个体数量计,䱗和似鱎丰度最高;依生物量计,鲤、鲫、鲢、鳙最高。此外,还采集到8种喜蚌产卵的鱼类,如彩鱊、大鳍鱊和黑鳍鳈等。在调查的各河湖中,太湖香农多样性指数最高,澄湖最低。

主要河湖水生植物现状:11个样点采集到水生植物17种,包括8种沉水植物(菹草、金鱼藻、穗状狐尾藻、竹叶眼子菜、篦齿眼子菜、苦草、轮叶黑藻、水盾草),5种浮叶植物(荇菜、菱、水鳖、槐叶蘋、芡实),4种挺水植物(菰、芦苇、菖蒲、喜旱莲子草)。苏东河水生植物种类最多(12种),澄湖最少(4种)。苏东河渡水桥总盖度最大(50%)。

2. 高新区河湖生态系统基础特征

高新区主要河湖水域生态系统调查区域包括2个湖泊(太湖、游湖)和4条河

道(江南运河、金墅港、金山浜、浒光运河)。高新区调查的 2 湖 4 河中,太湖、游湖和金墅港的溶解氧含量较高,浒光运河部分水域和游湖部分水域的叶绿素 a 含量较高。

主要河湖浮游生物现状:14 个采样点共检测出浮游植物 7 门 91 种,优势类群为绿藻。浮游植物生物量和物种数均偏小,生物多样性较低。浮游动物检出 77 种,优势类群为原生动物和轮虫。游湖、金山浜和浒光运河浮游动物密度相对较大,生物量以金山浜最大。

主要河湖底栖动物现状:14 个采样点共记录底栖动物 37 种,隶属于 4 门 8 纲 21 科 31 属 37 种。其中环节动物门 12 种,节肢动物门 13 种,软体动物门 11 种,线虫动物门 1 种。在太湖发现 1 种海相物种。在金墅港太湖桥发现 1 种入侵种福寿螺。优势种主要为耐污的广布种(如霍甫水丝蚓、铜锈环棱螺等)。在调查的 6 个河湖中,金墅港和游湖的底栖动物密度较大,太湖较小。太湖、金墅港和江南运河的香农多样性指数较高,浒光运河较低。

主要河湖鱼类现状:调查了 6 个监测断面,共采集到鱼类 28 种,隶属于 5 目 5 科,分别为鲱形目(鳀科)、鲤形目(鲤科)、鲇形目(鲿科)、颌针鱼目(鱵科)、鲈形目(沙塘鳢科)。鲤形目是主要类群,其次为鲱形目。科级类群中,鲤科最为丰富。该区域优势种为鳘、短颌鲚和似鳊,皆为长江中下游广布的喜静水或缓流水种类;有 6 种喜蚌产卵习性的鱼类。游湖、浒光运河和太湖的香农多样性指数较高,其次为金墅港和江南运河,金山浜最低。生物量上,游湖生物量最高;金山浜最低。

主要河湖水生植物现状:20 个样点采集到水生植物 21 种,包括沉水植物 8 种(菹草、金鱼藻、穗状狐尾藻、竹叶眼子菜、篦齿眼子菜、苦草、轮叶黑藻、水盾草),浮叶植物 3 种(荇菜、菱、睡莲),挺水植物 10 种(菰、芦苇、香蒲、菖蒲、喜旱莲子草、梭鱼草、美人蕉、风车草、再力花、莲)。其中,游湖(10 种)水生植物种类最多,江南运河(1 种)最少。太湖 1#、5#,游湖 1#、2#、3#,金墅港太湖桥和浒光运河华通水生植物盖度大于 30%,最大盖度为游湖 3#(55%),其余样点均不足 30%。

3. 吴江区河湖生态系统基础特征

吴江区主要河湖水域生态系统调查区域包括 4 个湖泊(东太湖、元荡、北麻漾、同里湖)和 2 条河道(京杭大运河、太浦河)。在调查的 4 湖 2 河中,太浦河的溶解氧含量较高,同里湖的叶绿素 a 含量高。

主要河湖浮游生物现状:14 个采样点共检测出浮游植物 7 门 97 种,优势类群为绿藻。浮游动物检出 72 种,以原生动物和轮虫为主,东太湖(37 种)物种数最多,元荡(23 种)最少。

主要河湖底栖动物现状:14 个采样点共记录底栖动物 4 门 8 纲 27 科 42 属 47 种,其中环节动物门 12 种,节肢动物门 22 种,软体动物门 12 种,其他动物 1 种。优势种为耐污的广布种(如铜锈环棱螺、霍甫水丝蚓、大螯蜚等)。6 个河湖中,太浦河和京杭大运河的底栖动物密度较大,元荡较小。太浦河、东太湖的香农多样性指数较高，京杭大运河较低。

主要河湖鱼类现状：调查了 6 个监测断面，共记录鱼类 26 种，隶属于 3 目 7 科，分别为鲱形目（鳀科）、鲤形目（鲤科、鳅科）、鲈形目（沙塘鳢科、虾虎鱼科、鳢科、刺鳅科）。科级类群中，以鲤科最为丰富。渔获物中以重量计，鲫、鳙和鲢最高；以个体数量计，䱗和鲫最高。在 6 个调查河湖中，东太湖的香农多样性指数较高，京杭大运河的最低。

主要河湖水生植物现状：18 个样点共采集到 17 种水生植物，包括 8 种沉水植物（菹草、金鱼藻、穗状狐尾藻、竹叶眼子菜、篦齿眼子菜、苦草、轮叶黑藻、水盾草），5 种浮叶植物（荇菜、菱、凤眼莲、水鳖、紫背萍），4 种挺水植物（菰、芦苇、莲、喜旱莲子草）。在太浦河发现入侵种凤眼莲。太浦河种类最多（16 种），京杭大运河和同里湖最少（6 种），东太湖北部部分水域盖度可达 45%。

4. 相城区河湖生态系统基础特征

相城区主要河湖水域生态系统调查区域包括 3 个湖泊（阳澄湖、漕湖和盛泽荡）和 2 条河道（元和塘、京杭大运河）。相城区调查的 3 湖 2 河中，漕湖溶解氧含量较高，阳澄湖叶绿素 a 含量高于 20 $\mu g/L$。

主要河湖浮游生物现状：8 个采样点共检测出浮游植物 7 门 72 种，优势类群为绿藻和硅藻。漕湖浮游植物密度较大。浮游动物 55 种，优势类群为轮虫和原生动物。阳澄湖、元和塘浮游动物密度较大，盛泽荡较小。阳澄湖香农多样性指数较高，盛泽荡较低。

主要河湖底栖动物现状：8 个采样点共记录底栖动物 3 门 7 纲 23 科 36 属 38 种，其中环节动物门 11 种，节肢动物门 18 种，软体动物门 9 种。发现海相物种 1 种（溪沙蚕）。优势种主要为耐污的广布种（如霍甫水丝蚓、二叉摇蚊属一种和铜锈环棱螺等）。5 个河湖中，阳澄东湖和漕湖底栖动物密度较小，盛泽荡较小。漕湖和阳澄湖香农多样性指数较高，元和塘较低。

主要河湖鱼类现状：调查了 5 个断面，共记录了鱼类 25 种，隶属于 4 目 5 科，分别为鲱形目（鳀科）、鲤形目（鲤科）、鲇形目（鲿科）、鲈形目（刺鳅科）。鲤形目是本次调查的主要鱼类类群，共有 21 种，占其总数目的 84%；科级类群中，鲤科鱼类最多。优势种为似鳊和似鳊等长江下游常见定居性鱼类。盛泽荡、阳澄湖和元和塘的香农多样性指数相对较高，漕湖和京杭大运河较低。

主要河湖水生植物现状：12 个样点共采集到水生植物 22 种，包括沉水植物 7 种（菹草、金鱼藻、穗状狐尾藻、竹叶眼子菜、苦草、轮叶黑藻、水盾草），浮叶植物 7 种（荇菜、菱、睡莲、凤眼莲、满江红、水鳖、紫背萍），挺水植物 8 种（菰、芦苇、香蒲、菖蒲、喜旱莲子草、黄花鸢尾、花菖蒲、紫叶美人蕉）。阳澄湖水生植物种类最多（13 种），发现入侵种凤眼莲，水生植物盖度以阳澄湖心最大（40%）。

5. 姑苏区河湖生态系统基础特征

姑苏区四条河流中浮游植物的调查结果显示，四条河流的采样点中共检测出浮游植物 7 门 97 种，优势种为硅藻门的小环藻，隐藻门的马索隐藻和反曲弯隐藻。京杭大运河、苏州外城河以及西塘河均处于中污染带，胥江多样性指数较低，处于重污染带。经过现场调查，胥江有船舶航行，对浮游植物的影响较大。胥江浮游植物密度较大，生物量比较多，苏州外城河和京杭大运河次之，西塘河浮游植物密度最小、生物量最低。浮游动物共鉴定出 38 种，其中原生动物 12 种、轮虫 9 种、枝角类 9 种以及桡足类 8 种，优势种为麻铃虫、急游虫、钟虫和无节幼体。分布较广的物种有：微型裸腹溞和剑水蚤幼体（各 4 次）、麻铃虫、钟虫、广布多肢轮虫、短尾秀体溞、简弧象鼻溞、台湾温剑水蚤和球状许水蚤（各 3 次）。浮游动物物种数最多的水体为苏州外城河。西塘河浮游动物的密度最小、生物量最低，胥江浮游动物的密度最大、生物量最高，但其生物种类单一，生物多样性极低。

本次调查共记录大型无脊椎底栖动物 29 种，隶属于 3 门 6 纲 18 科 25 属。其中，环节动物门 6 种，包括蛭类 2 种，寡毛类 4 种；节肢动物门 12 种，包括水生昆虫 9 种（其中双翅目摇蚊科 8 种），软甲纲 3 种；软体动物门 11 种，包括腹足 8 种。优势种为铜锈环棱螺、二叉摇蚊属一种、霍甫水丝蚓、湖沼股蛤。生物量优势种为铜锈环棱螺；四条河流中，西塘河的生物多样性指数最高，胥江的生物多样性指数最低。

姑苏区共计捕获鱼类 12 种，隶属于 5 科 12 种，分别为鲱形目（鳀科）、鲤形目（鲤科、鳅科）、鲇形目（鲿科）、鲈形目（沙塘鳢科）。鲤形目是本次调查的主要鱼类类群，此结果与中国其他水体状况类似，鲱形目、鲇形目和鲈形目最少。优势种为黄颡鱼、兴凯鱊、似鳊、鳘和似鱎。姑苏区河湖中似鳊的物种数最多，这说明姑苏区河流渔业资源已过度捕捞。本次调查发现有鮈亚科中黑鳍鳈等小型中底层鱼类和大鳍鱊等喜贝性产卵的鱼类，也可以侧面反映出姑苏区内一些河湖水域环境较为良好，可以作为未来重点保护对象。此外，调查中也采集到了鲱形目的刀鲚。刀鲚是洄游性鱼类，每年春季，成体由海入江河、湖泊进行产卵。此次采到的刀鲚是洄游性群体还是淡水定居性群体，它们的食性、繁殖等生活习性是否一致，这些还需要进一步测定。调查渔获物中，还发现有黄颡鱼、似鱎和河川沙塘鳢等肉食性鱼类，反映出姑苏区的水体与长江具有一定的连通性。

本次现场调查发现，所调查河湖水生植物资源较为匮乏，四条河的五个采样点仅采集到水生植物 9 种，其中沉水植物 7 种（菹草、金鱼藻、穗状狐尾藻、竹叶眼子菜、苦草、轮叶黑藻、水盾草），浮叶植物 1 种（满江红），挺水植物 1 种（喜旱莲子草）。需要对姑苏区的水生植物进行生态恢复。

6. 工业园区河湖生态系统基础特征

工业园区主要河湖水域生态系统调查区域包括 3 个湖泊（阳澄湖、金鸡湖、独墅湖）和 3 条河道（娄江、吴淞江、青秋浦）。在调查的 3 湖 3 河中，独墅湖的溶解氧含量较高，娄江的叶绿素 a 含量高。

主要河湖浮游生物现状：8 个采样点共检测出浮游植物 6 门 62 种。6 个河湖均检测到微囊藻，娄江和青秋浦出现蓝藻水华。浮游动物 58 种，优势类群为原生动物和轮虫。金鸡湖(3 614.5 ind./L)和青秋浦的浮游动物密度较大，娄江和独墅湖的较小。阳澄湖的香农多样性指数较高，独墅湖较低。

主要河湖底栖动物现状：8 个采样点共记录大型底栖动物 3 门 7 纲 14 科 16 属 20 种，其中环节动物门 7 种，节肢动物门 2 种，软体动物门 11 种。发现海相物种 1 种(溪沙蚕)。多处发现入侵种福寿螺。优势种为耐污的广布种(霍甫水丝蚓、铜锈环棱螺)。6 个河湖中，独墅湖和吴淞江的底栖动物密度较大，青秋浦和阳澄湖较小。吴淞江和青秋浦的香农多样性指数较高，独墅湖较低。

主要河湖鱼类现状：调查了 6 个监测断面，共记录了 27 种鱼类，隶属于 4 目 5 科，分别为鲱形目(鳀科)、鲤形目(鲤科、鳅科)、鲇形目(鲿科)、鲈形目(虾虎鱼科)。鲤形目是本次调查的主要鱼类类群，共有 23 种，占其总数目的 85.19%；科级类群中，鲤科共有 22 种，占其总数目的 81.48%。此外，采集到了 6 种喜蚌产卵的小型鱼类，如斜方鱊和黑鳍鳈等；还有达氏鲌和翘嘴鲌等肉食性鱼类。独墅湖的香农多样性指数最高，阳澄湖和青秋浦次之，金鸡湖最低。

主要河湖水生植物现状：11 个样点共采集到水生植物 19 种，包括沉水植物 8 种(轮叶黑藻、穗状狐尾藻、金鱼藻、苦草、水盾草、大茨藻、小茨藻、竹叶眼子菜)，浮叶植物 5 种(菱、槐叶萍、水鳖、凤眼莲、紫背萍)，挺水植物 6 种(芦苇、菰、美人蕉、香蒲、喜旱莲子草、莲)。阳澄湖水生植物种类最多(12 种)。阳澄东湖南和阳澄湖 7＃水生植物盖度分别达到 30%和 45%，其余各样点种类不足 10 种，盖度小于 10%。

7. 昆山市河湖生态系统基础特征

昆山市主要河湖水域生态系统调查区域包括 2 个湖泊(阳澄东湖、傀儡湖)和 4 条河道(吴淞江、娄江、杨林塘、浏河)。在调查的 2 湖 4 河中，吴淞江的溶解氧含量较高，娄江正仪铁路桥(78 μg/L)的叶绿素 a 含量较高。

主要河湖浮游生物现状：10 个采样点共检测出浮游植物 7 门 77 种，检测到大量微囊藻。浮游动物检出 54 种，优势类群为原生动物和轮虫。阳澄东湖和傀儡湖浮游动物密度较小，吴淞江的较小。

主要河湖底栖动物现状：10 个采样点共记录底栖动物 3 门 6 纲 13 科 19 属 22 种，其中环节动物门 4 种，节肢动物门 10 种，软体动物门 8 种。多处发现入侵种福寿螺。优势种主要为耐污的广布种(如长足摇蚊属、霍甫水丝蚓、铜锈环棱螺等)。在调查的 6 个河湖中，阳澄东湖和浏河的底栖动物密度较大，傀儡湖较小。傀儡湖、吴淞江的香农多样性指数较高，阳澄东湖、杨林塘较低。

主要河湖鱼类现状：共记录鱼类 28 种，隶属于 4 目 5 科，分别为鲱形目(鳀科)、鲤形目(鲤科、鳅科)、鲇形目(鲿科)、鲈形目(沙塘鳢科)。鲤形目是主要鱼类类群，其次为鲱形目，鲇形目和鲈形目最少。科级类群中，以鲤科最为丰富。渔获物中以重量计，鳙和䱗最高；以个体数量计，䱗和似鱎最高。此外，还采到了鲱形目的刀鲚与短颌鲚，分别具有河海洄游和河湖定居习性。在该区域所调查的 6 个河湖中，吴淞江、傀儡湖、阳澄东湖香农多样性指数较高，娄江最低。

主要河湖水生植物现状：12个样点采集到水生植物19种，包括沉水植物8种（穗状狐尾藻、小茨藻、金鱼藻、苦草、轮叶黑藻、篦齿眼子菜、水盾草、竹叶眼子菜），浮叶植物7种（菱、荇菜、槐叶萍、紫背萍、凤眼莲、水鳖、睡莲），挺水植物4种（芦苇、喜旱莲子草、菰、莲）。阳澄东湖和傀儡湖水生植物种类最多（13种），浏河最少（3种）。阳澄东湖2＃样点总盖度最大（45%）。调查的6条河湖均发现外来入侵种凤眼莲。

8. 张家港市河湖生态系统基础特征

张家港市主要河湖水域生态系统调查区域包括1个湖泊（暨阳湖）和3条河道（朝东圩港、六干河、三干河）。在调查的1湖3河中，朝东圩港溶解氧含量较低，三干河叶绿素a含量较高。

主要河湖浮游生物现状：16个采样点共检测出浮游植物8门101种，浮游动物68种，优势类群为轮虫和原生动物。三干河浮游动物密度较大，暨阳湖的较小。

主要河湖底栖动物现状：17个采样点共记录底栖动物4门8纲10目16科34属37种，其中环节动物门10种，节肢动物门15种，软体动物门11种、线虫动物门1种。出现海相物种2种（齿吻沙蚕属和疣吻沙蚕属）。优势种主要为耐污的广布种（如萝卜螺属、摇蚊属、多足摇蚊属等）。在调查的4个河湖中，三干河和六干河的底栖动物密度较大，朝东圩港和暨阳湖的较小。六干河、三干河的香农多样性指数较高，暨阳湖、朝东圩港河较低。

主要河湖鱼类现状：调查了6个监测断面，共记录鱼类33种，隶属于6目11科。鲤形目是主要鱼类类群，共有22种，占其总数目的66.67%；科级类群中，鲤科共有20种，占其总数目的60.61%。采集到了适应咸水生活的中国花鲈、降海性洄游的日本鳗鲡和肉食性的尖头塘鳢。依个体数量计，大鳍鱊和似鳊丰富度最高；依渔获物重量计，黄尾鲴和似鳊最高。暨阳湖1＃香农多样性指数最高，六干河1＃闸口最低。

主要河湖水生植物现状：19个样点采集到水生植物15种，包括沉水植物7种（菹草、金鱼藻、穗状狐尾藻、竹叶眼子菜、光叶眼子菜、苦草、轮叶黑藻），浮叶植物3种（荇菜、菱、水鳖），挺水植物5种（芦苇、菖蒲、喜旱莲子草、水芹、铜钱草）。三干河水生植物种类最多（12种），暨阳湖和朝东圩港分别为8种和5种，六干河最少（1种）。

9. 常熟市河湖生态系统基础特征

常熟市主要河湖水域生态系统调查区域包括2个湖泊（尚湖、昆承湖）和5条河道（望虞河、张家港河、常浒河、盐铁塘、白茆塘）。在调查的2湖5河中，尚湖和常浒河的水体透明度较高，常浒河和望虞河的溶解氧含量较高。昆承湖和盐铁塘等部分水域叶绿素a含量高于30 μg/L。

主要河湖浮游生物现状：14个采样点共检测出浮游植物7门99种。尚湖和昆承湖浮游植物密度较大，均超过 10^7 cells/L。浮游动物 66 种，以原生动物和轮虫为主。常浒河浮游动物密度、生物量和多样性最大。

主要河湖底栖动物现状：15 个采样点共记录底栖动物 3 门 7 纲 25 科 38 属 41 种。其中环节动物门 10 种，节肢动物门 20 种，软体动物门 11 种。发现海相物种 2 种(疣吻沙蚕和齿吻沙蚕)。优势种以耐污种为主(霍甫水丝蚓、克拉泊水丝蚓等)。7 个河湖中，白茆塘的底栖动物密度较大。昆承湖、尚湖的香农多样性指数较高，白茆塘较低。

主要河湖鱼类现状：调查了 7 个监测断面，共记录鱼类 28 种，隶属于 4 目 6 科。鲤形目是本次调查的主要类群，科级类群中，鲤科最为丰富。依个体数量计，似鳊和鳘丰富度最高；依渔获物重量计，鳙和似鳊最高。此外，采集到数种喜蚌产卵的鱼类，如黑鳍鳈、华鳈、大鳍鱊等。尚湖香农多样性指数最高，望虞河最低。

主要河湖水生植物现状：18 个样点采集到水生植物 14 种，包括沉水植物 8 种(菹草、金鱼藻、穗状狐尾藻、篦齿眼子菜、竹叶眼子菜、苦草、轮叶黑藻、水盾草)，浮叶植物 3 种(荇菜、菱、浮萍)，挺水植物 3 种(芦苇、菖蒲、喜旱莲子草)。张家港河水生植物种类最多(8 种)。盐铁塘 2＃的水生植物盖度达 10％，其他样点均不高于 10％。

10. 太仓市河湖生态系统基础特征

太仓市主要河湖水域生态系统调查区域包括 1 个湖泊(金仓湖)和 6 条河道(浏河、杨林塘、七浦塘、浪港、钱泾、新泾)。在调查的 1 湖 6 河中，金仓湖和七浦塘的水体透明度较高，七浦塘的溶解氧含量较高，金仓湖和浪港等部分采样点位叶绿素 a 含量高于 20 μg/L。

主要河湖浮游生物现状：16 个采样点共检测出浮游植物 8 门 90 种，优势类群为绿藻。浏河和浪港浮游植物密度较大，均超过 10^7 cells/L。浮游动物检出 64 种，以原生动物和轮虫为绝对优势类群，绝对优势种为王氏似铃壳虫、麻铃虫和侠盗虫。金仓湖、浏河、七浦塘和浪港部分水域浮游动物密度相对较大，其中浏河为生物量最高的河段，但种类单一，浏河中段生物多样性极低。

主要河湖底栖动物现状：16 个采样点共记录底栖动物 40 种，隶属于 4 门 6 纲 19 科 34 属。其中环节动物门 14 种，节肢动物门 18 种，软体动物门 7 种，线虫动物门 1 种。发现海相物种 2 种(溪沙蚕和寡鳃齿吻沙蚕)。优势种以耐污种为主(如霍甫水丝蚓、克拉泊水丝蚓、大螯蜚、摇蚊属一种和隐摇蚊)。在调查的 7 个河湖中，金仓湖和杨林塘的底栖动物密度较大。浪港、浏河和七浦塘的香农多样性指数较高，新泾和杨林塘(0.34)较低。

主要河湖鱼类现状：调查了 7 个监测断面，共记录鱼类 25 种，隶属于 4 目 5 科，分别为鲱形目(鳀科)、鲤形目(鲤科)、鲇形目(鲿科)、鲈形目(真鲈科、虾虎鱼科)。鲤形目为主要鱼类类群，其中以鲤科鱼类最为丰富。似鳊、大鳍鱊等喜静水水体的鱼类为优势种。还有黑鳍鳈、银鮈等中小型底栖鱼类，以及中华鳑鲏、大鳍鳊等喜贝性产卵的鱼类。此外,也采集到了刀鲚和短颌鲚,分别具有河海洄游和河湖定居习性。渔获物中有花䱗和中国花鲈等肉食性鱼类,可能与该区域水体与长江干流的连通有关。调查区域中,七浦塘的香农多样性指数最高,浏河和杨林塘次之,新泾和浪港较低,金仓湖最低。

主要河湖水生植物现状:18 个样点共采集到水生植物 10 种,包括沉水植物 4 种(菹草、穗状狐尾藻、篦齿眼子菜、苦草),浮叶植物 3 种(荇菜、菱、浮萍),挺水植物 3 种(芦苇、菖蒲、铜钱草)。浪港水生植物种类最多(6 种),七浦塘最少(1 种)。其中,浏河仅在中段采集到 4 种水生植物,七浦塘荡茜河桥仅采集到芦苇,杨林塘仪桥未采集到水生植物。浪港 2＃的水生植物盖度可达 40%,其他样点均不高于 10%。

二、苏州市河湖面临的主要问题

苏州市地处我国东部经济发达地区,人口密集、城市化水平高。近年来,随着生态环境保护工作的持续深入,"绿水青山就是金山银山"的理念深入人心,政府及民众的生态环保意识显著加强,在调查中了解到有些河湖外源污染控制得不错,且民众对非法捕捞有很好的监督意识。然而过去几十年经济高速发展带来的环境影响并不能一朝一夕消除,从本次调查的河湖来看,主要面临以下几个问题。

第一,生态系统的环境要素与生物组分失衡。随着城市化进程的加速、周边人口增加和工业、农业的发展,工业废水、生活污水和面源污染物的输入,水体和底泥营养盐和重金属浓度等的不断升高,导致水体透明度减弱、溶解氧降低等。由于在河流的食物链中,牧食食物链中的初级生产者生产的有机物已不能满足系统食物网的需求,腐食食物链则上升为流域主要的营养串联关系。这种食物链的改变,最终导致这些水体食物链的缩短和性质的改变。

第二,生物多样性锐减和特有物种消亡。调查并未发现特有物种和一些敏感物种。整体来看,苏州市主要河流生物多样性偏低、物种组成以 r-对策者为主、极度耐污种和广布种成为优势种、群落结构简单等。

第三,生态系统的服务功能退化。由食物网的改变而引起系统消费者的大量减少,导致生物多样性显著下降。系统的自我修复能力的破坏,导致其对污染物的降解能力显著降低。沿岸带的破坏、水体恶臭和水草的消亡等导致水体景观的改变,破坏河流的文化和美学等文化功能,导致生态系统的服务功能退化。

生态系统的发展和演变由其内因和外因共同主导,是流域内人为干预和自然变化相互叠加的复杂过程。由于各水体受人类活动影响的频次和强度不同,导致各区域主导生态系统演变的关键驱动力各异。具体而言,河流生态系统主要受外在驱动力的影响,而驱动景观湖泊生态系统演变的主因则体现在脆弱的生态功能本身。苏州市河湖水系生态系统影响因素如图 12.1 所示。

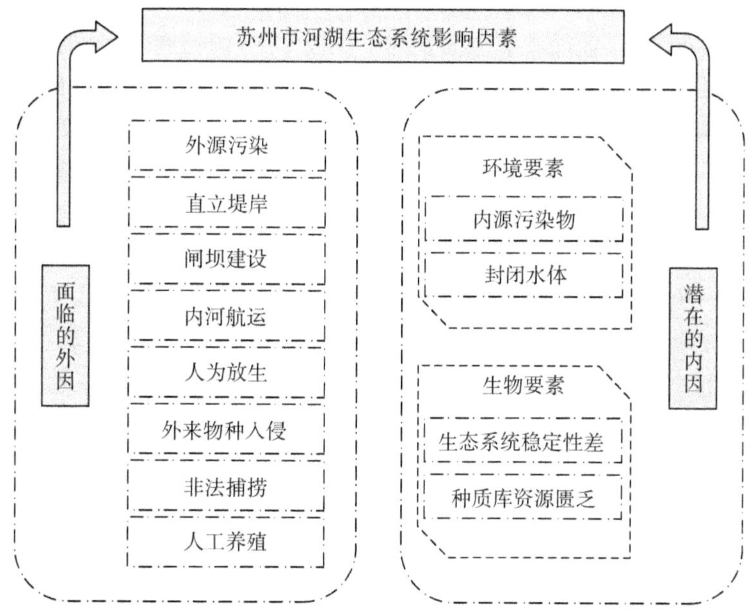

图 12.1　苏州市河湖水系生态系统影响因素框架图

1. 面临的外因

流域内密集的人类活动成为苏州市河流生物多样性下降及系统服务功能退化的关键外因。外因主要包括流域内工业的点源污染、农业的面源污染、当地居民的生活垃圾和生活污水排放、建拦水坝(闸)、城镇化修建的大量的直立堤岸等。

第一,外源污染。随着几十年的经济发展,人口增加以及城市化进程,各种外源污染(工业点源污染、农业面源污染、生活垃圾倾倒及生活废水排放等)长期影响,对调查区域的水体环境产生了长期的负面影响,使水质及底泥都受到不同程度的污染。虽然已有一些有利于水质恢复的措施开展且民众环保意识有所提高,但长期积累的污染,想要恢复也不是一蹴而就的,目前仍然有部分样点底泥发黑发臭,水体透明度、溶解氧水平较低。

第二,直立堤岸。河湖的天然岸带是河湖的重要组成部分,是它们的天然湿地,在维系和维持河湖的结构和功能中扮演重要角色,是水体与陆地生态系统进行物质能量交换和信息交流的纽带,是拦截和净化外来污染物(如面源污染)的重要"过滤器"和"解毒器官"。而本次调查发现,调查河流建设了大量的垂直人工岸带及岸带护坡,破坏了自然河流岸带,阻隔了水陆系统的联系,阻碍了河流多种功能的发挥。此外,河道形态改变造成了河流调蓄能力下降、防洪压力增加。河流渠道化现象对河流的水量、水质等指标造成了一定程度的影响,河流自净能力不足以维持河流健康,水生态问题显著。固化的直立堤岸建设破坏了沿岸带鱼类所需生境,加速了鱼类物种多样性的下降。

第三,闸坝建设。调查区域的河流多与长江连通,建有不少水闸。这些水闸虽然在当地防洪抗旱、农业灌溉等方面发挥了积极作用,但控制不当也会影响河流连通度,使河流由流态变为半流态和静态水体;阻隔了河流间的物质能量和信息的交换和交流,亦阻隔了洄游性动物(如鱼类)的洄游通道,使产漂浮性卵的鱼类在繁殖季节无法获得相应的水流刺激,进而导致产漂流性卵的鱼类占比下降。

第四,内河航运。具有航运功能的部分河流在承载航运功能的同时,也因航运而影响河流生态。较为密集的船运会带来水体的扰动,搅浑了的泥沙,导致水体透明度的降低。扰动和缺乏光照会改变河流的生境,破坏水生植物的生长。运行的船只排放的废水、废气、生活垃圾及噪声成为流动污染源,对水生生物产生危害;船舱的压舱水也具有引进入侵物种的风险。此外,航道和港口的水下材料多采用混凝土等硬质材料,容易对鱼类造成损伤。

第五,人为放生。调查期间发现多次人为放生情况。盲目和不合理的放生行为,将会破坏现有水生生物群落结构组成,也有引入外来入侵物种的风险,对本地物种造成生存压力,对生态系统结构和功能产生巨大的威胁。

第六,外来物种入侵。外来生物入侵主要表现为入侵物种竞争力强,抢占本地物种生态位,造成本地物种被取代,影响群落组成及潜在的生态系统功能。外来物种能够改变原有生态系统的生物链,占据本土物种的生态位,排挤本地物种,导致生态系统内生物物种减少,破坏生态环境,生态多样性遭到破坏,对本地生物多样性和生态系统产生胁迫。比如巴西龟、喜旱莲子草和水盾草等,这些物种在部分监测河段已占有一定比例,这从侧面反映防治生物入侵迫在眉睫。

第七,非法捕捞。在调查过程中,仍然发现存在非法渔具或渔法作业,对鱼类资源的补充带来极大破坏。尽管地方渔政部门对有害渔具、渔法进行了清理取缔,但仍未得到有效控制。若不采取措施加以控制,该地区鱼类多样性将会进一步减弱。

第八,人工养殖。在采样过程中发现,部分天然湖泊(如北麻漾)存在人工养殖鱼类活动。首先,水产养殖会降低水体生物自身的降解能力,在一定程度上加快了水体富营养化,直接破坏了水环境。其次,在人工养殖过程中,一些机械设备产生的机油物质会直接影响整个水体环境,造成较为严重的污染。最后,养殖过程中鱼药的使用,也会导致天然湖泊环境的污染,从而威胁到土著鱼类的生存。

2. 潜在的内因

内因主要是历史富集的底泥内源污染物污染、水质底质恶化、系统抵抗外界胁迫能力弱、生物多样性低、食物网结构简单和脆弱、种质库资源匮乏、藻类优势减弱和自然湿地面积大幅退缩等。

第一,内源污染物。底泥内源污染物是外源污染物在水体底部的长期堆积和在水体间的输送传播的结果。在调查的河流中底泥内源污染物已成为制约河流生态系统健康的最大"毒瘤"。

第二，封闭水体。主要体现在金仓湖、阳澄湖等湖泊。金仓湖作为一个仅挖成几十年的新湖泊，虽然与外界有一定连通，但连通度较差，且水体交换能力有限，严重影响水体自净功能和水生生物的自然扩散。阳澄湖是一个多年的人工养殖水体，严重影响了其他水生生物的生长和繁殖，导致水体自净功能较差。暨阳湖，作为一个封闭的水体，连通度和水体交换能力有限，严重影响水体自净功能和水生生物的自然扩散。

第三，生态系统稳定性差。调查区域生态系统稳定性较差，在结构方面主要表现在生物多样性水平不高、群落结构简单、优势种主要为耐污种和广布种。在功能方面主要表现为：食物网脆弱和营养级串联单一化、同一营养级的官能团分化减弱、食物链组分失调（水生植物作为健康水体的初级消费者退化后，将导致其功能由藻类来替代，而导致食物链上其余物种比例的改变），以及抵抗外界胁迫的能力较弱。

第四，种质库资源匮乏。本次调查发现水生植物资源较为匮乏，其他生物类群也多以少数几种耐污种和广布种为优势种，物种组成简单。尤其是对于封闭的新湖泊和养殖水体，底栖动物种质库资源有限，又缺乏物种扩散渠道，少数几种耐污种和广布种由于缺乏竞争者和捕食者，密度极高。

三、各县（市、区）河湖的现状

1. 吴中区各河湖现状

（1）太湖（吴中区）

太湖位于长江三角洲的南缘，是中国五大淡水湖之一，湖水面积位居第三。对于太湖水体污染和生态安全问题的治理已陆续开展数十年，生态环境与生物多样性的恢复已初见成效。太湖水质相对较好，但浮游植物密度较大；胥湖心浮游动物密度较小，生物量较低。本次调查，在胥湖心和航管站两个样点共采集到大型底栖动物 20 种，优势种为格氏短沟蜷和铜锈环棱螺等软体动物，底栖动物的多样性、密度和生物量均处于较高水平。两个样点共采集到水生植物 7 种，且盖度均达到 35%以上。尽管如此，太湖仍然面临诸多威胁，当前影响太湖生态安全的问题主要有外源和内源污染、航运以及生态系统稳定性差等。值得注意的是，本次调查在航管站发现大量入侵物种福寿螺。该入侵生物适应性强，繁殖迅速，喜栖息于水草丰富的静水生境。由于环境适宜、食物丰富且缺乏天敌，福寿螺在太湖全流域内分布也许只是时间问题。在该湖区内渔获物的种类相较于其他监测点略高，但由于调查时间较短，力度不够，对太湖该湖段的鱼类调查还不够全面。

（2）澄湖

作为全市最大的养殖湖泊，澄湖是苏州的重要鱼仓之一。近年来，澄湖通过走生态养殖之路，养殖过程不投饵、不用药，全靠摄食湖区天然生物饵料，实现了生态效益和经济效益的双丰收。尽管如此，本次调查仍发现一些值得注意的问题。首先，澄湖水质较差，水体叶绿素含量较高，浮游动植物密度和生物量高，有较大暴发藻类水华的风险。其次，水生植物资源较为匮乏，澄湖心未采集到水生植物，仅在靠近居民区水位较浅的1#采集到3种沉水植物和1种浮叶植物。该湖区内鱼类数目较多，但是种类较为单一，并且在该湖区内仍然存在一些非法捕捞的现象。

(3) 胥江

胥江是一条有航运功能的河流，吴中段周边土地利用以城乡建设用地(建筑物和道路)为主。前面叙述的影响因素均有涉及，尤其是外源和内源污染、直立岸带、航运、生态系统稳定性差等问题突出。胥江水质相对较好，浮游动植物多样性和密度较低，但水生植物和大型底栖动物资源匮乏，多样性较低。其中，胥江1#和2#未采集到水生植物，仅在胥江3#采集到了7种水生植物，且该样点的水生植物多分布在河道向两侧突出的水域内，分布范围狭窄。采集到的底栖动物仅有6种，皆为克拉泊水丝蚓、苏氏尾鳃蚓和大螯蜚等分布广泛且耐污的类群。鱼类物种多样性较高，但在调查中发现有擅自将养殖鱼类大量放生的行为。

(4) 苏东河

苏东河沿岸土地利用以城乡建设用地(建筑物和道路)和耕地(水田)为主。该河流连通太湖，但由于河道较窄、水位较浅，航运压力相对较轻。因此，影响苏东河生态安全的因素主要以外源和内源污染、岸带固化等为主。相比于江南运河和胥江，苏东河生态环境相对较好，水生生物多样性整体较高。其中，渡水桥生态健康状况明显优于越溪桥。本次共采集到大型底栖动物24种，其中渡水桥采集到19种，而越溪桥则仅采集到7种。但苏东河浮游生物密度较大，生物量较高，尤其是越溪桥，需要引起重点关注。水生植物方面，渡水桥采集到了12种水生植物，而越溪桥未采集到植物。调查中该河段的鱼类多样性较低，该河流附近的居民区排放的生活污水对该河段鱼类的生存造成巨大的威胁。

(5) 京杭大运河

上述影响因素在京杭大运河均有涉及，尤其是外源和内源污染、直立岸带、航运、泥沙淤积及生态系统稳定性差等问题突出。近年来，由于支流清淤，被清理的底泥直接排入京杭大运河，使得运河泥沙淤积严重，加之航运对水体的剧烈扰动，水体整体呈现浑浊状态，透明度极低，故浮游植物密度和浮游动物密度较低。尽管在2个样点采集到了9种水草，但其分布范围狭窄(仅在岸边发现)，且水草的盖度极低(平均盖度<10%)。仅采集到底栖动物11种，优势类群为摇蚊科和寡毛类等高耐污类群。调查中发现的鱼类种类较少，可能由于运河两岸固化程度较高，直接改变了河岸环境，导致许多小型鱼类栖息生境的丧失。

2. 高新区各河湖现状

(1) 太湖(高新区)

高新区太湖湖区周边土地利用以林地、耕地和水域(河渠)为主。太湖浮游植物种类匮乏，多样性较低。太湖2#、太湖4#、太湖3#物种数明显下降，但是浮游植物密度较大,说明分布不均匀,个别地区物种丰富。浮游动物生物量和物种数均较低,但多样性较高。本次调查,在太湖 5 个样点中只有 2 个样点采集到水生植物,其盖度相对较大,但种类单一,且在部分样点发现有蓝藻水华现象。底栖动物种类较多,优势种主要为耐污的寡毛类和刮食者腹足类,同时采集到海相物种沙蚕科 1 种,不同样点间,生物多样性差异较大。太湖鱼类的生物量和物种丰富度在所有的监测点中较高,说明太湖鱼类群落结构良好。此外,本次调查在高新区太湖湖区中采到了黑鳍鳈和间下鱵等偶见种。

(2) 游湖

游湖是苏州太湖国家湿地公园中心湖,其在区域经济和生态环境方面发挥着重要的作用。游湖周边的土地利用主要以水域(河渠)和林地(有林地)为主。游湖的水生植物丰富,种类繁多,各个样点的盖度均大于 30%,最大盖度为 55%,但大多数为人工种植的水生植物,可起到水质净化、景观欣赏的作用。浮游动物密度和生物量较高,但多样性较低。游湖底栖动物资源匮乏,2 个样点共采集到 5 种底栖动物。在采样过程中,我们发现有一定数量的游客在参观、游玩。游湖鱼类的香农多样性指数在所有监测点中最高,肉食性、植食性和杂食性鱼类的占比较为合理,说明鱼类群落结构良好。

(3) 江南运河

江南运河,是中国京杭大运河在长江以南的一段,是京杭大运河运输最繁忙的航道。高新区江南运河周边的土地利用以建设用地(建筑物和道路)、草地和林地为主。上述影响因素在江南运河均有涉及,尤其是外源和内源污染、直立岸带、航运、泥沙淤积及生态系统稳定性差等问题突出。近年来,由于支流清淤,被清理的底泥直接排入江南运河,使得运河泥沙淤积严重,加之航运对水体的剧烈扰动,水体整体呈现浑浊状态,透明度极低,故浮游植物密度较小,浮游动物生物量和多样性均较低。同时,江南运河水生植物极度匮乏,仅在 2# 样点采集到 1 种沉水植物——篦齿眼子菜;底栖动物种类较多,大多为广布种和耐污种,如霍甫水丝蚓、林间环足摇蚊等。两个样点相比,生物多样性差异不大。江南运河鱼类物种丰富度、生物量及多样性均较低,这可能与江南运河上的大型货物船只的干扰有关。同时我们发现其水质状况也相对较差,这也会影响到江南运河的鱼类多样性。

(4) 金墅港

金墅港连接太湖和浒光运河,与浒光运河及江南运河相比较窄短,没有通航压力,人工直立岸带较少,自然岸带保留较多,岸带周边土地利用以城乡建设用地(建筑物和道路)和林地为主,由此可见,虽然没有人工岸带的影响,但岸带生态系统还是受到了工农业用地和当地居民生产生活的影响。本次调查中发现,太湖大桥对比北窑具有较高的浮游植物密度和较大的生物量,不过浮游植物密度整体较低,说明其多样性较差,而且分布不均匀,个别地区物种丰富。浮游动物生物多样性较高。北窑和太湖大桥的水生植物丰富,盖度较大,而金墅港 1# 仅零星分布一些水草。金墅港底栖动物种类同样丰富,北窑和太湖大桥分别有8和9种底栖动物,两样点共14种底栖动物。尽管如此,本次调查在太湖大桥发现有福寿螺的卵,该入侵生物适应性强,繁殖迅速,喜栖息于水草丰富的静水生境,由于环境适宜、食物丰富且缺乏天敌,福寿螺在金墅港甚至太湖全流域的分布也许只是时间问题。金墅港鱼类群落结构较为简单,鲤的生物量较高,鱊亚科的种类较多,包括大鳍鱊、短须鱊、齐氏田中鳑鲏、中华鳑鲏。

(5) 金山浜

金山浜,相对于浒光运河及江南运河较短窄,但是全河沿岸带都在修建固化人工直立岸带。岸带周边土地利用以城乡建设用地(建筑物和道路)和林地为主。前面叙述的影响外因和内因均有涉及,尤其是外源和内源污染、直立岸带、生态系统稳定性差等问题突出。调查结果显示,金山浜1#对比金山浜2#具有较低的浮游植物密度和较少的生物量,分布不均匀,个别地区物种丰富。浮游动物生物量、物种数较多,但生物多样性较低。金山浜水生植物资源匮乏,金山浜1#未采集到水生植物,金山浜2#发现河道两岸正在进行施工固化,并且只发现喜旱莲子草1种挺水植物,金山浜3#发现零星的人工浮床种植的挺水植物,但该样点水质较差,水表面有油污、深绿色,底泥发黑发臭,混有刺鼻的工业废料气味。底栖动物共采集到9种,大多数都是广布种和耐污种,如霍甫水丝蚓、克拉泊水丝蚓、正颤蚓等,两个样点相比,生物多样性差异在不同指数上表现不同。金山浜鱼类的生物量和物种丰富度在所有的监测点中最低,种类较少,比如翘嘴鲌、红鳍原鲌、蒙古鲌和达氏鲌等肉食性鲌类并未采到,可能与其水体污染有关。

(6) 浒光运河

浒光运河,是江南运河的重要支流。岸带周边土地利用以城乡建设用地(建筑物和道路)和林地为主。上述影响因素在浒光运河均有涉及,尤其是外源和内源污染、直立岸带、航运、泥沙淤积及生态系统稳定性差等问题突出。本次调查发现浒光运河部分河段水质较差,水面有油污,同时漂浮着死鱼、死蚌。浮游动物密度较大和生物量较高。与江南运河类似,也是整体物种分布较均匀,说明全河流通性较强。浒光运河共采集到8种水生植物,大部分集中分布于某一区域,部分样点盖度相对较大。浒光运河底栖动物资源匮乏,共采集到底栖动物5种,优势种主要为耐污能力较强的霍甫水丝蚓,不同样点间生物多样性指数差异较大。浒光运河鱼类的物种丰富度在所有的监测点中最高。似鳊、短颌鲚、鳌等适应静水水体的初级淡水鱼类为该水域的优势种。

3. 吴江区各河湖现状

(1) 东太湖

随着太湖水污染防治工程的推进,太湖水质特别是东太湖水质提升较为明显。本次调查发现部分点位的叶绿素含量较高,随着夏季温度升高,有藻类水华的风险。从本次调查来看,东太湖浮游植物密度较大,生物多样性较低,而浮游动物密度较小，生物量较低。东太湖水生植物较丰富，且各样点间总盖度很大，在30%～45%，每个样点大约有1～2个优势种分种盖度较大，其余各物种分种盖度较小。东太湖3个样点采集到底栖动物18种，优势类群多为耐污类群，但也有一些中度耐污类群出现，多样性水平较高。尽管如此，太湖仍然面临诸多威胁，当前影响太湖生态安全的问题主要有外源和内源污染、航运以及生态系统稳定性差等。该湖区渔获物的种类和数量都是吴江区所有样点中最多的。但是，相较于太湖历史记录来说，还相差甚远。这可能是此次采样的时间较短以及调查范围较小所致，抑或是受人类活动干扰影响。

(2) 元荡

元荡位于吴江区和上海市的交界地带，具有水产养殖、旅游观光等功能，湖区内正在进行大规模的建筑施工作业，水下建筑物如钢筋较多，这可能会对局部水域水生生物生存和繁殖带来影响。本次调查结果显示，元荡水质较差，氮磷含量过高；浮游动植物密度较小，生物量较少和多样性较低；水生植物，除岸边样点较丰富外，其他样点无水生植物或种类单一(如元荡湖口水生植物总盖度较高，为30%，但仅有菱这1种浮叶植物)；底栖动物采集共计13种，优势种为耐污类群，少数中等耐污种类，多样性水平相对较高；鱼类物种丰富度相对较低。

(3) 同里湖

同里湖是同里古镇景区中最主要的观赏湖泊，周边基本无工业污染源分布，但本次调查发现同里湖水质状况不佳，水体浑浊，溶解氧较低，透明度低，有藻华风险。本次调查结果显示，浮游植物密度较高，而多样性较低；浮游动物密度较小、生物量较低，其中同里湖1＃多样性也较低；同里湖水生植物匮乏，2＃未采集到水生植物，1＃和3＃共采集到6种水生植物，但盖度极低，均为零星分布；底栖动物共采集有11种，多为耐污类群，但也有中等耐污种类出现，多样性水平一般。调查发现的鱼类种类较多，短时间内采集到渔获物也比较多。由于同里湖已开发成景区，水环境以及鱼类生存和繁殖会受此影响。

(4) 北麻漾

北麻漾是苏州市内著名的养殖湖泊，水产资源丰富。从本次调查结果来看，北麻漾水质较差，溶解氧较低，透明度低，有藻华暴发的风险。北麻漾浮游动植物密度较高、生物量较高，而多样性较低；北麻漾水生植物类群较为丰富，盖度也较大，两个样点均为30%，采样点周围有大片农田；底栖动物共采集有13种，多为耐污类群，偶有中等耐污种类出现，多样性在不同湖区差异非常大，北麻漾1＃多样性水平高；但由于大量直立岸堤的建设和地笼投放，北麻漾2＃多样性极低。该湖所调查到的渔获物较少，可能与在该湖进行的鱼类人工养殖有关。该湖水产养殖活动对土著鱼类的生存造成巨大的威胁。

(5) 太浦河

太浦河是太湖流域最大的人工河道之一，具有很高的经济及社会效益。本次调查结果显示，太浦河浮游动植物密度较小、多样性较低；水生植物在不同样点情况差异较大，黎里东大桥未采集到水生植物，其他样点水生植物丰富，但其分布范围狭窄；底栖动物种类丰富，共采集到28种，优势类群虽为耐污种，但有不少中度耐污和轻度耐污种类出现。太浦河的多样性水平在本次调查河湖中最高。尽管如此，太浦河仍然面临诸多威胁，当前影响太浦河生态安全的问题主要有外源和内源污染、航运以及生态系统稳定性差等。在一些样点，如汾湖大桥发现水面漂有生活垃圾，打上来的底泥里也沉积有大量生活垃圾。更加值得注意的是，本次调查在太浦闸发现有福寿螺的卵，该入侵生物适应性强，繁殖迅速，喜栖息于水草丰富的静水生境，由于环境适宜、食物丰富且缺乏天敌，福寿螺在太浦河全流域的分布也许只是时间问题。太浦河段目前仍然存在非法捕捞，对鱼类资源的补充造成极大阻碍。若不采取措施加以制止，该地区鱼类多样性将会进一步减少。

(6) 京杭大运河

上述影响因素在京杭大运河均有涉及，尤其是外源和内源污染、直立岸带、航运、泥沙淤积及生态系统稳定性差等问题突出。近年来，由于支流清淤，被清理的底泥直接排入京杭大运河，使得运河泥沙淤积严重，加之航运对水体的剧烈扰动，水体整体呈现浑浊状态，透明度极低。本次调查结果显示，京杭大运河吴江区段浮游动植物密度较小、多样性较低；相对吴江区其他河湖来说，京杭大运河水生植物种类较少，共计6种，新运河大桥仅采集到芦苇1种挺水植物，各样点水生植物盖度相对较低；底栖动物共采集到13种，以耐污类群为主，多样性水平一般，但与本次调查的其他河湖相比较低。该河段鱼类物种多样性较低，这可能是由于京杭大运河常年来往货船造成该河段的水质下降，严重影响该河段鱼类的生存。

4. 相城区各河湖现状

(1) 阳澄湖

阳澄湖周边的土地利用以水域(河渠)、耕地(水田)和城乡建设用地(建筑物和道路)为主。阳澄湖2个采样点的叶绿素a含量较高，均高于20 μg/L，需要适当加强该水域水生态环境质量，降低藻类暴发风险。阳澄湖的浮游植物密度较大，物种数在此次调查的河湖中最多。从底栖动物来看，该湖底栖动物种类较多，多样性在不同的湖区差异不明显，优势种虽为耐污的广布种，但也有一些中等耐污和轻度耐污种出现。阳澄湖的水生植物丰富，种类繁多，同时阳澄湖心和阳澄湖4＃的盖度也较高。此外，阳澄湖4＃发现大量人工种植的黄花鸢尾、花菖蒲、紫叶美人蕉等挺水植物，可起到水质净化、景观欣赏的作用。在所有的监测点中，阳澄湖鱼类的香农多样性指数相对较高，但物种丰富度较低，同时，其生物量最多，出现这种结果可能与渔获物中出现鳙、鲢等养殖鱼类有关。从栖息水层的类型来看，沿岸带型鱼类较少，结合其植食性鱼类较少，暗示阳澄湖存在水生植物和滨岸带植被退化的风险。

(2) 漕湖

漕湖周边的土地利用以城乡建设用地(建筑物和道路)和耕地(水田)为主。漕湖的水体透明度较高,溶解氧含量也较高,部分点位叶绿素 a 含量较低。整体来看,漕湖水质相对较好。漕湖浮游植物密度较大。从底栖动物来看,该湖底栖动物种类较多,但主要以耐污的广布种为主,多样性在不同的湖区差异较大。漕湖水生植物极为匮乏。漕湖 2# 未采集到水生植物,而漕湖 1# 仅零星分布穗状狐尾藻和菹草。在所有的监测点中,漕湖鱼类丰富度较高,但物种香农多样性指数较低。从食性来看,三种食性的鱼类均有分布,但是肉食性和杂食性鱼类比例偏高,其中似鳊和似鱎的数量占据优势,可以合理控制其数量;从物种种类来看,漕湖鱼类的种类较少,但是渔获物中出现花鲋等鱼类,说明其与长江具有一定的连通性,但是连通性不高,导致其物种多样性也较低。

(3) 盛泽荡

盛泽荡周边的土地利用以林地(有林地和疏林地)、耕地(水田)和城乡建设用地(建筑物和道路)为主。盛泽荡的水体透明度较高,溶解氧含量也较高,部分点位叶绿素 a 含量较低。整体来看,盛泽荡的水质相对较好。底栖动物物种数较低,生物多样性在调查点较高,优势种为耐污和中度耐污的广布种。盛泽荡是典型的草型湖泊,水生植物种类一般,但盖度相对较大,2 个样点均为 30%,沿岸带甚至更高。在所有的监测点中,盛泽荡的鱼类物种丰富度最高,香农多样性指数也最高,说明其生物多样性保护较好。从栖息水层的类型来看,其沿岸带鱼类较多,说明其滨岸带植被较好。但是,从洄游习性来看,其渔获物中所有种类均为定居性,缺乏江河洄游性鱼类,说明其缺少与长江的连通性。此外,盛泽荡中发现有中华鳑鲏和高体鳑鲏等喜贝性产卵的鱼类,也可以侧面反映出盛泽荡的水域环境较为良好,可以作为未来重点保护的水域。

(4) 元和塘

元和塘周边的土地利用以城乡建设用地(建筑物和道路)和水域(河渠和水库坑塘)为主。元和塘水体总氮含量较高,水体透明度极低,溶解氧含量较低。元和塘的浮游动物密度相对较大,生物量在此次调查的河湖中最高。底栖动物物种数和生物多样性在各调查河段均较低,仅有几种耐污的广布种。北桥大桥和元和塘 1# 零星分布有水生植物,而元和塘 2# 水生植物较为丰富。在所有的监测点中,元和塘的物种香农多样性指数相对较高,但是丰富度较低。从食性来看,三种食性的鱼类均有分布,但是肉食性和杂食性鱼类比例偏高,缺乏植食性鱼类;从栖息水层的类型来看,沿岸带型鱼类也较少,结合其植食性鱼类较少,推测元和塘在水生植物和滨岸带植被方面存在退化现象。

(5) 京杭大运河

京杭大运河是一条承载航运功能的河流,连通长江,具有防洪排涝、水资源、水环境及航运等综合功能。其周边的土地利用以城乡建设用地(建筑物和道路)和林地(有林地和疏林地)为主。前面叙述的影响因素中外因和内因均有涉及,尤其是外源和内源污染、航运等问题突出。京杭大运河水体透明度极低,溶解氧含量较低,水体总氮含量较高,整体来看,京杭大运河的水质相对较差。京杭大运河的浮游动物密度较大,底栖动物物种数较低,多样性较低。有几种耐污的广布种,群落结构简单。京杭大运河未采集到水生植物。在所有的监测点中,京杭大运河鱼类的丰富度和生物量最低,物种香农多样性指数也最低,这可能与京杭大运河河道上繁忙的运输业有关。大量过往的机动船只会对鱼类的生存环境造成干扰,同时也会导致油污污染严重。调查中未发现植食性鱼类,可能与京杭大运河的堤岸固化严重和沿岸的水草破坏有关。

5. 姑苏区各河湖现状

(1) 京杭大运河

京杭大运河是一条承载航运功能的河流,人工直立岸带较多,岸带土地利用以城乡建设用地(建筑物和道路)和水域(河渠)为主。由此可见,由于受到人工岸带、工农业用地和当地居民生产生活的影响,存在外源和内源污染等问题,不过总体水质较好。调查中未发现水生植物;水体叶绿素 a 含量均低于 20 μg/L,藻类暴发风险较低;底栖动物种类不多,主要以耐污的广布种为主,多样性不高,群落结构简单。在所有的监测点中,京杭大运河鱼类的丰度较高,生物量最高,但是相较于姑苏区其他的河湖,京杭大运河的鱼类物种数最少。从食性来看,以杂食性鱼类和肉食性鱼类为主,同时杂食性鱼类比例偏高,其中似鳊的数量占据优势,可以合理控制其数量。同时,我们调查发现京杭大运河的河道两岸固化严重,极度缺乏水生植物,这些也会影响到新泾的鱼类多样性。

(2) 苏州外城河

苏州外城河的人工直立岸带较少,多为自然岸带,岸带土地利用以城乡建设用地(建筑物和道路)和水域(河渠)为主。本次调查中发现苏州外城河的水生植物种类最丰富;水体叶绿素 a 含量均低于 20 μg/L,藻类暴发风险较低;底栖动物种类较多,主要以耐污的广布种为主,群落结构简单。在所有的监测点中,苏州外城河鱼类的丰富度和生物量最低。整体来说,相较于姑苏区其他的河湖,苏州外城河的鱼类多样性较低,可能原因是苏州外城河附近的居民较多,生活污水排放严重。同时,调查时我们发现苏州外城河中有人为收割沿岸带挺水植物的现象,这些可能会改变河流原有的生境,使得苏州外城河的鱼类多样性受到影响。

(3) 西塘河

西塘河具有防洪排涝、水资源、水环境等综合功能。周边土地利用以城乡建设用地(建筑物和道路)和水域(河渠)为主。调查样点未发现挺水植物分布,仅有 3 种沉水植物分布;水体叶绿素 a 含量均低于 20 μg/L,藻类暴发风险较低;底栖动物种类最多,主要以耐污的广布种为主,多样性相对最高。在所有的监测点中,西塘河鱼类丰富度和生物量也较高。从食性来看,三种食性的鱼类均有分布,但是杂食性鱼类比例偏高，其中麦穗鱼的数量占据优势，可以合理控制其数量；从栖息水层的类型来看，各种不同类型的鱼类均有分布，反映了其均匀度较高。但是我们在调查中发现，西塘河仍然存在非法捕捞、使用非法渔具的现象。西塘河附近渔民的非法捕捞行为，会严重破坏西塘河鱼类的物种多样性。

（4）胥江

胥江姑苏段周边土地利用以城乡建设用地（建筑物和道路）和水域（河渠）为主。外源和内源污染、直立岸带、航运及生态系统稳定性差等问题突出。本次调查发现航运对水体的扰动较大、调查样点仅有零星水草分布、浮游生物密度和生物量均较大，调查点位的叶绿素 a 含量高达 38.97 μg/L，这可能是因为这些采样点受人类活动干扰较大，易造成藻类滋生。由此可见，胥江的初级生产者有由水生植物向藻类转变的趋势，食物链组分面临失调；底栖动物多样性指数低，群落结构简单；在所有的监测点中，胥江鱼类的丰富度最高。从栖息地的类型和栖息水层的类型来看，各种不同类型的鱼类均有分布，反映了其均匀度较高。调查的渔获物中发现有似鳊、贝氏䱗、似鳊、兴凯鱊、大鳞副泥鳅和黄颡鱼等鱼类。

6. 工业园区各河湖现状

（1）金鸡湖

金鸡湖位于苏州工业园区中部，是集商务与旅游为一体的景区。生态系统受周边商业、旅游业及居民生活影响较大，存在面源和点源污染。水体叶绿素 a 含量 22.23 μg/L，出现蓝藻水华；浮游植物多样性较低，浮游动物密度较大、生物量较高；水生植物匮乏，仅在滨岸带零星分布，保洁船常年不合理打捞水生植物；底栖动物以耐污的软体动物为主，湖岸带发现入侵种福寿螺，该入侵生物适应性强，繁殖迅速，危害极大；鱼类物种丰富度高，多样性指数较低。由此可见，金鸡湖生态系统结构不合理，主要面临水草过度打捞、栖息地生境多样性被破坏、食物链组分失调、系统抵抗力薄弱等问题。

（2）独墅湖

独墅湖位于苏州工业园区西南部，生态系统受周边商业及居民生活影响，存在面源和点源污染。该湖曾经历全湖清淤，湖水深，水生生物种质资源库受损。水体叶绿素 a 含量较高（36.57 μg/L），出现蓝藻水华。浮游植物多样性低。水生植物匮乏，保洁船常年不合理打捞水生植物，其中独墅湖 1＃样点未采集到水生植物，仅在靠近岸边处有少量穗状狐尾藻；独墅湖 2＃样点水生植物相对较多，但也仅局限于小范围区域内，同时在该点发现大量外来入侵物种凤眼莲。底栖动物仅采集到 2 种，均为耐污的寡毛类，多样性水平极低。据湖泊保洁员（原为当地渔民）反映，独墅湖底的淤泥和土壤曾被大规模挖掘用于工业建筑原料，导致独墅湖底栖动物种质库和资源被严重破坏。鱼类丰富度和生物量均较高，物种香农多样性指数在调查水体中最高。由此可见，独墅湖生态系统结构不合理，主要面临种质资源库匮乏、水草过度打捞、外来种入侵、食物链组分失调、系统抵抗力弱等问题。

(3) 阳澄湖

阳澄湖是苏州市重要的养殖湖泊,水产资源极为丰富。周边土地利用以建设用地(建筑物和道路)为主。沿岸带生态系统受工农业生产和居民生活影响,外源和内源污染、水产养殖等问题突出,局部水域叶绿素 a 高达 35.89 μg/L,出现轻度蓝藻水华。水生植物丰富,种类繁多,各个样点的盖度均大于 30%,最大盖度为 45%。此外,在阳澄湖发现大量栖息于此的游禽和涉禽,反映出湖泊生境的复杂性和优良性。值得注意的是,部分水域发现入侵物种凤眼莲。底栖动物种类少,以耐污种为主。鱼类物种丰富度低,多样性较高,沿岸带鱼类较多,缺乏江河洄游性鱼类,发现有大鳍鱊、兴凯鱊和高体鳑鲏等喜贝产卵的鱼类。由此可见,工业园区阳澄湖生态系统结构不合理,食物链组分失调,抗干扰能力弱。

(4) 娄江

娄江是苏州腹地一条主要航道,具备引排调节功能。周边土地利用以建设用地(建筑物和道路)为主。生态系统受工农业生产和居民生活影响较大,外源和内源污染严重,直立岸带、航运等问题突出。部分河段叶绿素 a 含量高达 113.2 μg/L,出现藻类水华。蓝藻为浮游植物优势类群,浮游动物密度小。水生植物匮乏,朱家村仅发现少量浮叶植物(凤眼莲、槐叶蘋),并伴有少量漂浮的沉水植物残体(金鱼藻、苦草)。娄江 2# 岸边零星分布有穗状狐尾藻,盖度极低。底栖动物以耐污种为主,多样性整体水平较低,在不同河段有一定差异。鱼类物种丰富度和生物量较低,多样性指数也相对较低。杂食性鱼类比例偏高,缺乏植食性鱼类,沿岸带鱼类也较少,可能与娄江沿岸带水生植被匮乏有关。由此可见,娄江生态系统稳定性差、食物链简单、多种生态功能退化。

(5) 吴淞江

吴淞江是苏申内外港线的重要航道,外源和内源污染、直立岸带、航运等问题突出。浮游植物多样性低;水生植物较为丰富,其中江里庄水生植物相对丰富,3# 样点水生植物匮乏;吴淞江 3# 样点和江里庄均发现大量外来入侵物种凤眼莲。底栖动物以常见耐污腹足类为主,少数中度耐污种类,多样性在不同河段差异较大,其中吴淞江 3# 样点较高,江里庄多样性水平低。鱼类物种丰富度和生物量低,多样性指数低,未见植食性鱼类。由此可见,吴淞江生态系统组成简单、结构失衡、系统抵抗力弱。

(6) 青秋浦

青秋浦是连接娄江和吴淞江的南北向通航河道,周边土地利用以林地和建设用地(建筑物和道路)为主。外源和内源污染、直立岸带、航运等问题突出。部分河段出现蓝藻水华,叶绿素 a 含量为 30.80 μg/L。浮游生物密度大;未采集到水生植物;底栖动物以常见耐污腹足类为主,少数中度耐污种类,部分河段发现入侵物种福寿螺;鱼类物种多样性和渔获物产量均较低,且发现养殖逃逸的大个体鳙鱼。由此可见，青秋浦生态系统组成简单、结构失衡、抗干扰能力弱。

7. 昆山市各河湖现状

（1）阳澄东湖

阳澄湖是苏州市重要的养殖湖泊，水产资源极为丰富。周边土地利用以建设用地（建筑物）和水域（水库坑塘）为主。湖区内水体浑浊，透明度较低，溶解氧含量偏低，2 个点位的水体叶绿素 a 含量分别为 36.92 μg/L 和 36.49 μg/L，局部水域有蓝藻水华。随着阳澄湖禁渔政策的实施，水质得到一定程度的改善，但由于阳澄湖现在仍为养殖湖泊，依旧存在氮磷含量偏高的问题。阳澄湖的浮游植物和浮游动物的密度最大、生物量相对最高。水生植物丰富，种类繁多，阳澄湖 2＃样点具有最大盖度(45%)。底栖动物组成简单，仅记录 4 种，主要为耐污种类，少数中度耐污种类，多样性在本次昆山市河湖调查中最低。调查的鱼类全部为鲤科鱼类，鲤科鱼类中鮈亚科等底层鱼类较多，未见到其他科鱼类，鱼类的多样性偏低。此外，在阳澄湖部分区域发现大量栖息于此的游禽和涉禽，反映出湖泊生境的复杂性和优良性。从本次调查来看，昆山市阳澄湖水生植物丰富，具有一定的生境复杂性，但从底栖动物和鱼类来看，水生生态系统较为脆弱、本底物种库资源非常匮乏、食物链和食物网单一化，系统抵抗力薄弱。

（2）傀儡湖

傀儡湖是昆山市城区唯一饮用水水源地。周边土地利用以林地和水域为主。部分水域叶绿素 a 含量接近 40 μg/L，局部出现蓝藻水华。傀儡湖从阳澄湖引水，水质良好，作为昆山市主城区饮用水水源地，目前存在氮元素含量偏高的问题，需加强水源地水环境保护。水生植物多样性高，资源丰富，主要集中在南部水域（共记录 12 种）。浮游生物的密度较大，生物量和多样性较高。底栖动物记录有 7 种，多为耐污种，多样性水平相对较高。鱼类物种丰富度和生物量较高，既有大鳍鱊、斜方鱊、蒙古鲌等中上层种类，又有较多的鮈亚科等中下层鱼类，因此群落结构较为完整。傀儡湖外源污染管控较好，水质主要受阳澄湖来水影响，主要面临的问题为生态系统结构不合理，需增强生态系统抵抗力。

（3）吴淞江

吴淞江在太湖流域防洪、水资源配置等方面占有重要地位，新一轮太湖流域防洪规划、水资源综合规划、水环境综合治理总体方案均将其列为流域重点工程之一，也是苏申内外港线的重要航道。周边土地利用主要以建设用地（建筑物和道路）为主。二十一世纪初，随着经济的发展，吴淞江受工业废水和生活污水的污染严重，虽然近年来水环境保护工作不断推进，水质得到一定程度的改善，但水体氮含量依旧偏高。外源和内源污染、直立岸带、航运及生态系统稳定性差等问题仍然突出。浮游生物物种数、密度和生物量较低。水生植物种类较为丰富，赵屯零星分布有金鱼藻和入侵物种凤眼莲，吴淞江 1＃水生植物较多，有大量外来入侵物种凤眼莲。底栖动物记录有 6 种，以常见的耐污种类为主，少数为中度耐污种类。在此次调查的所有监测点中,吴淞江鱼类物种丰富度最高,肉食性、植食性和杂食性鱼类的占比较为合理。

(4) 娄江

娄江是苏州市腹部一条重要的引排调节河道,也是主要航道。周边土地利用以建设用地(建筑物和道路)为主。沿岸带生态系统受工农业生产和居民生活影响较大,外源和内源污染严重,直立岸带、航运、生态系统稳定性差、食物链简单等问题突出。部分河段出现蓝藻水华(娄江 1#),叶绿素 a 含量接近 80 μg/L。浮游植物密度较大,浮游动物生物量高,以枝角类和桡足类为主。娄江的水生植物资源匮乏,共分布有 4 种水生植物,除芦苇为挺水植物外,其余均为浮叶植物(凤眼莲、槐叶萍、紫背萍)。底栖动物组成极单一,仅记录 3 种,主要为常见的耐污腹足类,多样性极低,其中娄江 1# 仅采集到 1 种,正仪铁路桥样点仅采集到 2 种。娄江的鱼类丰富度和生物量最低,在水生态系统中发挥重要作用的种类并未采到。综合来看,娄江受到前面叙述的各种外因和内因影响,外源和内源污染、直立岸带、航运、生态系统稳定性差、本底物种库极为匮乏、食物链简单、系统抵抗力薄弱等问题突出。

(5) 杨林塘

杨林塘是一条承载航运功能的河流,作为昆山市主要通江河道之一,沿途工业发达,周边土地利用以建设用地(建筑物和道路)和耕地为主。区域内外源和内源污染、直立岸带、航运、生态系统稳定性差等问题突出。杨林塘水体浑浊,透明度低,水体叶绿素 a 含量为 12.48 μg/L。浮游植物密度较大,但物种数和生物量较少、多样性指数不高。浮游动物的生物量较大。杨林塘水生植物较为丰富,共有 11 种水生植物。底栖动物组成简单,仅记录 6 种,多为常见的耐污种类,少数中度耐污种类,生物多样性极低。鱼类丰富度和生物量较高,既采到了刀鲚,又采到了短颌鲚,鲱形目的多样性较高。

(6) 浏河

浏河是苏州市内一条承载航运功能的重要河流,随着浏河岸线治理工程的推进,浏河水质得到一定程度的改善。周边土地利用以建设用地(建筑物和道路)为主。浏河与长江具有较好的连通性,但直立岸带、航运、生态系统稳定性差等问题突出。此外,还在浏河 4# 样点附近发现蓝藻水华现象。浏河水体浑浊,透明度低,溶解氧含量低,水体叶绿素 a 含量为 6.28 μg/L。浮游植物密度较大,但物种数、生物量和多样性指数较低。浮游动物生物量较大。水生植物匮乏,仅采集到 3 种水生植物,零星分布于岸边。底栖动物组成简单,仅记录 4 种,主要为耐污的寡毛类和摇蚊类,生物多样性极低。鱼类物种丰富度和生物量较高,采到了 9 种鱼类,所占据的生态位复杂多样。

8. 张家港市各河湖现状

(1) 暨阳湖

暨阳湖是一个人工开凿的景观湖泊,周边生态环境整治工程控制了外源污染物的输入,湖泊水质良好,但水体底部缺氧(溶解氧含量不足 3 mg/L)。沿岸带水草丰富;浮游动植物密度较小、生物量较低;底栖动物多样性低,密度大,多为耐污种;沿岸带鱼类较少,植食性鱼类也较少,多为增殖放流的鱼类。作为一个半封闭的水体,暨阳湖面临的主要问题是水生生物(特别是鱼类和底栖动物)的物种库匮乏、生态系统结构和食物网简单、系统的稳定性差、抗干扰能力弱。

(2) 朝东圩港

朝东圩港承担防洪排涝、引水灌溉和改善市区水质等多重任务。周边土地利用以建设用地(建筑物)和水域(河渠)为主。朝东圩港面临的主要干扰包括沿岸居民未处理生活污水无序排放、沿岸工业尾水排放、河流渠道化、人工堤岸、建设水坝降低水体连通度等。调查发现因受潮汐影响,开关闸口对水体的扰动较大,泥沙量较大,水体整体呈现浑浊状态。朝东圩港 2# 水面漂浮有较多油脂。朝东圩港市内河段基本为人工固化堤岸。浮游生物密度较小,生物量较低,生物多样性较低。水生植物匮乏,零星分布(盖度 0%～10%);底栖动物以耐污种为主,大型软体动物缺失;鱼类物种丰富度相对较高;日本鳗鲡、中国花鲈和尖头塘鳢等物种的存在说明与长江连通性较好。由此可见,朝东圩港生态系统稳定性差、食物链简单、多种生态功能退化。

(3) 六干河

六干河周边土地利用以建设用地(建筑物)和耕地(田地)为主。面临的干扰包括居民生活污水排放、工业尾水排放、渠道化与人工堤岸、水坝。尤其在上游,个别点位(5#)空气中具有较强的刺激性气味,可能与工业排放有关。此外,该河岸带以人工堤岸为主,在某种程度上隔绝了陆地与水域生态系统的物质和能量交换。浮游生物和底栖动物多样性较低。水生植物极匮乏,仅少数河段零星分布;底栖动物以耐污种为主,大型软体动物缺失;鱼类多样性相对较高,群落结构也较为合理,但生物量较低。由此可见,六干河生态系统组成简单、结构失衡、抗干扰能力弱。

(4) 三干河

三干河周边土地利用以耕地(水田)和建设用地(道路)为主。河道内历史遗留的生活垃圾问题较突出。浮游生物密度较大、生物量较高,尤其是三干河 1# 和三干河 2# 中束丝藻和小环藻具有较大的密度和生物量;部分河段水生植物丰富,盖度达 30%;底栖动物以耐污种为主,大型软体动物缺失;鱼类多样性较高,但渔获物主要对象是大鳍鱊和似鳊等耐污能力强的种类。由此可见,三干河生态系统结构不合理,食物链组分失调,抗干扰能力弱。

9. 常熟市各河湖现状

(1) 尚湖

尚湖是常熟市饮用水水源地，周边面源污染已得到有效控制，水质较好，但部分湖区作为养殖水体，水产养殖压力较大。浮游植物种类丰富，多样性较高，其中尚湖 2＃靠近自来水取水口，蓝藻门伪鱼腥藻较多；浮游动物物种数较多，密度和生物量相对较低；水生植物生物量低，生物多样性低，底栖动物主要为小型耐污种，大型软体动物缺失，群落结构简单。鱼类物种丰富度低，耐污能力强的鳌占据了渔获物主要部分。生态系统稳定性差、食物网简单、系统抵抗力弱等问题突出。

(2) 昆承湖

昆承湖是养殖和景观湖泊，经过相关治理修复，湖泊所面临的外源压力已大为消减，昆承湖生态环境持续向好，但水上娱乐项目对修复工作的开展存在一定影响。浮游植物密度高（1.7×10^{7} cells/L）；浮游动物密度和多样性较低；水生植物匮乏；底栖动物生物多样性低，以小型耐污种为主，大型软体动物缺失。昆承湖鱼类数量少但物种丰富度较高，且群落结构合理。食物网简单、应对外界干扰的能力弱。

(3) 望虞河

望虞河生态系统受工农业生产和居民生活影响较大，面临的问题包括内河航运、点面源污染及系统抵抗力弱等。水生生物（浮游生物、水生植物、底栖动物和鱼类）群落结构简单，多样性低。生态系统结构不合理，稳定性差，食物链组分失调。

(4) 张家港河

张家港河沿岸带生态系统受工农业生产和居民生活的影响，主要面临内河航运、直立岸带、点源污染等问题。浮游生物密度和多样性低；水生植物匮乏；底栖动物物种数低，以耐污种为主；鱼类物种丰富度和多样性指数也较低；虽然与昆承湖相连，但因闸口原因，相互之间鱼类资源交流不畅。生态系统结构失衡。

(5) 常浒河

常浒河面临的问题主要有固化堤岸、水体具有刺激性气味等。未采集到水生植物；浮游生物密度、生物量和多样性低；底栖动物以耐污种为主，大型软体动物（蚌类）消亡；鱼类物种丰富度较高，但群落结构不合理，抗干扰能力较差。生态系统稳定性差、食物链组分失调、多种生态功能丧失。

(6) 盐铁塘

盐铁塘生态系统受到了工农业用地和当地居民生产生活的影响，居民生活污水直排、河岸带垃圾堆放、内河航运、直立岸带、点源污染等问题突出。部分河段水面漂浮油污。浮游生物密度大，多样性较低；水生植物匮乏，仅在部分河段及沿岸带分布，且物种单一（以菹草为主），多样性低；底栖动物以耐污摇蚊为主，物种组成简单。鱼类种类和数目均较少，尤其是在水生植物较多的沿岸带，这可能与其水体受到污染和航运影响有关。

（7）白茆塘

白茆塘河岸带土地利用以城乡建设用地（建筑物和道路）为主，生态系统受工农业生产和居民生活影响较大，外源和内源污染、直立岸带、航运等问题突出。浮游动物密度和生物量低，部分河段水生植物丰富，底栖动物群落结构简单。鱼类物种丰富度不高，主要是适应性强的广布种。生态系统结构失衡、食物网简单、应对外界干扰的能力弱。

10. 太仓市各河湖现状

（1）金仓湖

金仓湖是一个封闭性的新湖泊，建成仅几十年，其优势是作为当地的休闲公园，其管理有序，水质良好，周边工厂已全部搬迁，杜绝外源污染。此外，金仓湖禁止游船航行，一定程度上保证了水质。周边的土地利用以林地为主，对周围可能存在的污染源控制较好。尽管如此，该湖区也存在一些问题，其具有一定的封闭性且水生生物种质库匮乏，与外界连通度较弱，进而导致水体自净能力、水量调节能力及物种扩散渠道非常有限。从本次调查来看，湖区叶绿素 a 含量略高，随着夏季气温升高，需要适当引起关注。同时，湖区部分水域水深较深，水生植物较难生长，溶解氧含量偏低，夏季水体容易缺氧。从底栖动物来看，仅有一些耐污的广布种，且密度极高，进一步说明种质库匮乏，食物链脆弱，仅有的底栖种类缺乏竞争者和捕食者，食物链组分失调。鱼类多样性和生物量同样较低。

（2）浏河

浏河是一条承载航运功能的河流，连通长江，周边土地利用以城乡建设用地（建筑物和道路）和水域（河渠）为主。前面叙述的影响外因和内因均有涉及，尤其是外源和内源污染、直立岸带、航运、人为放生及生态系统稳定性差等问题突出。本次调查发现航运对水体的扰动较大，泥沙量较大，水体整体呈现浑浊状态，导致水体透明度较低；调查的 4 个样点中，仅有一个样点有零星水草分布；浮游生物密度和生物量均较大，部分调查点位的叶绿素 a 含量高达 41.77 μg/L，存在较高的藻类暴发风险，这可能是因为这些采样点靠近太仓市区，受人类活动干扰较大，易造成藻类滋生；由此可见浏河的初级生产者有由水生植物向藻类转变的趋势，食物链组分面临失调；底栖动物种类相对较多，但主要以耐污的广布种为主，多样性在不同的河段差异较大，群落结构简单；在所有的监测点中，浏河鱼类的丰富度和生物量最高，物种香农多样性指数也非常高。从栖息地的类型和栖息水层的类型来看，各种不同类型的鱼类均有分布，反映了其均匀度较高。调查的渔获物中发现有刀鲚、花䱻、中国花鲈等鱼类，这些反映了浏河的水体与长江具有较好的连通性。但是，我们在浏河调查时，发现有擅自将养殖鱼类（黄颡鱼）大量放生的行为。盲目和不合理的放生行为会给当地水生生态系统造成严重的干扰和破坏，从而影响到浏河鱼类多样性。

(3) 杨林塘

杨林塘是一条承载航运功能的河流，连通长江，周边土地利用以城乡建设用地(建筑物和道路)和耕地(水田)为主。前面叙述的影响外因和内因均有涉及，尤其是外源和内源污染、直立岸带、航运、生态系统稳定性差等问题突出。在本次调查中发现水体溶解氧含量偏低，水体透明度极低，可能船舶航行对水体扰动较大，导致水体呈现浑浊状态；调查的 3 个样点中，仅有 2 个点位有零星的芦苇、菖蒲和浮萍分布，沉水植物没有分布，水生植物极为匮乏；水体叶绿素 a 含量均较低，均在 10 μg/L 以下，发生藻华风险较低；底栖动物物种数和生物多样性在各调查河段均较低，仅有几种耐污的广布种。在所有的监测点中，杨林塘鱼类的物种香农多样性指数相对较高，而丰富度较低，但是其生物量较高，出现这种结果可能与渔获物中出现鳙、鲢等养殖鱼类有关，也说明这一区域内有明显的水产养殖活动。我们推测调查发现的鲢、鳊可能是河道附近的养殖鱼逃逸至河道中的结果，而养殖废水也会对杨林塘的河道造成污染，同时一些养殖的物种逃逸至自然水体，也会对杨林塘的水生生态系统造成干扰，破坏原本的生态平衡。在调查的渔获物中发现有中国花鲈等鱼类，这些反映了杨林塘的水体与长江具有一定的连通性。

(4) 钱泾

相对于浏河和杨林塘，钱泾较窄较短，没有航运压力，人工直立岸带较少，多为自然岸带，岸带土地利用以城乡建设用地(建筑物和道路)、耕地(水田)和水域(河渠)为主。由此可见，虽然没有人工岸带的影响，但岸带生态系统还是受到了工农业用地和当地居民生产生活的影响，比如在钱泾 1＃ 的岸带发现有建筑垃圾和生活垃圾。前面叙述的影响外因和内因均有涉及，尤其是外源和内源污染、生态系统稳定性差等问题突出。本次调查中发现水体透明度较低，且溶解氧含量偏低；调查中仅发现少量挺水植物分布，沉水植物未在采样中发现，此外还发现有人为收割岸带水生植物的情况；水体叶绿素 a 含量均低于 20 μg/L，藻类暴发风险较低；底栖动物种类不多，主要以耐污的广布种为主，多样性不高，在不同的河段存在差异，群落结构简单。在所有的监测点中，钱泾鱼类的物种香农多样性指数和丰富度较低，生物量也非常低(仅高于金仓湖)。整体来说，相较于太仓市其他的河湖，钱泾的鱼类多样性较低，可能原因是钱泾附近的居民较多，生活污水排放严重；钱泾周边农田较多，农业灌溉和化肥农药的大量使用也会对钱泾的水体造成污染。同时，调查时我们发现有人为收割沿岸带挺水植物的现象，这些可能会改变河流原有的生境，使得钱泾的鱼类多样性受到影响。

(5) 七浦塘

七浦塘是一条承载航运功能的河流，连通长江，具有防洪排涝、水资源、水环境及航运等综合功能。周边土地利用以城乡建设用地(建筑物和道路)、耕地(水田)和水域(河渠)为主。前面叙述的影响外因和内因均有涉及，尤其是外源和内源污染、直立岸带、航运、生态系统稳定性差等问题突出。本次调查中发现七浦塘水质相对较好，水体透明度和溶解氧含量均较高，是太仓市调查的一湖六河里水体透明度最大和溶解氧含量最高的河道，但调查中发现过往的机动运输船存在油污污染的情况。调查的3个样点中，仅在1个样点发现少量挺水植物分布，沉水植物在采样中未发现；水体叶绿素a含量均低于20 μg/L，藻类暴发风险较低；底栖动物种类不多，主要以耐污的广布种为主，多样性相对略高，在不同的河段存在差异，群落结构简单。在所有的监测点中，七浦塘鱼类的物种香农多样性指数最高，丰富度和生物量也较高，这可能与七浦塘的很多河道较窄、无大型货物船只的干扰有关。从食性来看，三种食性的鱼类均有分布，但是肉食性鱼类和杂食性鱼类比例偏高，其中似鳊和达氏鲌的数量占据优势，可以合理控制其数量；从栖息水层的类型来看，各种不同类型的鱼类均有分布，反映了其均匀度较高。但是我们在调查中发现七浦塘仍然存在非法捕捞现象，对鱼类多样性产生影响。

(6) 浪港

浪港是一条相对较窄和较短的河流，没有航运压力，人工直立岸带较少，多为自然岸带，岸带土地利用以城乡建设用地(建筑物和道路)、耕地(水田)和水域(河渠)为主，由此可见，虽然没有人工岸带的影响，但岸带生态系统还是受到了工农业用地和当地居民生产生活的影响。前面叙述的影响外因和内因均有涉及，尤其是外源和内源污染、生态系统稳定性差等问题突出。本次调查中发现，浪港水体透明度极低，溶解氧含量偏低，部分样点出现粪大肠杆菌超标现象。调查的3个样点中，有2个样点仅有零星的挺水植物分布，有1个样点发现有6种水生植物分布，以菱和菹草为主；浮游生物密度和生物量均较大，浪港1#的叶绿素a含量较高，达到59.65 μg/L，存在较高的藻类暴发风险。由此可见，初级生产者也有由水生植物向藻类转变的趋势，食物链组分面临失调；底栖动物种类相对较多，但主要以耐污的广布种为主，多样性相对略高，在不同的河段存在较大差异，群落结构简单。在所有的监测点中，浪港鱼类的丰富度和生物量较低，物种香农多样性指数也非常低(仅高于金仓湖)。我们在调查时发现浪港附近存在大量的化工厂，水质状况相对较差，这些可能对浪港的水生生态系统造成破坏，影响浪港的鱼类物种多样性。

(7) 新泾

新泾是本次太仓市的调查中最短的一条河流，没有航运压力，人工直立岸带较少，多为自然岸带，岸带土地利用以城乡建设用地(建筑物和道路)、水域(河渠)和草地为主。由此可见，虽然没有人工岸带的影响，但岸带生态系统还是受到了工农业用地和当地居民生产生活的影响，例如周边有工厂等。前面叙述的影响外因和内因均有涉及，尤其是外源和内源污染、生态系统稳定性差等问题突出。本次调查中发现，新泾水体透明度较低，且溶解氧含量偏低，尤其需要注意的是，部分采样点粪大肠杆菌数量很高，超过Ⅳ类水质标准。调查中仅发现零星挺水植物分布，沉水植物未在采样中发现；水体叶绿素a含量均低于20 μg/L，藻类暴发风险较低；底栖动物物种数和生物多样性均较低,仅有几种耐污的广布种。新泾鱼类的丰富度和生物量较低,其物种香农多样性指数也非常低(仅高于金仓湖和浪港)。从食性来看,只有杂食性鱼类和植食性鱼类,缺乏肉食性鱼类,同时杂食性鱼类比例偏高,其中似鳊的数量占据优势,可以合理控制其数量;调查的渔获物中缺乏虾虎鱼、中华鳑鲏等常见沿岸带性的鱼类,可能与新泾沿岸带的水草破坏有关。同时,我们调查发现新泾河道两岸固化严重,缺乏水生植物,周边的工厂较多,这些也会影响到新泾的鱼类多样性。

第二节　区域河湖生态系统修复对策建议

一、整体修复思路及建议

针对上述影响苏州市调查河湖生态系统的主要因素,需要同时开展减压和修复举措进行河湖生态系统修复,即减轻水系的外部压力、减缓水体底泥的内源污染物释放、培养和壮大自然湿地、恢复和重建水生生物多样性、防患生物入侵等。苏州市河湖水系生态系统综合治理措施框架如图 12.2 所示。

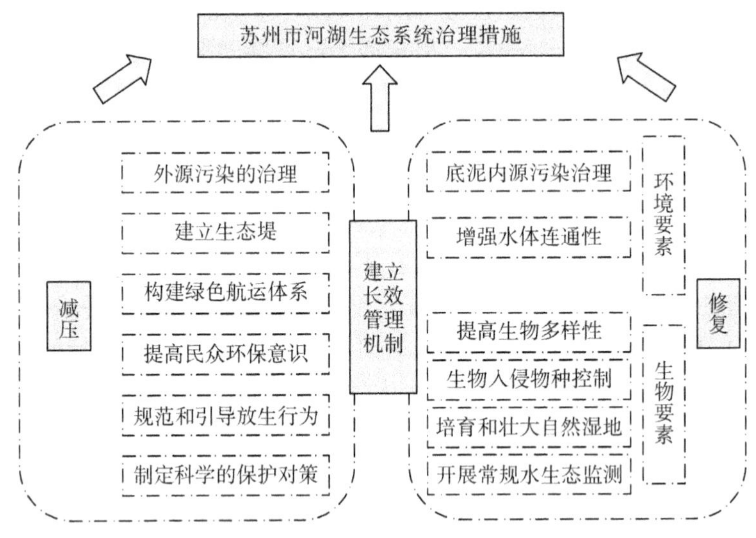

图 12.2　苏州市河湖水系生态系统综合治理措施框架图

1. 减压措施

1) 外源污染的治理:城市河流生态系统在很大程度上受外源性污染物沉淀的影响,导致水体营养盐和重金属源源不断沉积水体,成为河流生态系统崩溃的“定时炸弹”。针对此,需要从流域生态系统角度统筹解决,即在大尺度上合理调整流域内土地规划和产业结构,防控点面源污染;小尺度上做好相应配套设施,加强截污控源、削减外来河湖污染负荷等相关的基础建设工作，如：截污工程、废水的深度处理、农业面源污染控制、秸秆资源的再利用技术研发、沿岸带重建技术和工程等。

2）建立生态堤岸：受人类活动的影响，苏州市河段的河岸带大多已固化，特别是公路与桥梁修建区、城镇居民区，以及人工岸堤等。应该在条件许可河段，建立生态堤岸，进行植被的恢复与重建。减少人工打捞河里的水生植物，尽量维持自然的水生生态系统。建议相关部门及时对生境良好的区域进行保护，实施人工湿地生态工程，尽量恢复该河段沿岸带自然格局，重建沿岸带鱼类所需生境。

3）构建绿色航运体系：对于具备航运功能的河道，需要注重两个问题：一是行船频次问题，船只航行频次太高对水生生物扰动效应较为严重，尤其对鱼类；二是航运船只自身产生的污染物（废弃柴油、船舶生活垃圾）。对此，亟须提出绿色理念、要求和政策，以新型环保技术为核心，减少航运排放、降低航运污染、减小航运对周围环境和生态的影响。具体是以生态航道、港口建设即新型船舶制造为核心，以环境监测网和行业环境标准为支撑，建立有效的绿色航运体系。

4）提高民众环保意识：加强对民众环保意识的教育，不随地随手丢弃垃圾，建筑废料集中处理，城镇生活污水应经过处理后排放等。大力宣传保护鱼类资源的重要性和意义。鱼类作为水生态系统中极为关键的生物组成部分，它们处在江河湖泊等水体食物链的顶端，在生态系统中对维持生物多样性和生态平衡有着非常重要的作用，其群落结构和多样性变化能够反映生态系统功能状态和外界干扰的程度，因此，应进一步提高人民群众对鱼类资源的保护意识。

5）规范和引导放生行为：盲目和不合理的放生行为会给当地水生生态系统造成严重的干扰和破坏。当地相关职能部门应该加大执法力度，依法打击和严肃查处擅自放生行为，同时对于科学放生的公益活动也应给予大力支持，做到“堵”“疏”并举，综合治理。职能部门要进一步加强对科学放生相关知识的宣传力度，让公众认识到擅自放生的危害，了解科学放生的基本常识；在日常工作中积极为爱心人士、慈善人士提供有关放生的法律政策咨询和参考性建议。

6）制定科学的保护对策：应该加强对鱼类资源的保护，特别是对偶见种的保护，提高太湖流域鱼类的丰富度和均匀度。加大对天然湖泊的保护工作，加强天然湖泊鱼类人工养殖的管理。天然湖泊鱼类人工养殖在实际的生产过程中势必会出现各种污染问题，严重影响土著鱼的生存和繁殖。因此，必须对天然湖泊鱼类人工养殖所带来的水污染问题进行系统分析，制定较为完善的对策。合理增殖放流，优化群落结构，改善水环境。对于沉水植物分布较少的河道，应减少植食性鱼类的放流，适量投放肉食性鱼类以控制小型植食性鱼类（如似鳊），进而为环境恢复创造条件。禁渔之后，部分区县的鱼类资源明显增加，从而也引起了不法分子的觊觎，非法捕捞时有发生。建议渔政部门与公安、市场监督、环保、海事、综合执法等部门进一步加强合作，建立长效管理机制，严厉打击非法捕捞行为。加强巡查及日常渔政执法检查，打击毒鱼、炸鱼、电鱼等违法捕捞活动。

2. 修复措施

1) 底泥内源污染物治理:采取如疏浚、生物改良、原位钝化以及物理和化学等有多种有效的手段和技术,从根本上改建与改善底质,为沉水植物的快速繁衍与群落稳定以及水体生物多样性的恢复创造适宜的生境。其中,底泥疏浚工程被认为是最直接的手段,它能快速有效地去除底泥中历史遗存的内源污染物。但它也是一把“双刃剑”,它既能有效带走水体内部过多的污染物,也会极大地破坏水体的生物多样性。因此,实施疏浚工程应进行科学的管理和管控,应选择在污染较为严重的、水体多样性较低的河流或河段内进行,比如杨林塘和浏河闸河段。对于生物多样性相对较高的河段,虽然底泥状况亦不容乐观,但大规模的疏浚将破坏它们现有的生物多样性,因此建议采用其他的改善底泥的技术,如物理、化学和生物改良等的方法。工程实施时应注意尽量保护现有的生物种类。

2) 增强水体连通性:本调查所监测的河流均建设有拦水坝(闸),应重视水文自然节律的调控和维持,增强水体连通性。尽管水闸对于防洪抗旱具有一定积极作用,但其阻碍水体连通性的负面影响也不容小觑。在对水闸进行合理规划和调度时,应尽量保持每年各季度水量在时间和空间上的平衡和均匀。这样有利于大型的 K-对策者的底栖动物物种的生存和繁衍;同时也应保持一定的河流间连通度,给洄游性鱼类留足生存空间。

同时,建议在原有基础上增加河流与长江的换水频率,增强水系的连通度和水动力,不仅可以提高水体自净能力,还有利于长江的水生生物扩散到市内河流系统,进而丰富苏州市内河流水生生物物种库,提高生物多样性。

3) 提高生物多样性:

河湖生态系统的恢复和重建主要分三步走:

第一步,减污,即有效减少各种外源污染和人类干扰,综合治理内源污染,使得受损水体水质得到显著改善。这是后续开展水体生态恢复和重建的基础。

第二步,恢复与重建水生植被,这是水体生态环境修复中最关键的步骤。水生植物是河湖的天然“骨架”,是保育和维持生物多样性、延长食物链、培育和壮大复杂食物网的关键,也是促进生态系统健康和维系系统多种生态和服务功能的基础。目前,调查河湖的水生植物非常匮乏。因此,对于进行人工疏浚的河道,在疏浚完成和水体透明度适合时,应适当栽种一些水生植物。而适合种植植物的有效水深一般为透明度的 1.5 倍。这些河流的水草配置应以恢复沉水植物为主,结合少量漂浮植物,可适当在沿岸带种植一些挺水植物。种植的水草应以该地区历史存在的土著种为主,杜绝引入入侵物种。种质库选择就近区域,例如东太湖水草区或其他种质资源较好的湖泊或河流。

第三步,恢复其他水生生物,在条件尚可的水体,或者在受损水体经过初期水草修复且水质有了稳定的改善后,可开展其他水生生物类群的群落优化工作,如优化底栖动物和土著鱼类的群落结构,以增强水生生态系统稳定性,维持良好的水质及生态环境。主要类群(底栖动物及鱼类)的群落构建如下所述。

(1) 大型无脊椎底栖动物的生态恢复思路

①如果水体底栖动物种质库匮乏和环境状况较差,应以种质库的恢复和生境改善技术并重。

②根据不同种类底栖动物对不同生境的需求各异的特性,结合湖滨带的实际情况,在不同水深、不同底质类型和不同水草分布区开展不同种类底栖动物的恢复技术。

③底栖动物的引种工作应结合历史资料,引入太湖流域或长江中下游已报道的底栖动物物种库,杜绝外来物种的迁入。

④恢复物种的选择应与修复水体当下的水质底质情况对应。在水草刚恢复水质还较差的时候,应选择具有一定耐污能力的种类(耐污、中耐污种类);当水草稳定,水质底质情况较好(或好转)的情况下,可尝试引入敏感度稍高的种类。

⑤如需恢复一些稀有的土著种类,还需依其生物特征有所针对地改造环境。

⑥对于一些密度极低甚至在调查区域消亡且迁移能力特别弱的物种,特别是超大型底栖动物(蚌、螺等 K -对策者),其恢复应以人工引种为主。

⑦小型螺类(如纹沼螺、长角涵螺)的恢复技术应以物种资源引入和生境改善技术相结合的原则,即在初步改善生境状况的前提下,适当迁入一些物种资源,人为加速其扩散速率,加速小型螺类的存活和繁育。

⑧寡毛类和水生昆虫等小型底栖动物的恢复则主要以改善生境为主,改善不同的生境条件,使其通过空气传播(水生昆虫)和自体迁移来逐步恢复。

⑨在恢复关键期要注意控制底层肉食性鱼类(例如虾虎鱼、棒花鱼等)以及凶猛的肉食性鱼类(例如翘嘴红鲌等)的种群密度。

⑩进行常规的生态监测,注意控制水草密度,当密度特别大的时候可考虑利用食草性鱼类调控水草密度。

(2) 土著鱼类的群落结构重建思路

基本原理:

针对水质状况相对较差、底质类型适宜、岸带地形坡度较缓的水体,在开展水草种植恢复工作的同时,通过投放滤食性鱼类来控制浮游植物以净化水质,待水体环境恢复到一定程度后,再开展相应鱼类的种群恢复工作。

鱼类恢复工作的基本原则如下。

①选择一些水生植被丰富和鱼类多样性较高、水体环境较好的河段作为种质资源库进行重点保护,保持其与不同河道之间的连通性,避免生境破碎化,优先改善其生境,为鱼类的种质库长期保持良好状态打下基础。

②根据不同鱼类类群对不同生境的需求各异的特性,结合各河湖的实际情况,在不同河段(河湖、水域),针对不同水层的鱼类,开展不同种类鱼类的恢复技术。

③鱼类的增殖放流工作应结合历史资料,引入太湖流域或长江中下游已记载

的鱼类土著物种，杜绝外来物种的迁入。

④恢复物种的选择应与修复水体当下的水质底质情况对应。在水草刚恢复水质还较差的时候，应选择具有一定耐污能力较强的种类（麦穗鱼、泥鳅）；当水草稳定、水质底质情况较好（或好转）的情况下，可尝试选择对水质要求较高的种类（鳑鲏类、鳈类）。

⑤如需恢复一些比较稀有的土著种类，如银鱼，还需依其生物学特征有所针对地改造环境。根据鱼类的生物学特性，进行相应的环境改造，构建其合适的生存环境。

⑥对于大型珍稀鱼类（如鲟鱼），种类密度极低或消失，其恢复应以人工引种为主。

⑦小型鱼类的繁殖较快，即在初步改善生境状况的前提下，可以适当迁入一些物种资源，人为加速其扩散速率。

⑧洄游性鱼类的恢复则以改善生境为主，改善不同的生境条件，保持江湖（江河）的连通性，减少人为干扰，使其通过自体迁移扩散来逐步恢复种群。

⑨针对鳑鲏类等喜贝性的鱼类，要减少对蚌类的打捞；针对产黏性卵的鱼类，要减少河道水草的打捞。

⑩河湖附近经济鱼类的养殖，要做好日常监管工作，避免养殖废水对天然河湖造成污染以及一些养殖的物种逃逸至自然水体，对本土原生鱼类生存构成威胁。

⑪水体修复过程采用多种生物操纵方式（经典生物操纵与非经典生物操纵）相结合来调控浮游生物群落结构，如投放鲢鳙及肉食性鱼类，辅以其他有益生态种类（螺类和蚌类）；构建水体植物生境，增加物种多样性。

⑫恢复过程中要进行常规的鱼类种类密度监测，注意控制似鳊、似鱎等小型植食性鱼类和小型杂食性鱼类的丰度，避免其对浮游生物摄食压力大，在水体中繁殖过剩对水体生态系统的能量流动及物质循环造成不利影响。

4）生物入侵物种控制：虽然本次调查地区并未发现入侵物种，但在太仓市周边发现入侵物种：喜旱莲子草、水葫芦、福寿螺和巴西龟。为了有效控制生物入侵，建议在清淤过程中对这些入侵物种进行全面清理和填埋，控制其发展。

5）培育和壮大自然湿地：沿岸带是水系的重要组成部分，是水系的天然湿地和“肾脏”，在维系和维持水系的结构和功能等方面扮演重要角色，是水体与陆地生态系统进行物质能量和信息交流的纽带，是拦截和净化外来污染物（如面源污染）的重要“过滤器”和“解毒器官”。而目前调查河湖沿岸带多已遭到破坏，主要是人工岸堤、工农业用地和当地居民的生产生活建设用地等。因此，在条件许可的河湖段，应加强自然湿地的生态重建，如可采取实施人工湿地生态工程，在沿岸带种植水生及陆生植物作为生态护坡等措施，尽量恢复该区域水体沿岸带的自然格局。这样不仅可以削减降雨初期流入水体的污染负荷，而且可以过滤河湖中的悬浮物，提高河湖水体的水质和透明度等。

6）开展常规水生态监测：目前，国、省控断面的水质监测在逐月开展，建议今后将各类群水生生物的监测也纳入到日常管理中（如浮游生物开展逐月监测、水生植物和底栖动物开展季度监测、鱼类开展年度监测），这有利于针对各种生态问题做出及时的反应和决策，也有利于河湖水环境保护措施的调整。

二、各河湖修复对策及建议

1. 吴中区各河湖修复对策及建议

（1）太湖

太湖胥口湾水生生物资源现状较好，底栖动物多样性及水生植物盖度水平较高，建议将太湖胥口湾水生生物列为重点保护湖区和示范区，以保留区域内水生生物种质资源库，为周边其他水体的引种、生态修复效果的评估提供参照和依据。下一步建议保持和进一步开展水体修复和生态恢复工作，为维持良好的水质及生态环境，可开展其他水生生物类群的群落优化工作，比如优化底栖动物和土著鱼类的群落结构，借此来增强水生生态系统稳定性。优化的原则和思路可参考"区域河湖生态系统修复对策建议"节，恢复的原则和思路也可参考"区域河湖生态系统修复对策建议"节。此外，建议严格控制外源污染，贯彻船舶污染物排放标准，限制高排量船只，防止排放的污染物对水域污染。同时加强船舶污染治理，管控在太湖通航水域入湖口、航管站等重点区域建设船舶垃圾和燃油废水处理站，确保流域船舶污染物实现集中处理。为控制福寿螺的进一步扩散，应将福寿螺暴发区纳入重点治理区域，切断其传播路径，并进行集中杀灭，可行的措施主要包括：①人工捕杀：安排相关人员专门对福寿螺及螺卵进行捕杀，同时加大宣传力度，号召民众对其进行消灭；②化学药物灭杀：使用杀虫剂灭螺和螺卵；③生物防治法：用植物提取液制备新型灭螺剂；④生态防治法：放养青鱼、鸭子取食；⑤转化利用：开发其利用价值，如制成饲料等。

（2）澄湖

考虑到澄湖的水生植物资源匮乏，且盖度较低，可从临近的湖泊、河流中引入水生植物。同时合理调整养殖结构，适当降低虾蟹等撕食者的密度，从而恢复水生植物生物多样性，使湖泊生态系统结构更加稳定、健康。同时，加强渔政队伍建设，加强非法捕捞的打击力度。渔政部门与公安、市场监督、环保、海事、综合执法等部门进一步加强合作，建立长效管理机制，严厉打击非法捕捞行为。同时建议开展休闲垂钓，对优势种群进行合理捕捞，适当投放肉食性鱼类，调整鱼类群落结构。

（3）胥江

针对胥江现状及面临的问题，在前面整体修复思路和建议的基础上，应尽量减少人工直立岸带，在条件适宜的沿岸带种植水生及陆生植物，实施生态护坡和生态岸带等措施。此外，胥江的底泥状况亦不容乐观，这可能是造成胥江 1＃和 2＃样点底栖动物和水生植物资源极度匮乏的原因。建议在不同的河段实施不同的措施,比如1#点和2#点河段可采取措施改善其底质结构,增加底质异质性;在此基础上,从胥江3#样点引入水生植被,适当减缓部分水域的河岸坡度,为沉水植物的恢复和生长创造条件,待到水质及水生植物群落稳定后,为维持良好的水质及生态环境,再开展其他水生生物类群的恢复工作,比如底栖动物的引种投放和土著鱼类的群落重建等,恢复与重建胥江的水生生物多样性,增强水生生态系统稳定性。群落结构优化及恢复的原则和思路可参考“区域河湖生态系统修复对策建议”节。鉴于3#样点生态环境较好,建议对该样点进行重点保护,提高游人的环保意识,降低旅游对该河段生态环境的影响。同时,加强渔政的日常监管力度,杜绝无序盲目的擅自放生行为,在一些爱心人士经常放生的码头上树立相关的宣传栏,宣传可以放生的物种和禁止放生的物种,规范和引导放生行为,做到“堵”“疏”并举,综合治理。

(4) 京杭大运河

针对京杭大运河现状及面临的问题,结合前面整体修复思路和建议,逐步向绿色航运转型,加强机动运输船只油污等污染物的无害化处理,改善鱼类生存环境。在保证防汛和通航的前提下,尽量减少人工直立岸带,在沿岸带种植水生及陆生植物,实施生态护坡和生态岸带等措施。运河的底泥状况较差,考虑到运河的生物多样性较低,可直接实施疏浚工程,从而快速有效地去除底泥中历史遗留的内源污染物。等到水体透明度适合时,在保证防汛和通航的前提下,在有条件的地方适当减缓部分水域的河岸坡度,栽种一些水生植物。待到水体经过初期水草修复且水质有了稳定的改善后,为维持良好的水质及生态环境,可开展其他水生生物类群的恢复工作,比如底栖动物的引种投放和土著鱼类的群落重建等,借此来改善运河的生物多样性,增强水生生态系统稳定性。恢复的原则和思路可参考“区域河湖生态系统修复对策建议”节。

(5) 苏东河

针对苏东河现状及面临的问题,结合前面整体修复思路和建议,尽量减少人工直立岸带,在沿岸带种植水生及陆生植物,实施生态护坡和生态岸带等措施。鉴于渡水桥水生生物资源保存较为完好,建议将渡水桥列为重点保护河段和示范区,以保留区域内水生生物种质资源库,为后期受损河段的引种、生态修复效果的评估提供参照和依据。由于越溪桥底质状况较差(硬底),底栖动物和水生植物资源匮乏,建议先改善其底质组成,之后可从渡水桥引入一些水生植物和底栖动物,恢复与重建该河段的生物多样性,从而增强水生生态系统稳定性。恢复的原则和思路可参考“区域河湖生态系统修复对策建议”节。同时,对该河段附近生活污水的排放进行严格的管控,在对污水进行无害化处理之后再进行排放;还要提高附近居民的环保意识。

2. 高新区各河湖修复对策及建议

(1) 太湖

针对高新区太湖目前生态环境与生物多样性恢复已初见成效的现状，建议在情况较好的湖区进行维护和进一步开展优化种群结构的工作，比如对太湖1#和5#样点现有的水生植物进行重点保护，并将其作为后续太湖其他区域引种的种质资源库，同时也可为太湖其他区域水生植物的生态恢复提供一定的参照和依据。下一步建议进行长时间的监测和管理，控制好水生植物的密度、盖度，待水体改善并稳定之后，为维持良好的水质及生态环境，可开展底栖动物(如螺、蚌)等其他水生生物的人工引种和恢复，优化水生生物群落结构，借此来增强水生生态系统稳定性。优化的原则和思路可参考"区域河湖生态系统修复对策建议"节。此外，还应加强对附近养殖塘的监管，防止一些养殖物种逃逸至自然水体，对本土原生鱼类构成威胁。严格贯彻船舶污染物排放标准，限制高排量船只，防止排放的污染物对水域的污染；继续加强外源污染的控制，并加强对污染物的无害化处理。定期开展各水生生物类群的常规监测。

(2) 游湖

游湖作为苏州太湖国家湿地公园中心湖，水生植物种类多、盖度大，但在调查的样点中发现，水生植物中大多数为挺水植物及浮叶植物，而沉水植物仅穗状狐尾藻1种，建议合理引进沉水植物，在提高水质净化速率的同时，使其群落结构和功能更加多样和合理化；同时，游湖底栖动物资源匮乏，因此后续底栖动物的引种尤为重要，只有保证了群落结构和食物网的复杂性，才能真正保护好生态系统的健康及其服务功能。引种恢复的原则和思路可参考"区域河湖生态系统修复对策建议"节。游湖作为休闲娱乐的公园，日常游客众多，应提高游人的环保意识，规范游人的行为，降低游玩对环境的影响。此外，还应加强渔政的日常监管力度，杜绝无序盲目的擅自放生行为，制定科学的放生对策。

(3) 江南运河

针对高新区江南运河现状及面临的问题，结合前面整体修复思路和建议，逐步向绿色航运转型，适当控制船舶航行，加强外源控制和内源治理，严格贯彻船舶污染物排放标准，防止排放的污染物对水域的污染；在保证防汛和通航的前提下，尽量减少人工直立岸带，在适宜的沿岸带种植水生及陆生植物，实施生态护坡和生态岸带等措施。运河的底泥状况较差，考虑到运河的生物多样性较低，可直接实施疏浚工程，从而快速有效地去除底泥中历史遗留的内源污染物。等到水体透明度适合时，应适当栽种一些水生植物，待到水体经过初期水草修复且水质有了稳定的改善后，为维持良好的水质及生态环境，可开展其他水生生物类群的恢复工作，比如底栖动物的引种投放和土著鱼类的群落重建等，借此来改善江南运河的生物多样性，增强水生生态系统稳定性；恢复的原则和思路可参考"区域河湖生态系统修复对策建议"节。通过生态修复，提升湖泊水质，恢复水生植被，同时也能为鱼类的繁殖和生长提供适应环境。

(4) 金墅港

针对金墅港的北窑和太湖桥水生生物资源保存较为完好的现状，建议将其列为重点保护河段和示范区，以保留区域内水生生物种质资源库，为后期受损河段的引种、生态修复效果的评估提供参照和依据。金墅港1#水生植物资源匮乏，建议可从太湖桥等样点引入一些水生植物和底栖动物，恢复与重建该河段的生物多样性。引种恢复的原则和思路可参考“区域河湖生态系统修复对策建议”节。最后，重点治理福寿螺问题，为控制福寿螺的进一步扩散，应切断其传播途径，并进行集中灭杀，可行的措施主要包括：人工捕杀、化学药物灭杀、生物防治、转化开发其利用价值等。此外，重点加强生活污水、垃圾处理设施的建设和管理，进行环境综合整治与水生态修复。

(5) 金山浜

针对金山浜现状及面临的问题，结合前面整体修复思路和建议，主要考虑加强外源控制和内源治理，尽量减少人工直立岸带，在适宜沿岸带种植水生及陆生植物，实施生态护坡和生态岸带等措施。例如金山浜3#水面有油污，底泥发黑发臭，底泥状况不容乐观，这可能是造成该样点水生植物和底栖动物极度匮乏的原因，建议直接实施疏浚工程，从而快速有效地去除底泥中历史遗留的内源污染物；与此同时，严格控制外源污染，禁止工业废料等污染物的直排；采取措施改善底质结构，增加底质异质性，待水体改善并稳定之后，可从临近的湖泊、河流中引入水生植物和底栖动物。金山浜1#和2#虽没有严重的污染问题，但生物资源同样匮乏，也需要从临近的湖泊、河流中引入水生植物和底栖动物等，从而恢复与重建金山浜的水生生物多样性，使生态系统结构更加稳定、健康。引种恢复的原则和思路可参考“区域河湖生态系统修复对策建议”节。通过恢复水生植被，为鱼类的繁殖和生长提供适应环境。

(6) 浒光运河

针对浒光运河现状及面临的问题，结合前面整体修复思路和建议，建议逐步向绿色航运转型，适当控制船舶航行，严格贯彻船舶污染物排放标准，防止排放的污染物对水域的污染；同时，对水面上的垃圾、死鱼死蚌等进行及时、定期的捕捞和清理，防止水体进一步变差、恶化；加强两岸居民、船员的环保意识，增强人们的环保观念，在不随手丢弃垃圾的同时，能够自觉、主动地对水面的垃圾进行清理；尽量减少人工直立岸带，在适宜的沿岸带种植水生及陆生植物，实施生态护坡和生态岸带等措施。等到水体透明度适合时，建议优化水生植物群落结构，待水质有了稳定的改善之后，为维持良好的水质及生态环境，可开展其他水生生物类群的恢复工作，特别是针对浒光运河底栖动物资源匮乏这一现状，底栖动物的引种投放就显得尤为重要，只有保证了群落结构和食物网的复杂性，才能真正保护好生态系统的健康及其服务功能。引种恢复的原则和思路可参考“区域河湖生态系统修复对策建议”

节。同时，对于鱼类偶见物种的保护应当加强，禁止对其捕捞，给予其充足的生存空间，来更好地维护鱼类物种多样性。

3. 吴江区各河湖修复对策及建议

（1）东太湖

东太湖水生生物资源现状较好，底栖动物多样性及水生植物盖度水平较高，建议对东太湖现有的水生植物进行重点保护，可作为后续太湖其他区域或临近湖泊、河流引种的种质资源库，还能为其他区域水生植物的生态恢复提供一定的参照和依据；在保护好现有的水生植物种类的同时，也可以适当开展水体修复和生态恢复工作，进一步增加太湖区域整体的水生植物多样性；为维持良好的水质及生态环境，可开展其他水生生物类群的群落优化工作，比如优化底栖动物和土著鱼类的群落结构，借此来增强水生生态系统稳定性，优化的原则和思路可参考"区域河湖生态系统修复对策建议"节。此外，建议严格贯彻船舶污染物排放标准，限制高排量船只，防止排放的污染物对水域的污染。同时加强船舶污染治理，管控在太湖通航水域入湖口等重点区域建设船舶垃圾和燃油废水处理站，确保流域船舶污染物实现集中处理。

（2）元荡

针对元荡现状及面临的问题，要尽量减少大规模施工带来的生态危害，及时清理建筑施工垃圾，严防建筑施工垃圾滞留湖内。加强对沿岸施工污水排放的监管力度，关注水环境治理工作。考虑到元荡的水生植物资源匮乏，有的样点盖度虽大，但种类单一，在保护好现有水生植物种类的同时，可从临近的湖泊、河流中引入水生植物，优化水生植物群落结构。待到水体水质有了稳定的改善后，为维持良好的水质及生态环境，可优化底栖动物和土著鱼类的群落结构等，借此来增强水生生态系统稳定性。优化的原则和思路可参考"区域河湖生态系统修复对策建议"节。同时合理调整元荡养殖结构，适当降低虾蟹等撕食者的密度，有利于水生植物生物多样性的恢复，使湖泊生态系统结构更加稳定、健康。

（3）同里湖

同里湖作为休闲旅游景点，日常游客众多，应控制游人数量并进一步规范游人的行为，提高游人的环保意识，降低游玩对环境的影响；同时，可从临近的湖泊、河流中引入水生植物，待到水体经过初期水草修复且水质有了稳定的改善后，为维持良好的水质及生态环境，可开展其他水生生物类群的恢复工作，比如底栖动物的引种投放和土著鱼类的群落优化等，这样既能起到景观欣赏的作用，又可恢复与重建同里湖的水生生物多样性，使生态系统结构更加稳定、健康。恢复和优化的原则和思路可参考"区域河湖生态系统修复对策建议"节。

（4）北麻漾

针对北麻漾现状及面临的问题，结合前面整体修复思路和建议，应尽量减少人工直立岸带的影响，在具备条件的岸带实施生态护坡和生态岸带等措施；严格限制地笼、丝网的投放,对水底废弃的网具进行打捞和清理;严格控制周边农业活动中化肥、农药的使用,降低农业面源污染的风险。此外,北麻漾水生植物较为丰富,要对该区域的水生植物进行重点保护,后续可作为临近湖泊、河流引种的种质资源库,还能为其他区域水生植物的生态恢复提供一定的参照和依据。调查中发现北麻漾湖区存在人工养殖现象,养殖水体严重污染天然湖泊水质。因此相关政府部门也要加大对天然湖泊的保护工作,制定相关法规以禁止在天然湖泊从事养殖活动。

(5) 太浦河

针对太浦河现状及面临的问题,结合前面整体修复思路和建议,逐步向绿色航运转型,适当控制船舶运行,加强外源控制和内源治理,尽量减少人工直立岸带,在适宜沿岸带种植水生及陆生植物,实施生态护坡和生态岸带等措施。加强宣传,提高民众的环保意识,不乱扔垃圾,控制外源污染物对水体的影响;对河底堆积垃圾较多、底泥较差的河段进行垃圾清理和底泥清淤,去除内源污染,改善水质。部分河段如太浦桥等水生植物较为丰富,要对该区域的水生植物进行重点保护,后续可作为临近湖泊、河流引种的种质资源库,还能为其他区域水生植物的生态恢复提供一定的参照和依据;而黎里东大桥水生植物匮乏,可考虑从临近的河段或河湖引入水生植物,恢复水生植物多样性,重建水生生态系统稳定性。同时需重点治理太浦河福寿螺问题,为控制福寿螺的进一步扩散,应切断其传播途径,并进行集中灭杀,可行的措施主要包括:人工捕杀、化学药物灭杀、生物防治、转化开发其利用价值等。调查中发现目前太浦河段仍然存在违法捕鱼活动,因此相关部门应加强巡查及日常渔政执法检查,防止酷渔滥捕,打击毒鱼、炸鱼、电鱼等违法捕捞活动。

(6) 京杭大运河

针对京杭大运河现状及面临的问题,结合前面整体修复思路和建议,逐步向绿色航运转型,严格贯彻船舶污染物排放标准,限制高排量船只,防止排放的污染物对水域的污染。在保证防汛和通航的前提下,尽量减少人工直立岸带,在适当的沿岸带种植水生及陆生植物,实施生态护坡和生态岸带等措施。运河的底泥状况较差,考虑到运河的生物多样性较低,可直接实施疏浚工程,从而快速有效地去除底泥中历史遗留的内源污染物。等到水体透明度适合时,在保证防汛和通航的前提下,在有条件的地方适当减缓部分水域的河岸坡度,栽种一些水生植物。待到水体经过初期水草修复且水质有了稳定的改善后,为维持良好的水质及生态环境,可开展其他水生生物类群的恢复工作,比如底栖动物的引种投放和土著鱼类的群落重建等,借此来改善运河的生物多样性,增强水生生态系统稳定性。恢复的原则和思路可参考“区域河湖生态系统修复对策建议”节。

4. 相城区各河湖修复对策及建议

(1) 阳澄湖

阳澄湖作为旅游度假区,日常游客众多,应适当控制游客数量并进一步规范游人的行为，提高游人的环保意识，降低游玩对环境的影响。阳澄湖作为有名的大闸蟹养殖地，目前整体水生态情况尚可，从调查中可以看到大量人工种植的水草，已为阳澄湖生境改善提供了正面作用，且部分湖区也有不少天然生长的水生植物，为其他生物类群提供了良好的栖息地环境，从底栖动物类群来看，除了重耐污种，中度耐污和轻度耐污种也开始出现。下一步，建议阳澄湖继续以种植水草带动自然水草恢复，形成良性循环，并可以尝试优化鱼类和底栖动物群落结构，进一步改善生物多样性，增强水生生态系统稳定性，助力建设生态文明区。恢复的原则和思路可参考“区域河湖生态系统修复对策建议”节。阳澄湖发现有喜旱莲子草和凤眼莲零星分布，因此，在保持现阶段比较高的水生植物多样性的同时，也要提防入侵物种的繁殖和扩张。阳澄湖的养殖鱼类较多，建议加强对阳澄湖中养殖塘的监管，避免养殖废水对阳澄湖造成污染以及一些养殖的物种逃逸至自然水体，对本土原生鱼类构成威胁。

（2）漕湖

漕湖目前水质较好，但水生植物匮乏，底栖动物类群以耐污种为主，鱼类资源丰富。针对这一情况，建议在漕湖沿岸的浅水区域人工种植水生植物，控制好养殖和生态的平衡，在保证经济效益的同时，为维持良好的水质及生态环境，可开展其他水生生物类群的恢复工作，比如底栖动物的引种投放和土著鱼类的群落重建等，借此来改善漕湖的生物多样性，增加群落结构、食物网的复杂程度，从而增强水生生态系统稳定性；恢复的原则和思路可参考“区域河湖生态系统修复对策建议”节。此外，建议对水闸进行合理规划和调度的同时，也应保持一定的江湖连通性，给洄游性鱼类留足生存空间，在长江鱼汛期，打开闸门进行灌江纳苗，有利于恢复湖泊内鱼类资源多样性。针对其植食性鱼类比例偏低，可以适当放流一些植食性鱼类如白鲢，对湖泊的浮游藻类进行控制。针对其似鳊和似鱎的数量占据优势，可以合理控制其数量，例如合理发展悠闲垂钓业，对其进行一定量的经济捕捞，投放一定比例的肉食性鱼类如鳜鱼等来优化整个群落结构。同时，漕湖作为休闲公园，日常游客众多，应控制游人数量并进一步规范游人行为，加强游人环保意识，降低游玩对环境的影响。

（3）盛泽荡

盛泽荡周边尤其是南岸分布有公园，作为休闲度假场所，日常游客众多，应控制游人数量并进一步规范游人的行为，提高游人的环保意识，降低游玩对环境的影响。鉴于盛泽荡为草型湖泊，目前水质相对较好，沿岸带鱼类较多，滨岸带植被保留较好，建议将其设立为重点保护区域，限制对其水域的过度开发，将其作为未来相城区的种质资源库。针对底栖动物群落结构单一的情况，可适当从周边水体引入土著底栖动物进行群落结构优化，优化原则和思路可参考“区域河湖生态系统修复对策建议”节。

(4) 元和塘

针对元和塘现状及面临的问题,结合前面整体修复思路和建议,主要考虑污染源控制及治理,即加强截污控源、削减外来河湖污染负荷等相关的基础建设工作,如元和塘1#点水面漂有生活垃圾,应加强宣传,提高民众的环保意识,严禁向河内及岸带投放垃圾,控制生活垃圾等外源污染物对水体的影响;还可以进行适当的产业结构调整以及土地规划利用。在不同的河段实施不同的措施,比如元和塘2#点的水生植物较为丰富,可对该河段进行保护,避免水生植物的破坏,并在此基础上优化底栖动物及鱼类的结构;其他河段水生植物匮乏以及滨岸带植被存在退化现象,沿岸带型鱼类较少,其植食性鱼类也较少,建议在元和塘的适当水域采取工程措施,开展沉水植物恢复工作;在保证防汛和通航的前提下,适当减缓部分水域的河岸坡度,为沉水植物的恢复和生长创造条件;在上述恢复措施开展的同时,引进一些土著沿岸带型鱼类,如中华鳑鲏和高体鳑鲏等;待到水质及水生植物群落稳定后,为维持良好的水质及生态环境,再开展其他水生生物类群的恢复工作,比如底栖动物的引种投放和土著鱼类的群落重建等,借此来改善元和塘的生物多样性,增强水生生态系统稳定性。群落结构优化及恢复的原则和思路可参考"区域河湖生态系统修复对策建议"节。

(5) 京杭大运河

针对京杭大运河现状及面临的问题,结合前面整体修复思路,建议逐步向绿色航运转型,建议构建绿色航道,加强机动运输船只油污等污染物的无害化处理,改善鱼类生存环境。同时,尽量减少人工直立岸带,在有条件的沿岸带种植水生及陆生植物,实施生态护坡和生态岸带等措施。京杭大运河水体浑浊,透明度极低,底栖动物物种数较低,仅有几种耐污的广布种,群落结构简单,建议直接使用实施疏浚工程进行科学的管理和管控,可有效地减少河道内总氮、总磷的含量,降低河段污染物的存量,对减少河道污染负荷,改善水质有明显作用。等到水体透明度适合时,在保证防汛和通航的前提下,在有条件的地方适当减缓部分水域的河岸坡度,栽种一些水生植物。待到水体经过初期水草修复且水质有了稳定的改善后,为维持良好的水质及生态环境,可开展其他水生生物类群的恢复工作,比如底栖动物的引种投放和土著鱼类的群落重建等,借此来改善京杭大运河的生物多样性,增强水生生态系统稳定性。恢复的原则和思路可参考"区域河湖生态系统修复对策建议"节。

5. 姑苏区各河湖修复对策及建议

(1) 京杭大运河

针对京杭大运河现状及面临的问题,结合前面整体修复思路和建议,主要考虑强化入河排污口监督管理、企业污水治理、生物污染治理、农业面源治理以及船舶码头的污染治理。京杭大运河水生植物极度匮乏,应适加大栽种水生植物力度,待到水质及水生植物群落稳定后,为维持良好的水质及生态环境,再开展其他水生生物类群的恢复工作，比如底栖动物的引种投放和土著鱼类的群落重建等，在不同的河段实施不同的措施，优化底栖动物及鱼类的结构，借此来改善京杭大运河的生物多样性，增强水生生态系统稳定性。群落结构优化及恢复的原则和思路可参考“区域河湖生态系统修复对策建议”的恢复和重建生物多样性部分。此外，针对岸带面临的影响，主要是优化自然岸带的生态环境，有序推进堤岸绿化建设，改造景观绿化，串联沿线景点，通过景观整合，构建堤岸植物群落；在条件允许的情况下优化沿岸带水生及陆生植物群落，实施生态护坡和生态岸带等措施。推进实施航运污染截污措施，船舶须按规定制定船舶污染事故和船载危化品事故应急预案，定期开展应急演练。加强船舶污染防治和监管，加快船舶垃圾和含油废水回收设施建设，突出危化品运输船只的管理，防止发生船舶泄露和安全事故。

(2) 苏州外城河

针对苏州外城河现状及面临的问题，结合前面整体修复思路和建议，主要考虑管网全覆盖，整治城镇居民直排、混排污水的行为，修复破损、渗漏污水管道；加强居民公共水环境保护教育，提高居民爱护河道的责任感；整治餐饮、美发等三产企业污水直排、混排的行为；整治河道沿线餐饮油污污染。配合苏州市水利局执行河道清淤制度，有序推进外城河清淤工作，实行河道轮浚，增强水体流动性，提升河道水质；提出清障计划和实施方案，在规定的期限内清除河道阻水设施。苏州外城河水生植物资源匮乏，建议待到水质及水生植物群落稳定后，再开展其他水生生物类群的恢复工作，比如底栖动物的引种投放和土著鱼类的群落重建等，借此来改善苏州外城河的生物多样性，增强水生生态系统稳定性。群落结构优化及恢复的原则和思路可参考“区域河湖生态系统修复对策建议”的恢复和重建生物多样性部分。此外，针对岸线面临的影响、岸线利用功能分区，建立和完善岸线分区准入机制，强化对新建利用岸线项目的准入管理，逐步提高岸线利用投资强度和岸线产出效益标准，逐步清理不合理岸线利用项目。完善苏州外城河岸线利用的管理信息系统，实施岸线利用动态监控。优化自然岸带的生态环境，减少人为干扰，降低环境压力，在条件允许的情况下，优化沿岸带水生及陆生植物群落。苏州外城河饮用水水源，同时具有灌溉、航运、行洪、除涝等功能，其水域资源应实行重点保护，同时加强河道资源用途管制，合理确定河道资源开发利用布局，严格控制开发强度。

(3) 西塘河

针对西塘河现状及面临的问题，结合前面整体修复思路和建议，尽量减少人工直立岸带，有条件的选取适宜的沿岸带种植水生及陆生植物，实施生态护坡和生态岸带等措施。西塘河水质相对较好，河底黑臭淤泥较少。鉴于水生植物匮乏的现状，建议在水体透明度适合的河段，适当栽种一些水生植物，特别是沉水植物，因地制宜选择岸带修复、植被恢复、水体生态净化等生态修复技术，恢复河湖滩地洪水调蓄及生态功能。待到水质及水生植物群落稳定后，为维持良好的水质及生态环境，可开展其他水生生物类群的恢复工作，比如底栖动物的引种投放和土著鱼类的群落重建等，借此来改善西塘河的生物多样性，增强水生生态系统稳定性。恢复的原则和思路可参考“区域河湖生态系统修复对策建议”的恢复和重建生物多样性部分。加快对西塘河水面垃圾、杂物、藻类打捞以及沿岸违法建设的清理，及时清除水面垃圾和浮水水生植物，堆放在岸边的垃圾要及时清理干净。健全河湖长效保洁机制。找准河湖管理与开发利用的结合点，以提升河湖旅游质量、方便市民休闲健身、打造河湖生态湿地为目标，有计划地选择典型区域逐步进行景观提升。

(4) 胥江

针对胥江现状及面临的问题，结合前面整体修复思路和建议，逐步向绿色航运转型，推进实施航运污染截污措施，船舶须按规定制定船舶污染事故和船载危化品事故应急预案，定期开展应急演练。加强船舶污染防治和监管，加快船舶垃圾和含油废水回收设施建设，突出危化品运输船只的管理，防止发生船舶泄露和安全事故。加强外源控制和内源治理，尽量减少人工直立岸带，在有条件的沿岸带种植水生及陆生植物，实施生态护坡和生态岸带等措施。胥江的底泥状况亦不容乐观，使用实施疏浚工程应进行科学的管理和管控，快速有效地去除底泥中历史遗留的内源污染物；但其他河段生物多样性相对略高，建议有选择性的小范围疏浚或采取其他底泥改善技术。等到水体透明度适合时，应适当栽种一些水生植物，待到水体经过初期水草修复且水质有了稳定的改善后，为维持良好的水质及生态环境，可开展其他水生生物类群的恢复工作，比如底栖动物的引种投放和土著鱼类的群落重建等，借此来改善胥江的生物多样性，增强水生生态系统稳定性。恢复的原则和思路可参考“区域河湖生态系统修复对策建议”的恢复和重建生物多样性部分。围绕“清洁、绿化”两大目标，加强胥江及其沿岸地区的生态环境保护和建设，推动在沿河城镇建成区建设河滨绿地，构建清水河道。坚持保护优先、生态引领，立足本地区的自然禀赋、文化底蕴等优势，在生态承载力与环境容量约束下适度规划产业，完善城镇、基础设施建设，创新跨区域协调与联防联控机制，构建空间利用集聚高效、生态环境良好、产业结构优化、区域互联互通的生态走廊。

6. 工业园区各河湖修复对策及建议

(1) 金鸡湖

针对金鸡湖目前面临的最大问题，即过度打捞水草导致的水生植物资源匮乏问题，亟须重新拟定水草打捞规则，在保护好现有水生植物种类的同时，从临近的湖泊、河流中引入水生植物，优化水生植物群落结构。待到水体水质有了稳定的改善后，为维持良好的水质及生态环境，可重建及优化底栖动物和土著鱼类的群落结构等，培育和壮大本地物种库，借此来增强水生生态系统稳定性。重建优化的原则和思路可参考“区域河湖生态系统修复对策建议”节。针对湖滨带人工固化现状，建议在沿岸带合适的区域采用生态浮床或构建生态护坡等方式种植具有观赏性的水生植物，兼顾维护水质和景观美化的作用。水生植被的恢复应以沉水植物为主、挺水植物为辅,结合少量浮叶植物,沉水植物优先选择金鱼藻、苦草、狐尾藻等;挺水植物宜选芦苇、菖蒲、香蒲等;浮叶植物可选择睡莲、菱角等。在人工引种的基础上,改善湖泊底质和水质状况,为引入的物种提供良好的生存条件。此外,金鸡湖水上旅游项目较为丰富,建议在日常管理中加强调控,合理控制相关水上项目频次,减弱对水生生物(尤其是鱼类和蚌类)的扰动。同时需重点治理金鸡湖福寿螺问题,为控制福寿螺的进一步扩散,应切断其传播途径,并进行集中灭杀,可行的措施主要包括:人工捕杀、化学药物灭杀、生物防治、转化开发其利用价值等。此外,建议在对水闸进行合理规划和调度时,同时保持一定的江湖连通性。

(2) 独墅湖

同金鸡湖一样,考虑到独墅湖的水生植物资源匮乏,有的样点种类虽多,但盖度、密度和生物量均较低,在保护好现有水生植物种类的同时,可从临近的湖泊、河流中引入水生植物。同时合理进行水草的收割和打捞,对于死亡的水草残体可进行人工打捞,对于正常生长的水草加以保护,从而恢复水生植物生物多样性。待到水体水质有了稳定的改善后,为维持良好的水质及生态环境,可重建和优化底栖动物和土著鱼类的群落结构等,借此来增强水生生态系统稳定性。重建优化的原则和思路可参考"区域河湖生态系统修复对策建议"节。针对湖滨带人工固化现状,建议在沿岸带合适的区域采用生态浮床或构建生态护坡等方式种植具有观赏性的水生植物,兼顾维护水质和景观美化的作用。水生植被的恢复应以沉水植物为主、挺水植物为辅,结合少量浮叶植物,沉水植物优先选择金鱼藻、苦草、狐尾藻等;挺水植物宜选芦苇、菖蒲、香蒲等;浮叶植物可选择睡莲、菱角等。在人工引种的基础上,改善湖泊底质和水质状况,为引入的物种提供良好的生存条件。此外,调查中发现独墅湖有划艇训练,建议在日常管理中合理规划训练频次,减少对水生生物(尤其是鱼类和蚌类)的扰动。鉴于独墅湖沿岸带鱼类较多,滨岸带植被保留较好,建议将其设立为重点保护区域,限制对其水域的过度开发,将其作为未来工业园区的水生生物种质资源库。

(3) 阳澄湖

阳澄湖作为旅游度假区,日常游客众多,应适当控制游客数量并进一步规范游人的行为,提高游人的环保意识,降低游玩对环境的影响。目前,阳澄湖部分湖区还存在蓝藻水华的问题,氮磷营养盐含量偏高,针对这一问题,需要加强外源控制和内源治理,提升水体生态环境。本次调查也发现部分湖区水生植物资源较为丰富,可为其他生物类群提供良好的栖息地环境,要对该区域的水生植物进行重点保护,后续可作为临近湖泊、河流引种的种质资源库,还能为其他区域水生植物的生态恢复提供一定的参照和依据。从底栖动物类群来看,结构简单,主要是几种耐污种类。下一步,建议阳澄湖继续通过种植水草带动自然水草恢复,形成良性循环,并可以尝试优化鱼类和重建底栖动物群落结构,进一步改善生物多样性,培育和壮大本地物种库,借此来增强水生生态系统稳定性,助力建设生态文明区。恢复的原则和思路可参考“区域河湖生态系统修复对策建议”节。此外，目前阳澄湖部分水域环境较为良好，建议将其设立为重点保护区域，限制对其水域的过度开发。

(4) 娄江

针对娄江现状及面临的问题，结合前面整体修复思路和建议，主要考虑污染源控制及治理，即加强截污控源、削减外来河湖污染负荷等相关的基础建设工作，并加强宣传，提高民众的环保意识，严禁向河内及岸带投放垃圾，控制生活垃圾等外源污染物对水体的影响；还可以进行适当的产业结构调整以及土地规划利用。同时，尽量减少人工直立岸带，在有条件的沿岸带种植水生及陆生植物，实施生态护坡和生态岸带等措施。娄江水体浑浊，透明度极低，其中娄江2#样点底质状况较差(黑淤泥)，水生植物资源匮乏，底栖动物物种数较低，仅有几种耐污的广布种，群落结构简单，建议直接使用实施疏浚工程进行科学的管理和管控，可有效地减少河道内总氮、总磷的含量，降低河段污染物的存量，对减少河道污染负荷、改善底质和水质有明显作用。等到水体透明度适合时，在保证防汛和通航的前提下，在有条件的地方适当减缓部分水域的河岸坡度，从临近水体引入一些水生植物。待到水体经过初期水草修复且水质有了稳定的改善后，为维持良好的水质及生态环境，可开展其他水生生物类群的恢复工作，比如底栖动物的引种投放和土著鱼类的群落重建等，借此来改善娄江的生物多样性，增强水生生态系统稳定性。恢复的原则和思路可参考“区域河湖生态系统修复对策建议”节。此外，针对娄江沿岸带型鱼类较少，其植食性鱼类也较少，娄江在水生植物和滨岸带植被方面存在退化的现象，建议在适当水域开展沉水植物恢复工作；在保证防汛和通航的前提下，适当减缓部分水域的河岸坡度，为沉水植物的恢复和生长创造条件。在上述恢复措施开展的同时，引进一些土著沿岸带型鱼类，如中华鳑鲏和高体鳑鲏等。

(5) 吴淞江

针对吴淞江现状及面临的问题，结合前面整体修复思路，建议逐步向绿色航运转型，构建绿色航道，加强机动运输船只油污等污染物的无害化处理，改善鱼类生存环境。尽量减少人工直立岸带，在沿岸带种植水生及陆生植物，实施生态护坡和生态岸带等措施。在不同的河段实施不同的措施，比如对水生植物较为丰富的河段进行保护，避免水生植物的破坏，并在此基础上优化底栖动物及鱼类的结构；其他河段水生植物匮乏以及滨岸带植被存在退化现象，建议在适当水域开展沉水植物恢复工作；在保证防汛和通航的前提下，适当减缓部分水域的河岸坡度，为沉水植物的恢复和生长创造条件；待到水质及水生植物群落稳定后，为维持良好的水质及生态环境，再开展其他水生生物类群的恢复工作，比如底栖动物的引种投放和土著鱼类的群落重建等，借此来改善吴淞江的生物多样性，增强水生生态系统的稳定性。群落结构优化及恢复的原则和思路可参考“区域河湖生态系统修复对策建议”节。同时，针对吴淞江大量出现的凤眼莲，要进行及时的人工捕捞清除。

(6) 青秋浦

针对青秋浦现状及面临的问题,结合前面整体修复思路和建议,主要考虑污染源控制及治理,即加强截污控源、削减外来河湖污染负荷等相关的基础建设工作,并加强宣传,提高民众的环保意识,严禁向河内及岸带投放垃圾,并杜绝废水直排,控制外源污染物对水体的影响;同时,青秋浦存在水生植物和滨岸带植被退化的风险,可尽量减少人工直立岸带和河岸固化,实施生态护坡和生态岸带等措施,并采取有效措施改善底质结构,增加底质异质性。待水体改善并稳定之后,可从临近的湖泊、河流中引入水生植物和底栖动物,从而恢复与重建青秋浦的水生生物多样性,使生态系统结构更加稳定、健康。引种恢复的原则和思路可参考"区域河湖生态系统修复对策建议"节。同时重点治理福寿螺问题,为控制福寿螺的进一步扩散,应切断其传播途径,并进行集中灭杀,可行的措施主要包括:人工捕杀、化学药物灭杀、生物防治、转化开发其利用价值等。

7. 昆山市各河湖修复对策及建议

(1) 阳澄东湖

阳澄东湖作为旅游度假区,日常游客众多,应适当控制游客数量并进一步规范游人的行为,提高游人的环保意识,降低游玩对环境的影响。目前,阳澄东湖部分湖区还存在蓝藻水华的问题,氮磷营养盐含量偏高,针对这一问题,需要加强外源控制和内源治理,提升水体生态环境。阳澄东湖水生植物较为丰富,要对该区域的水生植物进行重点保护,后续可作为临近湖泊、河流引种的种质资源库,还能为其他区域水生植物的生态恢复提供一定的参照和依据。同时,针对阳澄东湖部分区域出现的凤眼莲,要进行及时的人工捕捞清除。清洁的水源是鱼类等水生生物赖以生存的基础,要规范养殖业的发展,通过生态修复,提升湖泊水质,给予鱼类充足的生存空间,来更好地维护鱼类物种多样性。从底栖动物类群来看,结构简单,主要是几种耐污种类。下一步,针对底栖动物和鱼类本底物种库匮乏、食物链和食物网简单、系统抵抗力薄弱等问题,建议在水生植物修复且水质有了稳定的改善后,开展鱼类和底栖动物群落结构的重建和恢复,进一步改善生物多样性,增强水生生态系统稳定性,助力建设生态文明区。恢复的原则和思路可参考"区域河湖生态系统修复对策建议"节。

(2) 傀儡湖

傀儡湖从阳澄湖引水,水质良好,是昆山市城区重要饮用水水源地和保护区。傀儡湖北面水深较深,不适合沉水植物的生长,可从南面或临近湖泊(如阳澄湖)适当引入浮叶植物。傀儡湖南面水深较浅,水生植物丰富,要对该区域的水生植物进行重点保护,后续可作为临近湖泊、河流引种的种质资源库。对于偶见鱼类物种应加强保护,严禁捕捞,对于一些鱼类优势种,可以合理控制其数量。傀儡湖底栖动物资源匮乏,为维持良好的水质及生态环境,建议恢复和重建底栖动物和土著鱼类的群落结构等,借此来增强水生生态系统稳定性。重建优化的原则和思路可参考

"区域河湖生态系统修复对策建议"节。

(3) 吴淞江

吴淞江是一条承载航运功能的河流,针对水体现状及面临的问题,结合前面整体修复思路,建议逐步向绿色航运转型,构建绿色航道,加强机动运输船只油污等污染物的无害化处理,改善鱼类生存环境。在不同的河段实施不同的措施,对水生植物较为丰富的河段(比如吴淞江1#)进行保护,避免水生植物的破坏,并在此基础上优化底栖动物及鱼类的结构;其他河段水生植物匮乏以及滨岸带植被存在退化现象,建议在适当水域开展沉水植物恢复工作;在保证防汛和通航的前提下,适当减缓部分水域的河岸坡度,为沉水植物的恢复和生长创造条件;待到水质及水生植物群落稳定后,为维持良好的水质及生态环境,再开展其他水生生物类群的恢复工作,比如底栖动物的引种投放和土著鱼类的群落优化等,借此来改善吴淞江的生物多样性,增强水生生态系统稳定性。群落结构优化及恢复的原则和思路可参考"区域河湖生态系统修复对策建议"节。同时,针对吴淞江大量出现的凤眼莲,要进行及时的人工捕捞清除。此外,应加强渔政的日常监管力度,杜绝无序盲目的擅自放生行为,制定科学的放生对策。

(4) 娄江

针对娄江现状及面临的问题,结合前面整体修复思路,建议主要考虑污染源控制及治理,即加强截污控源、削减外来河湖污染负荷等相关的基础建设工作,并加强宣传,提高民众的环保意识,严禁向河内及岸带投放垃圾,控制生活垃圾等外源污染物对水体的影响;还可以进行适当的产业结构调整以及土地规划利用。同时,尽量减少人工直立岸带,在有条件的沿岸带种植水生及陆生植物,实施生态护坡和生态岸带等措施。娄江水生植物资源匮乏,底栖动物物种数较低,仅有几种耐污的广布种,群落结构简单,建议直接使用实施疏浚工程进行科学的管理和管控,可有效地减少河道内总氮、总磷的含量,降低河段污染物的存量,对减少河道污染负荷,改善底质和水质有明显作用。等到水体透明度适合时,在保证防汛和通航的前提下,在有条件的地方适当减缓部分水域的河岸坡度,从临近水体引入一些水生植物。待到水体经过初期水草修复且水质有了稳定的改善后,为维持良好的水质及生态环境,可开展其他水生生物类群的恢复工作,比如底栖动物的引种投放和土著鱼类的群落重建等,以恢复鱼类群落结构,借此来改善娄江的生物多样性,进而增强水生生态系统稳定性。恢复的原则和思路可参考"区域河湖生态系统修复对策建议"节。此外,应定期开展水生态监测。

(5) 杨林塘

针对杨林塘现状及面临的问题,结合前面整体修复思路,建议逐步向绿色航运转型,适当控制船舶运行,加强外源控制和内源治理,尽量减少人工直立岸带,在适宜的沿岸带种植水生及陆生植物,实施生态护坡和生态岸带等措施。杨林塘(特别是杨林塘3#)水生植物丰富,可对该区域的水生植物进行重点保护,作为种质资源库。在保护好现有的水生植物种类的同时，也可以进行适当的引种，进一步增加杨林塘整体的水生植物多样性，待到水体经过初期水草修复且水质有了稳定的改善后，为维持良好的水质及生态环境，可开展其他水生生物类群的恢复工作，比如底栖动物的引种投放和土著鱼类的群落重建等，借此来改善杨林塘的生物多样性，增强水生生态系统稳定性。恢复的原则和思路可参考"区域河湖生态系统修复对策建议"节。后期需要进行长时间的监测和管理，控制好水生植物的密度、盖度等。此外，定期监测鱼类资源，对于刀鲚等偶见种要重点保护，禁止对其捕捞，切实落实禁渔制度，多方合作保护好区域内的鱼类资源，给予其充足的生存空间，来更好地维护鱼类物种多样性。

(6) 浏河

针对浏河现状及面临的问题，结合前面整体修复思路和建议，逐步向绿色航运转型，加强外源控制和内源治理，对附近的生活污水排放进行严格管控，尽量减少人工直立岸带，在有条件的沿岸带种植水生及陆生植物，实施生态护坡和生态岸带等措施。浏河水生植物资源匮乏，可从临近水体引入一些水生植物，待到水体经过初期水草修复且水质有了稳定的改善后，为维持良好的水质及生态环境，可开展其他水生生物类群的恢复工作，比如底栖动物的引种投放和土著鱼类的群落重建等，借此来改善浏河的生物多样性，增强水生生态系统稳定性。恢复的原则和思路可参考"区域河湖生态系统修复对策建议"节。

8. 张家港市各河湖修复对策及建议

(1) 暨阳湖

暨阳湖脆弱的生态系统主要由脆弱的内因所导致，具体表现为湖泊完全封闭且水生生物种库匮乏。针对这一主要问题，建议在加强连通度的同时，采用引种的方式来促进湖体种质库恢复，建议引入一些蚌类(如无齿蚌属物种)和软甲类物种作为先锋物种。此外，调查中发现在暨阳湖 1＃点周围分布有一定数量的水草，建议在以后的管理中应着重加强保护。由于湖泊周边建设有大量的人工固化堤岸，建议在沿岸带(如暨阳湖游船登船处)采用生态浮床的方式种植具有观赏性的水生植物，兼顾维护水质和景观美化的作用。暨阳湖现已开发为旅游景区，在充分发挥湖泊文化功能的同时，应该适当控制外源压力，即减少游船频次，减弱对生物的外部扰动。此外，建议加强湖区及滨岸带水生植被的恢复与重建，适量投放肉食性鱼类，抑制底栖动物密度，构建健康的河湖食物网。严禁无序人为放生。

(2) 朝东圩港

针对朝东圩港受损原因，结合前面整体修复思路，建议应加强外源控制和内源治理。从整个流域角度看，应对朝东圩港沿途进行适当的产业结构和土地规划调整。对受损最严重的河段进行疏浚(朝东圩港 2＃和 3＃)，对其内源污染物进行着重清理，全面清除历史遗留垃圾。在此基础上，可适当改善人工固化堤岸。在有条件的沿岸带种植水生及陆生植物(以沉水植物为主，挺水植物为辅)，实施生态护坡和生态岸带等措施。尽管调查中也发现朝东圩港4#分布有一定面积的水生植物,但其长势较差,应进行人工补种和定期维护。针对周围居民生活污水直排问题(朝东圩港2#和4#),需找出污水口并进行封堵,同时扩大污水管网收集面积,从根源上解决生活污水问题。此外,选取一些污染较轻的河段,适当投放一些净水物种(如蚌类、螺类和软甲类)进行人工引种,并持续监测种群相关参数。

(3) 六干河

六干河流域内生态系统面临的主要干扰包括沿岸居民未处理生活污水无序排放、沿岸工业尾水排放、河流渠道化与人工堤岸、建设水坝降低水体连通度。尤其在上游,周围工厂排放的尾水可能对河流系统产生较大影响。针对这一问题,我们建议在河流上游着重监控水质,并尽可能对尾水做进一步深度处理。由于尾水可能含有的重金属物质会沉积底泥,应对最严重的河段进行疏浚(六干河5#),对其内源污染物进行全面清理,全面清除历史遗留垃圾。在此基础上,可适当改善人工固化堤岸。在有条件的沿岸带种植水生及陆生植物(以沉水植物为主,挺水植物为辅),实施生态护坡和生态岸带等措施。等到水体透明度适合时,应适当栽种一些水生植物。待到水体经过初期水草修复且水质有了稳定的改善后,为维持良好的水质及生态环境,可开展其他水生生物类群的恢复工作,比如底栖动物的引种投放和土著鱼类的群落重建等,借此来改善河流生物多样性,增强水生生态系统稳定性。恢复的原则和思路可参考"区域河湖生态系统修复对策建议"节。

(4) 三干河

三干河流域内生态系统面临的主要干扰包括河道内历史遗留的生活垃圾未得到处理(三干河2#、三干河三干桥)、部分河段河流底泥发臭发黑。针对此,我们建议应对三干河进行底泥疏浚,对最严重的河段进行疏浚(三干河2#、三干河三干桥),对其内源污染物进行全面清理,全面清除历史遗留垃圾。等到水体透明度适合时,应适当栽种一些水生植物。待到水体经过初期水草修复且水质有了稳定的改善后,为维持良好的水质及生态环境,可开展其他水生生物类群的恢复工作,比如底栖动物的引种投放和土著鱼类的群落重建等,借此来改善生物多样性,增强水生生态系统稳定性。恢复的原则和思路可参考"区域河湖生态系统修复对策建议"节。另外,三干河4#点生物多样性较高,分布有较多水草和软体动物,建议对其进行着重保护,以作为下游河道生物多样性恢复的物种库来源。

9. 常熟市各河湖修复对策及建议

(1) 尚湖

尚湖生态系统主要体现在脆弱的内因本身。针对此,我们建议通过人工引种来丰富物种库,在沿岸带依据生境特点种植不同种类的水生植物,改善水质和底质状况,并科学调整渔业结构。采用引种的方式来促进湖体种质库恢复,引种恢复的原则和思路可参考"区域河湖生态系统修复对策建议"的第二部分。建议在沿岸带采用生态浮床的方式种植具有观赏性的水生植物,兼顾维护水质和景观美化的作用。水生植被的恢复应以沉水植物为主、挺水植物为辅，结合少量浮叶植物，沉水植物优先选择金鱼藻、苦草、狐尾藻等；挺水植物宜选芦苇、菖蒲、香蒲等；浮叶植物可选择睡莲、菱角等。由于尚湖是养殖湖泊，科学合理的渔业结构对于湖泊生态环境及渔业可持续发展具有重要意义，协调养殖与生态环境之间的关系尤为关键，因此后续科研调查及相关研究工作必不可少。此外，尚湖兼具水产养殖、水质净化和旅游功能，尽管已在外源压力削减方面做了一定工作，但随着周边经济发展和人为活动的干预，仍需合理调整政策和措施，以及时有效减弱外源压力。

(2) 昆承湖

昆承湖周边环境已进行了相关整治活动，为昆承湖的发展起到了一定积极作用。当前，昆承湖亟须对系统脆弱的生态功能上进行修复。这些修复建议主要有：培育和壮大本地物种库，丰富食物链和食物网，增加水体换水频率。对于当前昆承湖物种库不够丰富的现状，建议采用引种的方式来促进湖体种质库恢复，引种恢复的原则和思路可参考“区域河湖生态系统修复对策建议”的第二部分。所引进的物种包括大型软体动物、软甲类、沉水植物和一些鱼类物种，这些物种可以作为系统的先锋物种，对湖泊环境恢复具有积极作用。针对湖滨带人工固化现状，建议在沿岸带采用生态浮床的方式种植具有观赏性的水生植物，兼顾维护水质和景观美化的作用。水生植被的恢复应以沉水植物为主、挺水植物为辅，结合少量浮叶植物，沉水植物优先选择金鱼藻、苦草、狐尾藻等；挺水植物宜选芦苇、菖蒲、香蒲等；浮叶植物可选择睡莲、菱角等。在人工引种的基础上，改善湖泊底质和水质状况，为引入的物种提供良好的生存条件。我们有注意到昆承湖水上旅游项目较为丰富，建议在日常管理中加强调控，合理控制相关水上项目频次，减弱对水生生物(尤其是鱼类和蚌类)的扰动。严禁无序人为放生。

(3) 望虞河

望虞河面临的问题主要包括内源和外源压力，包括内河航运、点面源污染及系统本身脆弱的生态功能。针对望虞河现状及面临的问题，结合前面整体修复思路，建议逐步向绿色航运转型，适当控制船舶运行频次。在外源上，应进行污染源的控制及治理，即加强截污控源、削减外来污染负荷等相关的基础建设工作。针对部分河段沿岸带人工固化现状，建议采用生态浮床的方式种植具有观赏性的水生植物，实施生态护坡和生态岸带等措施，兼顾维护水质和景观美化的作用。水生植被的选择应以沉水植物为主、挺水植物为辅，结合少量浮叶植物，沉水植物优先选择金鱼藻、苦草、狐尾藻等；挺水植物宜选芦苇、菖蒲、香蒲等；浮叶植物可选择睡莲、菱角等。恢复与重建望虞河的生物多样性，增强水生生态系统稳定性。恢复的原则和思路可参考“区域河湖生态系统修复对策建议”节。

(4) 张家港河

张家港河所面临的主要包括内源和外源压力，如内河航运、点源污染等，同时系统本身稳定性较差问题亦不容忽视。针对张家港河系统面临的主要问题，我们建议应外源管控和增强生态功能相结合。在外源上，首先应进行污染源的控制及治理，即加强截污控源、削减外来污染负荷等相关的基础建设工作。针对周围居民生活污水直排问题，需找出污水口并进行封堵，同时扩大污水管网收集面积，从根源上解决生活污水问题。对于航运业，我们建议合理调控航运业，主要包括合理控制航运频次，加强对船只产生的油污及生活垃圾的处理。鉴于张家港河系统本身生态功能不强的现象，建议优化水生植物、底栖动物及鱼类的结构，以提高系统本身抵抗力。群落结构优化及恢复的原则和思路可参考“区域河湖生态系统修复对策建议”的第二部分。同时，逐步向绿色航运转型，尤其需要加强对机动运输船只油污污染物的无害化处理；尽量减少人工直立岸带，在沿岸带种植水生及陆生植物，实施生态护坡和生态岸带等措施。张家港河的底泥状况较差，其生物多样性相对略高，考虑到大规模的疏浚将破坏现有的生物多样性，因此建议采用其他的改善底泥的技术，如物理、化学和生物改良等方法。等到水体透明度适合时，应适当栽种一些水生植物，恢复与重建张家港河的生物多样性，增强水生生态系统稳定性。此外，需加强张家港河渔政的日常监管力度，杜绝非法捕捞；针对附近工厂的污水排放可加以控制，在排放处设置生态缓冲区，并采用梯级排水方式入河。

(5) 白茆塘

白茆塘面临的主要问题有：航运问题、沿岸带遗留建筑垃圾和生活垃圾、居民过度捕捞水生生物(淡水螺类)等。对此，我们建议从航运频次及船只产生的油污及生活垃圾方面合理调控航运业。针对周围居民生活污水直排问题，需找出污水口并进行封堵，同时扩大污水管网收集面积，从根源上解决生活污水问题。对于长期积累的遗留垃圾和内源污染物，在一些淤泥较多、生物多样性偏低的河段，建议通过人工疏浚的形式进行治理，对其内源污染物进行全面清理，全面清除历史遗留垃圾。等到水体透明度适合时，应适当栽种一些水生植物。待到水体经过初期水草修复且水质有了稳定的改善后，为维持良好的水质及生态环境，可开展其他水生生物类群的恢复工作，比如底栖动物的引种投放和土著鱼类的群落重建等，借此来改善河流生物多样性，增强水生生态系统稳定性。恢复的原则和思路可参考“区域河湖生态系统修复对策建议”节。针对河岸固化现象，可适当改善人工固化堤岸，保证河床稳定的同时不阻碍河流与河岸带的物质交换。在有条件的沿岸带种植水生及陆生植物(以沉水植物为主，挺水植物为辅)，实施生态护坡和生态岸带等措施。针对沿岸渔民过度捕捞淡水螺问题，应该从政策法规、宣传教育两方面着手解决。逐步向绿色航运转型，尽量减少人工直立岸带，加强对沿岸企业、工厂污水排放的监查力度，关注水环境治理工作。

(6) 盐铁塘

针对盐铁塘现状及面临的内外源压力问题，结合前面整体修复思路，建议对整个流域进行适当的产业结构调整以及土地规划利用。对于盐铁塘水环境问题，主要考虑污染源的控制及治理，即加强截污控源、削减外来河湖污染负荷等相关的基础建设工作。针对周围居民生活污水直排问题,需找出污水口并进行封堵,同时扩大污水管网收集面积,从根源上解决生活污水问题。对于长期积累的内源污染物问题,可以在一些淤泥较多、生物多样性偏低的河段,通过人工疏浚的形式进行治理。待疏浚后,开展水生生物类群的恢复工作,优化水生植物、底栖动物及鱼类的结构。针对生态系统本身的生物多样性偏低问题,可通过适当投放一些净水物种(如蚌类、螺类和软甲类)、水生植物进行人工补种和定期维护,还可进行土著鱼类的群落重建等,借此来改善河流的生物多样性,增强水生生态系统稳定性。群落结构优化及恢复的原则和思路可参考"区域河湖生态系统修复对策建议"的第二部分。

(7) 常浒河

常浒河生态环境状况较差,面临的问题主要包括内源和外源压力:底泥发黑发臭、水体具有刺激性气味、人工固化堤岸及一些大型水生生物(蚌类)消亡等。针对此,我们建议:在整个流域尺度控制外源污染物排入河流,主要考虑污染源的控制及治理,即加强截污控源、削减外来河湖污染负荷等相关的基础建设工作,有条件的地方可以进行雨污分流。针对周围居民生活污水直排问题,需找出污水口并进行封堵,同时扩大污水管网收集面积,从根源上解决生活污水问题。针对长期积累的内源污染物问题,可以对于一些淤泥较多、生物多样性偏低的河段,建议通过人工疏浚的形式进行治理,对其内源污染物进行全面清理,全面清除历史遗留垃圾。由于常浒河大多为人工固化堤岸,在有条件的沿岸带以生态浮床的方式种植水生及陆生植物(以沉水植物为主,挺水植物为辅),实施生态护坡和生态岸带等措施。逐步向绿色航运转型,尤其需要加强对机动运输船只油污污染物的无害化处理。开展休闲垂钓,对优势种群进行合理捕捞,适当投放肉食性鱼类,调整鱼类群落结构。

10. 太仓市各河湖修复对策及建议

(1) 金仓湖

金仓湖管理有序,水质良好,目前主要的问题是湖泊的连通度有限且水生生物种质库匮乏。针对这一主要问题,建议在加强连通度的同时,采用引种的方式来促进湖体种质库恢复,引种恢复的原则和思路可参考"区域河湖生态系统修复对策建议"节。此外,虽然金仓湖水生生物种质库匮乏,但仅有的几种底栖动物密度极高,建议适量投放底栖鱼类,抑制底栖动物密度,构建健康的河湖食物网。金仓湖岸带没有缓坡,深度较大,不利于构建水生植物群落,建议在沿岸带采用生态浮床的方式种植具有观赏性的水生植物,兼顾维护水质和景观美化的作用。此外,金仓湖作为休闲公园,日常游客众多,应加强管理,降低游玩对环境的影响,严禁无序人为放生。

(2) 浏河

针对浏河现状及面临的问题,结合前面整体修复思路,建议逐步向绿色航运转型,加强外源控制和内源治理,尽量减少人工直立岸带,在有条件的沿岸带种植水生及陆生植物,实施生态护坡和生态岸带等措施。浏河的底泥状况亦不容乐观,浏河闸河段生物多样性较低,可直接实施疏浚工程,进行科学的管理和管控,快速有效地去除底泥中历史遗留的内源污染物;但其他河段生物多样性相对略高,建议有选择性的小范围疏浚或采取其他底泥改善技术。等到水体透明度适合时,应适当栽种一些水生植物,待到水体经过初期水草修复且水质有了稳定的改善后,为维持良好的水质及生态环境,可开展其他水生生物类群的恢复工作,比如底栖动物的引种投放和土著鱼类的群落重建等,借此来改善浏河的生物多样性,增强水生生态系统稳定性。恢复的原则和思路可参考"区域河湖生态系统修复对策建议"节。此外,浏河需加强渔政的日常监管力度,规范和引导放生行为,杜绝无序盲目的擅自放生行为,在一些爱心人士经常放生的码头上树立相关的宣传栏,宣传可以放生的物种和禁止放生的物种,规范和引导放生行为,做到"堵""疏"并举,综合治理。

(3) 杨林塘

针对杨林塘现状及面临的问题,结合前面整体修复思路,建议逐步向绿色航运转型,适当控制船舶运行,加强外源控制和内源治理,尽量减少人工直立岸带,在沿岸带种植水生及陆生植物,实施生态护坡和生态岸带等措施。杨林塘的底泥状况较差,考虑到杨林塘的生物多样性较低,可直接实施疏浚工程,进行科学的管理和管控,快速有效地去除底泥中历史遗留的内源污染物。等到水体透明度适合时,应适当栽种一些水生植物。待到水体经过初期水草修复且水质有了稳定的改善后,为维持良好的水质及生态环境,可开展其他水生生物类群的恢复工作,比如底栖动物的引种投放和土著鱼类的群落重建等,借此来改善杨林塘的生物多样性,增强水生生态系统的稳定性。恢复的原则和思路可参考"区域河湖生态系统修复对策建议"节。此外,还应加强对河道附近养殖塘的监管,避免养殖废水对杨林塘的河道造成污染,以及一些养殖的物种逃逸至自然水体,对本土原生鱼类构成威胁。

(4) 钱泾

针对钱泾现状及面临的问题,结合前面整体修复思路和建议,主要考虑污染源控制及治理,即加强截污控源、削减外来河湖污染负荷等相关的基础建设工作;还可以进行适当的产业结构调整以及土地规划利用。在水体透明度适合的河段时,应适当栽种一些水生植物,待到水体经过初期水草修复且水质有了稳定的改善后,为维持良好的水质及生态环境,可开展其他水生生物类群的恢复工作,比如底栖动物的引种投放和土著鱼类的群落重建等,借此来改善钱泾的生物多样性,增强水生生态系统稳定性。恢复的原则和思路可参考"区域河湖生态系统修复对策建议"节。此外,针对岸带面临的影响,在沿岸带种植水生及陆生植物,实施生态护坡和生态岸带等措施。此外,还应加强对河道附近养殖塘的监管,避免养殖废水对钱泾的河道造成污染;向周边居民宣传环保知识,严禁向河内及岸带投放垃圾。

（5）七浦塘

针对七浦塘现状及面临的问题，结合前面整体修复思路，建议逐步向绿色航运转型，尤其需要加强对机动运输船只油污污染物的无害化处理；尽量减少人工直立岸带，有条件的选取适宜的沿岸带种植水生及陆生植物，实施生态护坡和生态岸带等措施。七浦塘水质相对较好，河底黑臭淤泥较少。鉴于水生植物匮乏的现状，建议在水体透明度适合的河段，应适当栽种一些水生植物，特别是沉水植物，待到水质及水生植物群落稳定后，为维持良好的水质及生态环境，可开展其他水生生物类群的恢复工作，比如底栖动物的引种投放和土著鱼类的群落重建等，借此来改善七浦塘的生物多样性，增强水生生态系统稳定性。恢复的原则和思路可参考"区域河湖生态系统修复对策建议"节。

（6）浪港

针对浪港现状及面临的问题，结合前面整体修复思路和建议，主要考虑污染源的控制及治理，即加强截污控源、削减外来河湖污染负荷等相关的基础建设工作；还可以进行适当的产业结构调整以及土地规划利用。在不同的河段实施不同的措施，比如浪港 2＃点的水生植物盖度适宜，可对该河段进行保护，避免水生植物的破坏，并在此基础上优化底栖动物及鱼类的结构；其他河段水生植物匮乏，应适当栽种一些水生植物，待到水质及水生植物群落稳定后，为维持良好的水质及生态环境，再开展其他水生生物类群的恢复工作，比如底栖动物的引种投放和土著鱼类的群落重建等，借此来改善浪港的生物多样性，增强水生生态系统稳定性。群落结构优化及恢复的原则和思路可参考"区域河湖生态系统修复对策建议"节。此外，针对岸带面临的影响，主要是优化自然岸带的生态环境，在条件允许的情况下优化沿岸带水生及陆生植物群落，实施生态护坡和生态岸带等措施。

（7）新泾

针对新泾现状及面临的问题，结合前面整体修复思路和建议，主要考虑污染源控制及治理，即加强截污控源、削减外来河湖污染负荷等相关的基础建设工作；还可以进行适当的产业结构调整以及土地规划利用。水生植物资源匮乏，建议等到水体透明度适合时，待到水质及水生植物群落稳定后，为维持良好的水质及生态环境，再开展其他水生生物类群的恢复工作，比如底栖动物的引种投放和土著鱼类的群落重建等，借此来改善新泾的生物多样性，增强水生生态系统稳定性。群落结构优化及恢复的原则和思路可参考"区域河湖生态系统修复对策建议"节。此外，针对岸带面临的影响，主要是优化自然岸带的生态环境，减少人为干扰，降低环境压力，在条件允许的情况下优化沿岸带水生及陆生植物群落。此外，针对发现的锅炉管道排水可能对河道水体产生潜在不利影响的问题，可加以控制，在排放处设置生态缓冲区，并采用梯级排水方式入河。

第十三章

苏州市城乡有机废弃物总量

苏州市有机废弃物主要涵盖生活垃圾(其他垃圾)、厨余垃圾、餐厨垃圾、城镇生活污水处理厂污泥、园林绿化废弃物、农作物秸秆、畜禽养殖废弃物、蔬菜尾菜、蓝藻、淤泥、河湖水生植物、生活垃圾焚烧飞灰等类型。经统计,2020 年,苏州市有机废弃物(不含河湖淤泥)总产生收集量约 955.32 万 t,其中生活垃圾(其他垃圾)537.71 万 t,厨余垃圾 58.41 万 t,餐厨垃圾 52.32 万 t,城镇生活污水处理厂污泥 82.74 万 t,园林绿化废弃物 20.08 万 t,农作物秸秆可收集资源量 70.11 万 t,畜禽养殖废弃物 40.11 万 t,蔬菜尾菜 20.3 万 t,蓝藻藻泥 0.23 万 t,蓝藻 20.36 万 t,河湖水生植物 73.32 万 t(其中太湖 11.22 万 t),淤泥 1 392.23 万 m^3(其中太湖 230万 m^3),生活垃圾焚烧飞灰 14.26 万 t(飞灰螯合后的量)。苏州市生活垃圾焚烧飞灰产生收集情况如表 13.1 所示。

表 13.1 苏州市生活垃圾焚烧飞灰产生收集情况(2020 年)

县(市、区)	生活垃圾焚烧飞灰(螯合后)(万 t)
张家港市	1.23
常熟市	2.51
太仓市	1.18
昆山市	2.08
吴江区	1.71
吴中区	5.54
相城区	
姑苏区	
工业园区	
高新区	
合计	14.26

第一节 生活垃圾(其他垃圾)

生活垃圾(其他垃圾)是指居民在日常生活中或者为日常生活提供服务的活动中产生的固体废物(可回收物、有害垃圾、厨余垃圾除外)。

2020年,苏州市全年累计产生收集生活垃圾(其他垃圾)537.71万t,日均约14 731.78 t,人均生活垃圾(其他垃圾)产生量为1.16 kg/(人·d)(以常住人口计)。2020年苏州市生活垃圾(其他垃圾)产生收集情况如表13.2所示。

表13.2　苏州市生活垃圾(其他垃圾)产生收集情况(2020年)

县(市、区)	常住人口(人)	生活垃圾(其他垃圾)年产生收集量(t)
张家港市	1 432 044	542 900
常熟市	1 677 050	539 000
太仓市	831 113	328 488
昆山市	2 092 496	1 038 812
吴江区	1 545 023	745 160
吴中区	1 388 972	691 800
相城区	891 055	345 336
姑苏区	924 083	359 703
工业园区	1 133 927	402 500
高新区	832 499	323 501
市区统筹*	—	59 900
合计	12 748 262	5 377 100

*注:市区统筹的生活垃圾(其他垃圾)主要为餐厨大杂、统一销毁等生活垃圾。

第二节　厨余垃圾

厨余垃圾是指居民生活中产生的易腐的生物质生活垃圾,包括食材废料、剩菜剩饭、过期食品、瓜皮果核、花卉绿植废弃物、中药药渣等家庭厨余垃圾,农副产品集贸市场和果蔬门店产生的有机垃圾。

2020年,苏州市共产生收集厨余垃圾58.41万t,人均厨余垃圾产生量为0.126 kg/(人·d)(以常住人口计),厨余垃圾约占生活垃圾(其他垃圾+厨余垃圾)的9.8%。2020年苏州市厨余垃圾产生情况如表13.3所示。

表13.3　苏州市厨余垃圾产生情况(2020年)

县(市、区)	常住人口(人)	厨余垃圾年产生量(t)
张家港市	1 432 044	78 799
常熟市	1 677 050	83 200
太仓市	831 113	23 553
昆山市	2 092 496	242 360

续表

县(市、区)	常住人口(人)	厨余垃圾年产生量(t)
吴江区	1 545 023	24 230
吴中区	1 388 972	55 169
相城区	891 055	11 120
姑苏区	924 083	31 749
工业园区	1 133 927	29 800
高新区	832 499	4 080
合计	12 748 262	584 060

第三节　餐厨垃圾

餐厨垃圾主要是由餐饮商家、机关企事业单位、学校食堂等产生的废弃食物残渣、食品加工废料和废弃食用油脂。

2020 年,苏州市共计约 31 452 家餐饮、企事业单位等产生餐厨垃圾,产生餐厨垃圾 52.32 万 t。2020 年苏州市餐厨垃圾产生情况如表 13.4 所示。

表 13.4　苏州市餐厨垃圾产生情况(2020 年)

县(市、区)	单位数量(家)	餐厨垃圾年产生量(t)
张家港市	1 826	30 723
常熟市	484	30 800
太仓市	1 506	26 338
昆山市	3 751	122 640
吴江区	1 174	70 326
吴中区	7 912	46 037
相城区	—	25 907
姑苏区	5 407	34 410
工业园区	7 534	64 000
高新区	1 858	72 000
合计	31 452	523 181

第四节　种植业有机废弃物

一、秸秆

本书中涉及的秸秆主要为水稻、小麦、油菜和玉米等农作物秸秆。

2020 年，苏州市农作物种植面积约 175.06 万亩（1 亩≈666.67 m^2，下同），其中水稻种植面积 105.27 万亩，小麦种植面积 65.97 万亩，油菜种植面积 2.15 万亩，其他秸秆类农作物（玉米）种植面积 1.67 万亩。全市秸秆可收集资源量 70.11 万 t，其中水稻、小麦、油菜秸秆和其他（玉米）秸秆可收集资源量分别为 48.05 万 t、20.76 万 t、0.5 万 t、0.80 万 t。苏州市水稻、小麦、油菜等种植业规模以及秸秆量分别见表 13.5、表 13.6、表 13.7 和表 13.8。

表 13.5　苏州市各地区水稻播种以及秸秆量(2020 年)

县(市、区)	水稻播种面积 (亩)	水稻产量 (t)	秸秆理论资源量 (t)	秸秆可收集资源量 (t)
张家港市	242 084	148 882	150 371	109 771
常熟市	262 030	163 368	165 002	120 385
太仓市	181 293	112 946	114 075	83 275
昆山市	112 350	70 028	70 728	51 632
吴江区	178 662	112 154	113 276	82 691
吴中区	33 885	20 124	20 325	14 837
相城区	28 500	17 201	17 373	12 682
姑苏区	0	0	0	0
工业园区	570	230	294	218
高新区	13 315	6 852	6 920	5 052
合计	1 052 689	651 785	658 364	480 543

表 13.6　苏州市各地区小麦播种以及秸秆量(2020 年)

县(市、区)	小麦播种面积 (亩)	小麦产量 (t)	秸秆理论资源量 (t)	秸秆可收集资源量 (t)
张家港市	165 408	56 239	66 924	54 209
常熟市	178 209	56 136	66 802	53 869
太仓市	144 775	46 183	54 958	44 516
昆山市	55 800	18 168	21 620	17 512
吴江区	93 300	32 739	38 959	31 557

续表

县(市、区)	小麦播种面积(亩)	小麦产量(t)	秸秆理论资源量(t)	秸秆可收集资源量(t)
吴中区	1 468	376	447	362
相城区	17 100	4 711	5 606	4 541
姑苏区	0	0	0	0
工业园区	570	128	176	128
高新区	3 048	907	1 080	864
合计	659 678	215 587	256 572	207 558

表 13.7　苏州市各地区油菜播种以及秸秆量(2020 年)

县(市、区)	油菜播种面积(亩)	油菜产量(t)	秸秆理论资源量(t)	秸秆可收集资源量(t)
张家港市	14 900	2 533	4 762	3 381
常熟市	5 181	911	1 713	1 217
太仓市	0	0	0	0
昆山市	0	0	0	0
吴江区	825	169	318	258
吴中区	630	79	148	120
相城区	0	0	0	0
姑苏区	0	0	0	0
工业园区	0	0	0	0
高新区	0	0	0	0
合计	21 536	3 692	6 941	4 976

表 13.8　苏州市其他(玉米)秸秆类农作物播种及秸秆产生情况(2020 年)

县(市、区)	其他(玉米)播种面积(亩)	其他(玉米)产量(t)	秸秆理论资源量(t)	秸秆可收集资源量(t)
张家港市	2 100	672	947.52	855.04
常熟市	6 900	2 712	3 823.92	3 450.71
太仓市	5 100	1 938	2 732.58	2 465.88
昆山市	1 500	638	899.58	811.78
吴江区	1 050	383	540.03	487.32
合计	16 650	6 343	8 943.63	8 070.73

注:表 13.5、表 13.6、表 13.7 和表 13.8 中秸秆理论资源量和可收集资源量的计算方式来源于《农业农村部办公厅关于做好农作物秸秆资源台账建设工作的通知》(农办科〔2019〕3 号)。

二、蔬菜尾菜

2020年，苏州市蔬菜累计种植面积100.53万亩次，蔬菜产量203万t。以蔬菜产量的10%估算尾菜产生量，2020年苏州市产生蔬菜尾菜20.3万t，详见表13.9。

表 13.9　苏州市蔬菜种植及尾菜产生情况(2020年)

县(市、区)	种植面积(亩次)	蔬菜产量(t)	尾菜产生量(估算,t)
苏州市	1 005 300	2 030 000	203 000

第五节　畜禽养殖废弃物

畜禽养殖废弃物主要指动物养殖过程中产生的排泄物，主要涉及猪粪、牛粪、鸡粪、羊粪等。

2020年，苏州市共有生猪11.47万头、奶牛0.85万头、肉牛0.03万头、蛋鸡48.24万羽、肉鸡33.95万羽、羊2.97万头。苏州市畜禽养殖粪污产生量共约40.11万t，其中规模养殖场粪污产生量36.88万t，规模以下养殖户粪污产生量3.23万t。2020年苏州市畜禽年末存栏量及粪污产生量见表13.10。

表 13.10　苏州市畜禽年末存栏量及粪污产生量(2020年)

畜禽种类	县(市、区)	年末存栏量(万头、万羽)	粪污产生量(t)
生猪	张家港市	3.31	57 396.14
	常熟市	2.27	21 332.44
	太仓市	1.35	13 324.23
	昆山市	1.15	15 840.12
	吴江区	1.80	15 794.41
	吴中区	0.1	1 002.85
	相城区	1.48	22 411.96
	姑苏区	0	0
	工业园区	0	0
	高新区	0	0
	全市	**11.47**	**147 102.15**

续表

畜禽种类	县(市、区)	年末存栏量(万头、万羽)	粪污产生量(t)
奶牛	张家港市	0.33	67 240.23
	常熟市	0.32	45 060.21
	太仓市	0.2	39 400.22
	昆山市	0	0
	吴江区	0	0
	吴中区	0	0
	相城区	0	0
	姑苏区	0	0
	工业园区	0	0
	高新区	0	0
	全市	**0.85**	**151 700.66**
肉牛	张家港市	0	0
	常熟市	0.03	6 069.19
	太仓市	0.003	606.96
	昆山市	0	0
	吴江区	0	0
	吴中区	0	0
	相城区	0	0
	姑苏区	0	0
	工业园区	0	0
	高新区	0	0
	全市	**0.033**	**6 676.15**
蛋鸡	张家港市	16.76	9 110.31
	常熟市	13.51	6 125.32
	太仓市	3.00	1 485.09
	昆山市	0.56	345.43
	吴江区	13.22	5 623.06
	吴中区	0.36	170.47
	相城区	0.83	714.87
	姑苏区	0	0
	工业园区	0	0
	高新区	0	0
	全市	**48.24**	**23 574.55**

续表

畜禽种类	县(市、区)	年末存栏量(万头、万羽)	粪污产生量(t)
肉鸡	张家港市	4.84	3 220.22
	常熟市	3.43	1 510.42
	太仓市	17.86	8 933.51
	昆山市	0.44	317.27
	吴江区	6.86	2 433.82
	吴中区	0.12	53.65
	相城区	0.4	333.48
	姑苏区	0	0
	工业园区	0	0
	高新区	0	0
	全市	**33.95**	**16 802.37**
羊	张家港市	0.35	10 034.42
	常熟市	1.19	20 718.33
	太仓市	0.96	17 895.24
	昆山市	0.01	301.47
	吴江区	0.27	4 237.45
	吴中区	0.18	2 018.14
	相城区	0.01	47.25
	姑苏区	0	0
	工业园区	0	0
	高新区	0	0
	全市	**2.97**	**55 252.3**
合计		97.51	401 108

第六节　城市园林废弃物

园林废弃物是指园林及绿化植物养护过程中产生的枯枝落叶、绿化修剪枝和草屑等。苏州市园林绿化大部分采取点线面相结合的混合式绿地布局。

2020 年,苏州市园林绿化在养面积约 37 998.09 万 m^2,共产生园林废弃物 20.08 万 t。2020 年苏州市园林绿化在养面积及园林绿化废弃物产生情况如表 13.11 所示。

表 13.11　苏州市园林绿化在养面积及废弃物产生情况(2020 年)

县(市、区)	面积(万 m^2)	产生量(t)
张家港市	4 260	13 350
常熟市	2 200(养护约为 400; 中心城区外市级生态林带面积 1 800)	15 421.58
太仓市	3 149	43 783
昆山市	9 777	35 369
吴江区	4 171.39	16 298.72
吴中区	2 353.8	26 000
相城区	4 800	20 000
姑苏区	600	11 162.2
工业园区	4 797	14 839
高新区	1 889.9	4 550
合计	37 998.09	200 773.5

第七节　城镇生活污水处理厂污泥

2020 年,苏州市共有 86 座城镇生活污水处理厂,全市城镇污水厂共计处理污水量 116 051.14 万 t,污泥产生量 82.74 万 t。2020 年,苏州市城镇污水处理厂生活污水处理及污泥产生情况见表 13.12。

表 13.12　苏州市生活污水处理及污泥产生情况(2020 年)

县(市、区)	污水厂数量(座)	设计处理规模(万 t/d)	污水实际处理量(万 t/a)	污泥量(t/a)
张家港市	9	28.5	7 188.07	53 301.46
常熟市	11	40.2	9 164.3	83 392.12
太仓市	9	28.5	5 823.38	41 060.53
昆山市	16	87.2	27 078.47	183 963.33
吴江区	14	33.25	10 903.43	38 146.58
吴中区	9	51	14 569.46	137 537.38
相城区	8	37.5	6 840.86	42 919.95
姑苏区	3	36	11 913.78	78 665.46
工业园区	2	50	13 574.69	87 273.51
高新区	5	28	8 994.7	81 150.75
合计	86	420.15	116 051.14	827 411.07

根据苏州市各地区生活污水处理厂改扩建计划,预测 2025 年苏州市城镇生活

污水处理厂污泥产生量为97.18万t,如表13.13所示。

表13.13　预测2025年苏州市城镇生活污水处理厂污泥产生情况

县(市、区)	污水厂数量(座)	预测污水处理量(万t/a)	预测污泥量(t/a)	备注
张家港市	10	10 214.53	75 745	锦丰及乐余污水厂二期扩建,新增污水处理能力分别为3万t/d、1.5万t/d;金港污水厂二期扩建及高新区水处理中心未来3年新增污水处理能力7.5万t/d;总计新增污水处理12万t/d。按2020年均值匡算预计新增污泥产生量为22 443 t
常熟市	—	—	86 142.12	根据2018—2020年污泥产生量年均增加0.055万t预测
太仓市	8	6 922.81	57 527.4	根据太仓市城镇污水处理专项规划,太仓市干污泥量每年增长约494.575 t,则2025年干污泥量为11 505.475 t,折合含水率80%的脱水污泥量为57 527.38 t
昆山市	16	27 078.47	183 963.33	预计污泥量与2020年比无变化
吴江区	14	10 903.43	38 146.58	预计污泥量与2020年比无变化
吴中区	9	17 140.5	161 809	根据吴中区2025年预计污水处理规模60万t/d和目前的污水处理规模比例确定
相城区	8	7 553	47 387	以年平均增长2%计
姑苏区	3	11 913.78	78 665.46	预计污泥量与2020年比无变化
工业园区	2	—	120 678.5	以每年产生污泥量17.5 t/d的速度增长,2025年较2020年增加31 937.5 t污泥
高新区	5	13 492.1	121 726	根据高新区污水专项规划,预计2025年污水处理规模为42万t/d,以及目前的污水处理规模比例确定
合计	—	—	971 789.6	—

第八节　水域有机废弃物

一、湖体有机废弃物(蓝藻、淤泥)

1. 蓝藻

(1) 苏州市蓝藻打捞情况

2020年,全市累计打捞蓝藻(含水)20.36万t(其中太湖水域14.18万t,约占70%),藻水分离12.01万t(其中太湖水域9.23万t,约占77%),产生藻泥2 330.47 t(其中太湖水域2 285.5 t,约占98%)。2020年苏州市蓝藻打捞情况见表13.14。

表 13.14 苏州市蓝藻打捞情况(2020 年)

县(市、区)	蓝藻打捞量(t)	藻水分离量(t)	藻泥量(t)
张家港市	0	0	0
常熟市	0	0	0
太仓市	0	0	0
昆山市	90	0	0.9
吴江区	42 273	42 273	844.6
吴中区	95 689.9	48 919	1 430.1
相城区	1 824.6	1 216	13.5
姑苏区	23 712	0	10.47
工业园区	35 000	26 390	15
高新区	4 962	1 341.5	15.9
合计	203 551.5	120 139.5	2 330.47

(2) 苏州市太湖水域蓝藻打捞情况

“十三五”期间,苏州市太湖水域蓝藻打捞情况见表 13.15。

表 13.15 “十三五”期间苏州市太湖水域蓝藻打捞情况

类别	年份					“十三五”合计
	2016	2017	2018	2019	2020	
打捞量(万 t)	1.48	6.97	3.58	9.53	14.18	35.74

根据“十三五”期间的太湖蓝藻治理经验,蓝藻暴发主要集中在每年的 6—11 月。蓝藻的打捞量主要与蓝藻的打捞能力有关,蓝藻打捞能力取决于打捞人员及打捞设备的数目,根据“十三五”期间苏州市太湖水域蓝藻打捞情况,预计“十四五”期间苏州市太湖水域每年蓝藻打捞量基本不变。

2. 淤泥

淤泥主要来源于河湖清淤、航道疏浚,管理部门一般对同一河道 3～5 年循环清理一次。2020 年,苏州市共疏浚河湖淤泥 1 392 万 m^3(其中太湖出入河湖口区清淤 230 万 m^3,占比 16.5%)。2020 年苏州市河湖清淤情况见表 13.16。

表 13.16 苏州市河湖清淤情况(2020 年) (单位:万 m^3)

县(市、区)	太湖生态清淤淤泥	其他水域生态清淤淤泥	其他水域干挖式污泥	合计
张家港市	0	8.5	229	237.5
常熟市	0	240	0	240
太仓市	0	252.7	0	252.7

续表

县(市、区)	太湖生态清淤淤泥	其他水域生态清淤淤泥	其他水域干挖式污泥	合计
昆山市	0	120	0	120
吴江区	130	0	107.7	237.7
吴中区	100	60	0	160
相城区	0	0	55.8	55.8
姑苏区	0	0	32.2	32.2
工业园区	0	12	0	12
高新区	0	0	44.334	44.334
合计	230	693.2	469.034	1 392.23

二、河湖水生植物(水葫芦和其他水草)

本书中河湖水生植物主要包括水葫芦和其他水草。

2020 年,苏州市打捞水葫芦、水草等河湖水生植物共 73.32 万 t(其中太湖水域 11.22 万 t,占比 15.3%),打捞情况如表 13.17 所示。

表 13.17　苏州市各地水生植物打捞情况(2020 年)

县(市、区)	水葫芦(t)		其他水草(t)		合计(t)
	太湖水域	其他水域	太湖水域	其他水域	
张家港市	0	4 900	0	1 500	6 400
常熟市	0	45 000	0	0	45 000
太仓市	0	6 000	0	6 000	12 000
昆山市	0	265 000	0	5 000	270 000
吴江区	0	117 123	24 550	22 505	164 178
吴中区	0	0	75 067.7	0	75 067.7
相城区	0	31 098.97	1 613.28	21 214.9	53 927.15
姑苏区	0	0	0	0	0
工业园区	0	64 000	0	7 100	71 100
高新区	0	24 570	10 969	0	35 539
合计	0	557 691.97	112 199.98	63 319.9	733 211.9

第九节　其他废弃物

苏州市其他废弃物主要是生活垃圾焚烧飞灰。生活垃圾焚烧飞灰是指烟气净化系统捕集物和烟道及烟囱底部沉降的底灰。

截至2020年年底，苏州市共拥有生活垃圾焚烧厂7座，2020年共产生生活垃圾焚烧飞灰14.26万t(飞灰经螯合后的量)。2020年苏州市生活垃圾焚烧及其飞灰产生情况如表13.18所示。

表13.18　苏州市生活垃圾焚烧及其飞灰产生情况(2020年)

县(市、区)	生活垃圾焚烧厂数量(座)	处理能力(t/d)	2020年实际处理量(万t/a)	飞灰螯合后量(t/a)
张家港市	1	900	31.22	12 260.22
常熟市	2	3 300	53.9	25 129.96
太仓市	1	750	27.12	11 838.24
昆山市	1	2 050	57.42	20 832.65
吴江区	1	1 500	56.9	17 126.33
市区(吴江区除外)	1	5 800	207.2	55 402.8
合计	7	14 300	433.76	142 590.2

第十四章

苏州市城乡有机废弃物收处体系建设及运行现状

第一节　收处体系能力建设现状

一、收集-运输体系建设现状

1. 生活垃圾分类、收集和转运体系能力建设现状

根据“社会源大分流、居民区细分类”工作原则，按照“两头抓(源头投放、末端处置)强中间(分类收运)”工作策略全面推行生活垃圾分类。苏州市的生活垃圾分类、收集和转运体系建设主要由各级政府负责，按照“组保洁、村收集、镇转运、市(区)处理”的原则，建立健全生活垃圾收运体系，市级成立垃圾分类工作专班，挂牌成立苏州市垃圾分类管理中心；推行智慧监管，建设生活垃圾分类综合管理平台，完成280余座终端处置设施和部分居民小区的信息接入工作；建成可视化监管平台，形成全市垃圾分类“一张图”，为研判、考核提供直观依据。经统计，苏州市共建有环卫所103个，大中小型生活垃圾中转站287座，形成合计约23 874 t/d的中转处理能力，拓展“三定一督”小区4 882个，建成1.37万个清洁屋；在农村开展入户收集、扫码计量、专车专运，生活垃圾分类收运覆盖行政村(涉农社区)931个。苏州市生活垃圾分类、收集和转运体系基本建成。苏州市生活垃圾分类、收集和转运体系能力建设现状如表14.1所示。

表14.1　苏州市生活垃圾分类、收集和转运体系能力建设现状

县(市、区)	环卫所(个)	垃圾中转站(个)	垃圾中转站处理能力(t/d)	其他垃圾收集车辆(辆)	其他垃圾运输车辆(辆)	餐厨/厨余垃圾收运车辆(辆)	拓展“三定一督”小区(个)	生活垃圾分类收运覆盖行政村(涉农社区)(个)
张家港市	18	39	3 162	235	87	109	362	154
常熟市	28	35	3 240	1 270	16	669	478	215
太仓市	9	23	1 384	243	57	218	436	72
昆山市	12	88	3 128	1 414	198	116	1 153	113
吴江区	11	34	3 850	320	95	256	449	224

续表

县(市、区)	环卫所(个)	垃圾中转站(个)	垃圾中转站处理能力(t/d)	其他垃圾收集车辆(辆)	其他垃圾运输车辆(辆)	餐厨/厨余垃圾收运车辆(辆)	拓展“三定一督”小区(个)	生活垃圾分类收运覆盖行政村(涉农社区)(个)
吴中区	13	25	2 770	479	65	208	511	100
相城区	11	15	2 170	220	36	113	288	41
姑苏区	1	14	1 650	635	58	84	486	0
工业园区	0	3	1 330	114	24	54	459	0
高新区	0	11	1 190	182	54	87	260	12
合计	103	287	23 874	5 112	690	1 914	4 882	931

2. 餐厨垃圾收集和转运体系能力建设

苏州市餐厨垃圾采用收运处一体化市场运作模式,由处理处置单位负责收集、运输和处理。餐厨垃圾无储存,直接收运至各处置点。

3. 城镇生活污水处理厂污泥

苏州市城镇生活污水处理厂污泥的运输主要有 2 种方式:一是由城镇生活污水处理厂直接送发电厂焚烧;二是由生活污水处理厂集中转运至委托单位,再由委托单位经干化后或者直接送至发电厂焚烧。

4. 园林绿化废弃物

苏州市园林绿化废弃物主要采用处置单位直运和园林绿化养护单位自送的收集-运输体系。

5. 农作物秸秆

大部分通过机械化还田方式就地收集处理,少部分通过收集运送至相关企业进行“饲料化、肥料化、基料化”利用。

6. 畜禽养殖废弃物

苏州市畜禽养殖粪污主要采用“生物发酵+就近还田”的模式,就近存储、就近运输。建成智慧畜牧业综合管理系统粪污生态消纳模块,将规模养殖场粪污还田纳入信息化管理,实现在线填报。

7. 蔬菜尾菜

规模蔬菜基地一般都建有配套的尾菜资源化处理利用设施,蔬菜尾菜直接于田间收集,经处理设施处理后就近还田利用,基本无中间收运环节。

8. 蓝藻

蓝藻暴发主要集中在 6—11 月,打捞方式以“人工船打捞+机械船打捞”相结合的方式进行。近年来,苏州市根据太湖藻情变化情况,及时调整、完善、强化蓝藻打捞装备，创新技术措施，持续提升蓝藻打捞装备能力建设，提高蓝藻打捞效率。截至2020年底，苏州市配置吸藻船、机械打捞船(长臂型等)等各类机械蓝藻打捞船只75艘，设置移动打捞泵124台，累计安装拦截网33.2 km、橡胶围隔60.3 km。控藻船1艘。苏州市太湖蓝藻打捞装备配置情况见表14.2。

表14.2　苏州市太湖蓝藻打捞装备配置情况(2020年)

机械打捞船(艘)	移动打捞泵(台)	挡、控技术装备		
		拦截网(km)	橡胶围隔(km)	控藻船(艘)
75	124	33.2	60.3	1

注：机械打捞船包括吸藻船、长臂型机械打捞船等。

苏州市湖区岸线长，蓝藻浓度低，打捞的藻水主要通过船舶运输和车辆运输两种类型就近运输至相应的藻水分离站，苏州市太湖蓝藻运输能力建设情况见表14.3。

表14.3　苏州市太湖蓝藻运输能力建设总体情况

运输船舶		运输车辆	
数量(艘)	能力(t/d)	数量(辆)	能力(t/d)
36	1 008	32	153

9. 河湖淤泥

清理的河湖淤泥就近晾干或由船舶、灌浆车运到排泥场堆存。

10. 河湖水生植物

水葫芦及其他水草等河湖水生植物由河道保洁作业人员在日常保洁中进行打捞，就近设置有水生植物堆放区，上岸后进行分拣、滤水、晾晒，随后由运输车辆运至有机废弃物处置点综合利用或垃圾处理站进行处理。

11. 生活垃圾焚烧飞灰

生活垃圾焚烧飞灰在生活垃圾焚烧厂内进行螯合稳定，依托已建成的清运体系，使用专用车辆或委托具有资质的危废运输企业，将固化后的飞灰运送至飞灰填埋场或生活垃圾填埋场的飞灰填埋库区进行无害化处置。

二、处理处置体系建设现状

本书所指有机废弃物的处理处置是指将有机废弃物填埋、焚烧等处理处置方式。

苏州市处理处置的有机废弃物主要有生活垃圾(其他垃圾)、城镇生活污水处理厂污泥、园林绿化废弃物、蓝藻藻泥、淤泥、河湖水生植物以及其他废弃物(生活垃圾焚烧飞灰)。

1. 生活垃圾(其他垃圾)

近年来，苏州市的生活垃圾(其他垃圾)形成了城乡统筹集中处理的处置模式，集中处理以焚烧发电(能源化利用)为主、卫生填埋为辅,全量实现生活垃圾(其他垃圾)的无害化处置。

截至 2020 年年底,苏州市共拥有生活垃圾(其他垃圾)处理处置设施 10 座,其中生活垃圾焚烧处理设施 7 座,生活垃圾卫生填埋设施 3 座,形成日处理生活垃圾 16 850 t/d 的处理处置能力,其中生活垃圾(其他垃圾)焚烧设计处理处置能力为 14 300 t/d,卫生填埋设计处理处置能力为 2 550 t/d。

2020 年,苏州市共产生生活垃圾(其他垃圾)537.71 万 t(平均 14 732 t/d)。从全市来看,生活垃圾(其他垃圾)的处理处置能力基本满足需求。但因各板块能力建设不平衡,太仓市和昆山市共计 52.19 万 t 生活垃圾(其他垃圾)委外焚烧处理(太仓 5.73 万 t,昆山 46.46 万 t)。

随着垃圾分类的持续推进,其他垃圾占生活垃圾的比例会有所下降,但是苏州市人口的继续增长、人们生活水平的不断提高以及生活垃圾填埋场的有限容量,未来苏州市生活垃圾(其他垃圾)处理处置设施的建设可主要从以下两个方面考虑:一是生活垃圾焚烧处理设施的提档升级,二是继续推进生活垃圾焚烧处理设施建设,逐步实现区域内生活垃圾(其他垃圾)的全量焚烧处置。

苏州市生活垃圾(其他垃圾)处理处置运营中的建设现状详见表 14.4 和表 14.5。

表 14.4　苏州市生活垃圾焚烧发电厂建设现状(2020 年)

序号	县(市、区)	数量	名称	地址	处理处置能力(t/d)
1	张家港市	1	北控环境再生能源(张家港)有限公司	张家港市塘桥镇滩里村	900
2	常熟市	2	常熟浦发热电能源有限公司(常熟市南湖生活垃圾焚烧发电厂)	常熟市浦发路 8 号	600
3			常熟浦发第二热电能源有限公司(常熟市第二生活垃圾焚烧发电厂)	常熟经济开发区长春路 103 号	2 700
4	太仓市	1	太仓协鑫垃圾焚烧发电有限公司	太仓市双凤镇新湖新卫村 188 号	750
5	昆山市	1	昆山鹿城垃圾发电有限公司(鹿城焚烧发电厂)	昆山市巴城镇夏东村兆良路 999 号	2 050
6	吴江区	1	苏州吴江光大环保能源有限公司	苏州市吴江太湖新城汤华村(苏同黎公路、长白荡西侧)	1 500
7	市区(吴江区除外)	1	光大环保能源(苏州)有限公司(苏州市七子山生活垃圾焚烧厂)	吴中区木渎镇万禄路 189 号	5 800
合计	—	7	—	—	14 300

表 14.5　苏州市生活垃圾填埋场建设现状(2020 年)

序号	县(市、区)	数量	名称	地址	处置能力(t/d)
1	张家港市	1	张家港市垃圾处理场	张家港市南丰镇东风村	470
2	吴江区	1	吴江城市生活垃圾卫生填埋场	吴江区八坼街道联民村	480
3	市区(吴江区除外)	1	苏州市七子山生活垃圾填埋场	吴中区木渎镇中心路 10 号	1 600
合计	—	3	—	—	2 550

2. 城镇生活污水处理厂污泥

苏州市产生的城镇生活污水处理厂污泥处置以干化焚烧为主，污泥经脱水，含水率降低至 80%左右，送至处置单位通过干化、焚烧方式进行无害化处置、能源化利用，产生的热量可用于生产，粉煤灰、锅炉渣等一般工业固废售卖到下游建材、混凝土公司做成产品，实现全流程无害化处置。

2020 年苏州市共有城镇生活污水处理厂污泥处理设施 14 个，处理能力 132.78 万 t/a，能够满足苏州市的污泥处置需求。苏州市城镇生活污水处理厂污泥干化焚烧处理建设现状见表 14.6。

表 14.6　苏州市生活污水处理厂污泥干化焚烧处理建设现状(2020 年)

序号	县(市、区)	数量(家)	名称	处理能力(万 t/a)
1	张家港市	3	张家港市沙洲电力有限公司	2.92
2			张家港市合力能源发展有限公司	1.83
3			张家港市浩宇环保科技有限公司	3.65
4	常熟市	1	中电环保(常熟)固废处理有限公司	12
5	太仓市	1	华能太仓发电有限责任公司	3.68
6	昆山市	2	昆山新昆生物能源热电有限公司	20
7			昆山市雄诺固废物处理有限公司	10
8	吴江区	2	苏州苏震热电有限公司	10
9			苏州苏盛热电有限公司	14.6
10	吴中区	1	苏州市江远热电有限责任公司	18.25
11	相城区	1	苏州太湖中法环境技术有限公司	7.3
12	工业园区	1	苏州工业园区中法环境技术有限公司	18.25
13	高新区	2	苏州高新区静脉产业园开发有限公司	3
14			华能苏州热电有限责任公司	7.3
合计	—	14	—	132.78

3. 园林绿化废弃物

部分收集的园林绿化废弃物经粉碎成型后用于发电厂焚烧发电(能源化利用)。

4. 蓝藻及藻泥

截至2020年底,苏州市建成藻水分离站10座,日处理能力8 160 t。其中太湖水域周边建成固定式藻水分离站(设施)8座,设计藻水分离能力5 660 t/d。

藻泥的处理处置主要包括两种:一是送至垃圾焚烧发电厂焚烧发电,实现能源化利用;二是环卫部门统一收集后,进行集中填埋处理。

苏州市太湖水域周边固定式藻水分离站(设施)藻水分离处置能力建设总体情况见表14.7。

表14.7 藻水分离处置能力建设总体情况

县(市、区)	数量(座)	名称	设计处理能力(t/d)	备注
吴江区	2	七都藻水分离站	480	固定站
		松陵藻水分离站	480	
吴中区	3	东山镇东山石灰窑藻水分离站	1 000	
		金庭镇张家湾藻水分离站	1 000	
		光福镇潭东藻水分离站	1 000	
相城区	2	(望亭镇)太湖藻水分离站	500	
		阳澄湖藻水分离站	500	
工业园区	1	凤凰泾藻水分离站	2 000	
高新区	2	镇湖街道藻水分离站	800	
		通安镇藻水分离站	400	
合计	10	—	8 160	—

5. 淤泥

河湖淤泥处置方式较为单一,绝大部分被堆放在排泥场,后期用于绿化、农田复垦、鱼塘填埋等。

6. 河湖水生植物

河湖水生植物的处理处置方式主要有3种:一是将晾干的水葫芦、水草等水生植物与生活垃圾共同处置,送至垃圾焚烧发电厂焚烧发电,实现能源化利用;二是将水葫芦、水草等水生植物进行集中填埋;三是自然晾干后就地还田。

7. 生活垃圾焚烧飞灰

除昆山市无填埋场接收生活垃圾焚烧飞灰外,苏州市其他地区的生活垃圾焚烧发电厂产生的焚烧飞灰均在本地建设有填埋场消纳,昆山市生活垃圾焚烧发电厂产生的焚烧飞灰委外处置。苏州市共有5个飞灰填埋场处理处置生活垃圾焚烧发电厂产生的焚烧飞灰。生活垃圾焚烧飞灰处理处置建设现状见表14.8。

表 14.8　苏州市生活垃圾焚烧飞灰处理处置建设总体情况(2020 年)

<table>
<tr><th>序号</th><th>县(市、区)</th><th>生活垃圾焚烧厂名称</th><th>飞灰填埋场名称</th></tr>
<tr><td>1</td><td>张家港市</td><td>北控环境再生能源(张家港)有限公司</td><td>东沙垃圾填埋场</td></tr>
<tr><td rowspan="2">2</td><td rowspan="2">常熟市</td><td>常熟浦发热电能源有限公司
(常熟市南湖生活垃圾焚烧发电厂)</td><td rowspan="2">常熟市南湖
生活垃圾填埋场</td></tr>
<tr><td>常熟浦发第二热电能源有限公司
(常熟市第二生活垃圾焚烧发电厂)</td></tr>
<tr><td>3</td><td>太仓市</td><td>太仓协鑫垃圾焚烧发电有限公司</td><td>太仓生活垃圾
填埋场</td></tr>
<tr><td>4</td><td>吴江区</td><td>苏州吴江光大环保能源有限公司</td><td>吴江城市生活垃圾
卫生填埋场</td></tr>
<tr><td>5</td><td>市区
(吴江区除外)</td><td>光大环保能源(苏州)有限公司
(苏州市七子山生活垃圾焚烧厂)</td><td>苏州市七子山
生活垃圾填埋场</td></tr>
</table>

注:昆山鹿城垃圾发电有限公司(鹿城焚烧发电厂)产生的焚烧飞灰委外处置。

三、资源化利用体系建设现状

本书所指有机废弃物的资源化利用是指将废弃物直接作为原料进行利用或者对废物进行再生利用,如肥料化、饲料化、基料化等。

苏州市资源化利用的有机废弃物主要有厨余垃圾、餐厨垃圾、城镇生活污水处理厂污泥、园林绿化废弃物、农作物秸秆、畜禽养殖废弃物、蔬菜尾菜、蓝藻藻泥、河湖水生植物等。

1. 厨余和餐厨垃圾

随着城市化进程的加快,生活垃圾分类不断强化,厨余和餐厨废弃物产生量不断增长,苏州市主要采取资源化利用的方式处理收集的厨余和餐厨垃圾。

因为厨余垃圾和餐厨垃圾的共同特性,目前苏州市大部分的厨余垃圾和餐厨垃圾的处理设施共用共享、协同处理,为“集中＋分散就地”相结合的资源化处理利用模式,主要利用方式为肥料化、饲料化、能源化。

全市已建成餐厨(厨余)垃圾大型集中处理设施 9 座,除太仓采用堆肥技术协同处置厨余垃圾外,均采用厌氧工艺进行处理,设计日处理能力为 2 840 t。主要处理系统包括预处理系统(分选、除杂、提油等)＋厌氧发酵沼气系统＋有机固渣/沼渣系统(饲料化、肥料化、焚烧发电)＋污水处理系统。产生的粗油脂提取后出售给下游有资质的深加工企业,主要用作工业原料;沼气供给锅炉车间燃烧,多余的直接焚烧;有机固渣/沼渣大部分采用焚烧的方式进行能源化利用,小部分有机固渣/沼渣作为饲料及堆肥的辅料进行出售。

全市已建成小型分散式餐厨(厨余)垃圾处置点 247 处,主要处理工艺为破碎＋隔油＋好氧发酵,日处理能力为 1 830 t。产生的无标准、粗颗粒肥料,基本由当地民居自取自用或外售作为堆肥的辅料。

2020年苏州市餐厨/厨余垃圾集中和分散式资源化处理情况详见表14.9和表14.10。

表14.9　苏州市集中餐厨/厨余垃圾资源化处理情况(2020年)

序号	县(市、区)	处理企业名称	数量(家)	处理规模(t/d)
1	张家港市	江苏晨洁再生资源科技有限公司	1	150
2	常熟市	常熟浦发第二热电能源有限公司	2	150
3		江苏中车环保设备有限公司		200
4	太仓市	太仓蓝德环保技术有限公司	2	90
5		太仓绿丰农业资源开发有限公司		200
6	吴江区	苏州吴江光大环保能源有限公司	1	500
7	工业园区	华衍环境产业发展(苏州)有限公司	1	600
8	高新区	苏州华益洁环境能源技术有限公司	1	600
9	吴中区	水发鲁控环保科技(苏州)有限公司	1	350
合计	—	—	9	2 840

表14.10　苏州市小型分散式餐厨(厨余)垃圾处理建设情况(2020年)

县(市、区)	处置点数量	处理规模(t/d)
张家港市	20	202
常熟市	43	181.5
太仓市	9	258.2
昆山市	73	455.1
吴江区	44	120.3
吴中区	42	222.5
相城区	9	225
姑苏区	7	165
工业园区	0	0
高新区	0	0
合计	247	1 829.6

2. 城镇生活污水处理厂污泥

苏州市产生的城镇生活污水处理厂污泥少部分用作堆肥和培养菌类。

3. 园林绿化废弃物

苏州市产生收集的园林绿化废弃物主要采取资源化利用的方式处理，处理利用方式多样化。一是部分园林绿化废弃物收集后加工制成有机肥料、燃料棒、纤维板、生物基质、绿化覆盖物等；二是部分树叶、草屑由养护单位拉回苗圃处理后作为生物肥料；三是部分树叶园林废弃物与厨余垃圾、农贸市场有机垃圾协同处置，实现绿化废弃物的资源化利用。

苏州市园林绿化废弃物处理利用设施建设已取得一定成效，园林绿化废弃物分类处理体系初步建立。目前全市建成园林废弃物处理利用点约 40 个，其中包括循环利用终端、粉碎点、私营处置点等。苏州市园林绿化废弃物处理设施建设总体情况详见表 14.11。

表 14.11　苏州市园林绿化废弃物处理总体情况(2020 年)

<table>
<tr><th>县(市、区)</th><th>数量</th><th>垃圾处理点</th><th>地址</th><th>设计处理能力</th><th>处理方式或资源化产品</th><th>备注</th></tr>
<tr><td>张家港市</td><td>1</td><td>苏州昕润环保科技有限公司</td><td>张家港市经济开发区西侧</td><td>20 000 t/a</td><td>粉碎、压缩、堆肥</td><td>另有 7 个暂存点</td></tr>
<tr><td>常熟市</td><td>1</td><td>常熟市城市绿化管理处</td><td>昆承湖苗圃</td><td>1 500 t/a</td><td>二次粉碎</td><td>另有 10 个暂存点，粉碎处理能力各 1 000 t/a</td></tr>
<tr><td>太仓市</td><td>1</td><td>太仓绿丰农业资源开发有限公司</td><td>太仓市浮桥镇新邵村</td><td>30 000 t/a</td><td>基质、肥料化处理</td><td>—</td></tr>
<tr><td rowspan="11">昆山市</td><td rowspan="11">10</td><td rowspan="3">昆山合纵生态科技有限公司</td><td>昆山市高新区晨淞路</td><td>41 t/d</td><td>粗粉碎(后续生产有机基质和覆盖物)</td><td>—</td></tr>
<tr><td>昆山市高新区龙生路</td><td>82 t/d</td><td>粗粉碎(后续生产有机基质和覆盖物)</td><td>—</td></tr>
<tr><td>昆山市周市镇横长泾路</td><td>41 t/d</td><td>生产有机基质和覆盖物</td><td>—</td></tr>
<tr><td>昆山祺伟绿化工程有限公司</td><td>淀山湖镇永利路与曙光路交叉口西南 150 米处</td><td>98 t/d</td><td>机器粉碎</td><td>—</td></tr>
<tr><td>绿美尚(昆山)环保科技有限公司</td><td>环铁路北侧、黄浦江路西侧</td><td>98 t/d</td><td>破碎机破碎</td><td>—</td></tr>
<tr><td>昆山永隆建设工程有限公司</td><td>张浦镇花苑路</td><td>55 t/d</td><td>粉碎</td><td>—</td></tr>
<tr><td>昆山绿益物资再生利用有限公司</td><td>千灯镇</td><td>59 t/d</td><td>破碎造粒打包</td><td>—</td></tr>
<tr><td>昆山市巴城镇建设局</td><td>昆山市巴城镇虹祺路与天竹路交叉口</td><td>4 t/d</td><td>粉碎切割</td><td>—</td></tr>
<tr><td>昆山城建绿和环境科技有限公司花桥分公司</td><td>昆山市花桥经济开发区东城大道西侧，吴淞江北侧</td><td>82 t/d</td><td>粉碎</td><td>—</td></tr>
<tr><td>原太仓森鼎新能源科技有限公司</td><td>原昆山建筑垃圾堆放场</td><td>82 t/d</td><td>粉碎</td><td>—</td></tr>
</table>

续表

县(市、区)	数量	垃圾处理点	地址	设计处理能力	处理方式或资源化产品	备注
吴江区	4	盛泽园林绿化处置点	滨河路目澜洲南侧	2 900 t/a	粉碎	—
		平望大件垃圾处理点	平望镇	5 800 t/a	粉碎	—
		太湖新城园林绿化处理中心	横扇街道	21 900 t/a	粉碎	—
		舜飞再生资源处置点	汾湖国道路1699号	36 500 t/a	粉碎	—
吴中区	12	郭巷街道环境卫生管理所	北尹丰路与南尹丰路交界处	2 000 t/d	粉碎后利用	—
		苏州洲联材料科技有限公司	角直镇科技园	10 000 t/d	木塑板材料加工	—
		越溪街道环境卫生管理所	溪上路69号	12 000 t/d	木屑板、可燃烧颗粒	—
		银顺环保(苏州)有限公司	江苏省-苏州市-吴中区-福东路(苏州永兴红木家具厂东南侧约300米)	60 000 t/d	木屑	—
		胥口环卫所	胥口镇	14 600 t/d	肥料	—
		上林村环卫所	上林村	3 000 t/d	肥料	—
		吴中高新技术产业开发区(筹)绿化工程队	太湖西路108号	1 700 t/d	肥料	—
		太仓安苏燃料有限公司	临湖镇采达路西侧	1 200 t/d	燃料颗粒	—
		东山镇环卫所	东山镇木东路老砖瓦厂内	49.15 t/d	肥料	
		苏州市吴中区天源园艺有限公司	江苏省苏州市吴中区劳家桥附近	500 t/d	肥料	—
		香山街道环卫所	吴中区香山街道丽波路	600 t/d	木屑	—
		木渎镇环境卫生管理所(木渎镇园林、大件绿化处理站)	吴中区山行路(东壹元新饰界家居建材广场西南侧50米)	3 650 t/d	粉碎颗粒	—

续表

县(市、区)	数量	垃圾处理点	地址	设计处理能力	处理方式或资源化产品	备注
相城区	2	苏州彩炫新能源科技有限公司黄埭资源化综合处置中心	苏州市相城区黄埭镇冯梦龙村蒋家泾东100米	5 000 t/a	破碎及加工有机肥	—
		苏州市元竣建设发展有限公司莫阳基地	相城区莫阳社区	3 000 t/a	粉碎	—
姑苏区	3	何山大件(绿化)废弃物处置中心	—	30 t/d	—	—
		新郭绿化(大件)废弃物处置中心	—	30 t/d	—	—
		虎丘湿地公园绿化废弃物处置点	苏州姑苏区虎丘湿地公园内	1.5万 t/a	粉碎	—
工业园区	1	华衍环境产业发展(苏州)有限公司	苏州工业园区金堰路25号	100 t/d	粗粉碎-加工成生物质颗粒燃料	—
高新区	4	浒墅关经开区小型绿化垃圾处置点	—	2 000 t/a	粉碎	—
		科技城小型绿化垃圾处置点	—			—
		度假区小型绿化垃圾处置点	—			—
		狮山横塘街道大型绿化垃圾处置站	—	25 t/d	粉碎	—

4. 农作物秸秆

苏州市全面推广农作物秸秆综合利用,农作物秸秆以直接粉碎还田肥料化利用为主,部分秸秆收集离田进行饲料、肥料、基料利用。苏州市农作物秸秆离田资源化利用体系建设情况见表14.12。

表14.12　苏州市农作物秸秆离田资源化利用情况(2020年)

序号	县(市、区)	资源化利用企业名称	处理能力(万 t/a)	利用方式
1	张家港市	江苏梁丰食品集团	0.4	饲料化
2		凯荣(苏州)生物科技有限公司	0.21	
3	常熟市	常熟市海虞镇徐桥劳务合作社	0.264	肥料化、基料化
4		江苏中泾新农实业有限公司	0.18	

续表

序号	县(市、区)	资源化利用 企业名称	处理能力 (万 t/a)	利用方式
5	太仓市	苏州金仓湖农业科技股份有限公司	4.5	饲料化
6		太仓绿丰农业开发资源有限公司	11.2(多种有机废弃物协同堆肥处置)	肥料化
7		太仓市浩宇农机专业合作社	—	基料化

(1) 江苏梁丰食品集团和凯荣(苏州)生物科技有限公司。江苏梁丰食品集团位于杨舍镇南二环路,利用秸秆能力 4 000 t/a;凯荣(苏州)生物科技有限公司位于大新镇龙潭村,利用秸秆能力 2 100 t/a。

(2) 常熟市海虞镇徐桥劳务合作社。常熟市海虞镇徐桥劳务合作社回收点位于海虞镇徐桥村 30 组,年处理能力为 2 640 t。秸秆来源主要为徐桥村本村区域,合作社自产自用,组织人工、农机对秸秆进行收集,集中处置后产生的基质肥料施回本村农田。回收利用点内设有一次破碎操作区、一次粉末存放区、二次破碎操作区、二次粉末存放区。主要处理水稻秸秆以及小部分小麦秸秆,秸秆经两次破碎后进入电力发酵设备进行好氧发酵,加入酵素,持续高温发酵 2 h 后出料,堆放于暂存区进行二次发酵,发酵完全后(颜色由浅色变黑色)还田使用。发酵设备单次可处置 2 t 秸秆碎末,每天可进料 4 次,可产生 4.8 t 基质肥料。

(3) 江苏中泾新农实业有限公司。该回收点位于常福街道中泾村谢寺路 136 号,年处理能力为 1 800 t。收集秸秆为中泾村本村区域。厂内设有一次破碎操作区、一次粉末存放区、二次破碎操作区、二次粉末存放区。小麦秸秆及水稻秸秆经一次破碎、二次破碎后进入电力发酵设备,加入酵素,在高温条件下发酵 3 h。每吨秸秆可制成 0.6 t 的基质。后端基质曾尝试作为产品销售,用于花草种植,但效果不如纯基质,目前为免费送与本村农民使用。

(4) 东林秸秆饲料化生态循环农业模式(苏州金仓湖农业科技股份有限公司秸秆饲料化利用)。截至目前,东林村已建成秸秆饲料处理生产车间 8 800 m^2,投资 1 000 万元购入秸秆收集机械 10 台套、投资 3 000 多万元引进韩国先进的设备、技术和管理方法。年处理秸秆能力达 4.5 万 t,年秸秆发酵饲料产能 3 万 t,秸秆全混合日粮(TMR)3 万 t。东林秸秆饲料化技术流程为通过秸秆收集机械将农作物秸秆缺氧收集贮存,根据生产量安排,将贮存的秸秆运入加工厂,使用粉碎机械挤丝揉搓将秸秆一次性压扁、纵切、揉搓成丝状饲草,在草丝中喷洒发酵剂和有益微生物,后进行压缩、打捆,密封包装,经厌氧发酵,形成一种新型优质饲草。

(5) 绿丰秸秆肥料化利用模式。太仓绿丰农业资源开发有限公司成立于 2000 年,主要经营有机肥、育秧基质的生产加工销售。采取“罐式发酵+静态后熟”两段式发酵工艺,将园林绿化废弃物、秸秆、畜禽废弃物、厨余垃圾、食品企业下脚料、有机类污泥、水葫芦水花生等协同堆肥处置。将秸秆由收集点运回厂内后,进行粉碎，粉碎后利用生物化学技术加速作物秸秆腐烂，即采用混加快速腐熟剂添加畜禽粪便的方法，提高堆肥的温度、速度，缩短堆肥的周期。1 t秸秆混合畜禽粪便外加 1 kg 秸秆腐熟剂，以满足微生物发酵所需的氮素。将粉碎后的秸秆与其他物料混合搅拌后，放入发酵车间进行发酵。25 天后秸秆基本腐烂，成为高效的有机肥。

(6) 浩宇农机专业合作社秸秆基料化利用模式。太仓市浏河镇依托试点项目引进集秸秆粉碎、铺料、开沟覆土、喷淋等一整套秸秆栽培大球盖菇机械装备，探索建立"秸秆种菇—基料还田—改良土壤—水稻种植—秸秆种菇"农业种植循环框架模式。目前已建成 100 亩秸秆栽培大球盖菇示范基地，基料化利用年消纳秸秆近 3 000 t，燃料化分散利用量 0.8 万 t。

5. 畜禽养殖废弃物

全市畜禽养殖粪污主要采用"生物发酵＋就近还田"的模式实现资源化利用。规模养殖场粪污处理设施装备配套率达到 100%，具备与产生量相匹配的干粪发酵罐或堆粪场，以及沼水储液池，粪污处理主要采用雨污分流、干湿分离、固液分离等方式，干粪堆肥或发酵罐生物发酵后还田利用或生产有机肥原料，污水主要通过沼气或生物菌发酵后浇灌苗木和农田，实现资源化利用；同时部分污水通过厌氧好氧或生物菌预处理后，纳入城镇污水管网。部分养殖镇集中开展畜禽粪污资源化利用试点，由专业合作社将养殖场产生的粪污运输至田间建设的调节池，生物发酵后择时还田。部分大型养殖场采用农牧结合、种养循环生产模式，将有机肥发酵后的沼水通过管网、管道进行农田、果园、蔬菜、林地灌溉，形成"稻养畜、畜肥田"的生态循环，提升农产品品质。

非规模养殖户均建设配套堆粪场和储液池。

6. 蔬菜尾菜

蔬菜种植户和农户因小而散，少部分直接还田及用作家禽饲料，其余尾菜当作生活垃圾外运至生活垃圾中转站集中处置。

针对规模蔬菜基地，一般对尾菜进行发酵堆肥资源化利用。苏州市规模蔬菜基地大都配套建设有田间半堆半沤发酵池及肥水处理系统，对尾菜进行就地资源化处理。采用发酵罐、尾菜粉碎机和尾菜破碎制浆发酵一体机等尾菜资源化处理设备，产生叶面肥和微生物菌肥后还田。

7. 蓝藻藻泥

部分藻泥采取资源化利用的模式，用作生产肥料(与其他有机物一起发酵)和蛋白饲料(脱毒)。

8. 河湖水生植物

河湖水生植物的资源化利用主要有 2 种：一是将水葫芦、水草等水生植物用作好氧堆肥(包括和其他有机废弃物协同资源化处理利用)，二是将水葫芦、水草等水生植物作为制作饲料的原料，苏州市河湖水生植物资源化利用体系建设现状见

表 14.13。

表 14.13 苏州市河湖水生植物资源化利用体系建设现状

县(市、区)	资源化利用企业或项目名称	处理能力	利用方式
吴中区	临湖镇中农大有机废弃物处理示范基地	初期处理 3～5 t/d 水草，后期 8～10 t/d，后期进一步增加到 15～18 t/d。	肥料化

第二节 收处体系运行现状

2020 年，苏州市共处理处置各类有机废弃物约 622.93 万 t(不含淤泥和生活垃圾焚烧飞灰)，资源化利用各类有机废弃物 222.91 万 t。苏州市各类有机废弃物处理处置和资源化利用总体情况详见表 14.14。

表 14.14 苏州市有机废弃物处理处置和资源化利用总体情况(2020 年)

种类	2020 年收集量(万 t)	处理处置*		资源化利用*	
		量(万 t)	处理处置方式	量(万 t)	资源化利用方式
生活垃圾(其他垃圾)	537.71	485.52	焚烧 433.76 万 t，填埋 51.76 万 t，另委外 52.19 万 t	—	—
厨余垃圾	58.41	—	—	39.72	集中＋分散就地，另有 18.69 万 t 委外处理
餐厨垃圾	52.32	—	—	43.01	集中＋分散就地，另有 9.31 万 t 委外处理
城镇生活污水处理厂污泥	82.74	81.08	干化焚烧	1.66	1.1 万 t 堆肥，0.56 万 t 培养菌种
园林绿化废弃物	17.59	—	—	17.54	粉碎后制作肥料、绿化覆盖物、燃料棒、纤维板、生物基质等，综合利用率 88.2%(占产生量的比例)
可收集农作物秸秆	69.46	—	—	69.4	饲料化、肥料化、基料化(其中机械化还田 63.54 万 t，离田利用 5.86 万 t)
畜禽养殖废弃物	40.11	—	—	39.83	“生物发酵＋就近还田”模式，利用率 99.29%
蔬菜尾菜	20.3	—	无配套处理设施的外运至生活垃圾中转站	—	建有配套处理设施的发酵后就近利用
蓝藻藻泥	0.233	0.231 5	焚烧 0.086 万 t，填埋 0.145 5 万 t	0.001 6	堆肥

续表

种类	2020 年收集量（万 t）	处理处置*		资源化利用*	
		量（万 t）	处理处置方式	量（万 t）	资源化利用方式
淤泥	1 392.23（万 m^3）	1 392.23（万 m^3）	堆放排泥场，后期用于绿化、农田复垦、鱼塘填埋等	—	—
河湖水生植物	73.32	56.1	焚烧、填埋、其他方式无害化处理	11.58	堆肥、制作饲料
生活垃圾焚烧飞灰	14.26	14.26	填埋	—	—
合计**	952.19	622.93	—	222.74	—

注：* 处理处置和资源化利用量仅包含苏州市境内，未包含委外部分；** 未包含淤泥和生活垃圾焚烧飞灰。

一、分类-收集-运输体系运行现状

1. 生活垃圾

苏州市按照“组保洁、村收集、镇转运、市（区）处理”的原则，建立健全生活垃圾收运体系。农村生活垃圾按照“四个统一”（统一经费补助、统一保洁队伍、统一监管考核、统一清运模式）工作机制，由自然村负责将生活垃圾清扫入桶，行政村统一收集至村内收集房（点），镇环卫部门或第三方负责运至中转站。城市生活垃圾由辖区环卫部门或第三方到垃圾产生单位进行收集，收集后运至中转站。

生活垃圾（其他垃圾）统一收集至中转站后，由各市（区）环卫部门或第三方从中转站运至处置终端。

2. 餐厨（厨余）垃圾

集中处理的餐厨（厨余）垃圾大部分采用收运处一体化市场运作模式，由处置单位负责。为便于运输，小部分餐厨（厨余）垃圾由环卫及第三方负责收运或将餐厨（厨余）垃圾转运至中转点后由处置单位统一运输至处置点。分散处理的餐厨（厨余）垃圾采用环卫和第三方相结合方式，收运至各市、区餐厨（厨余）垃圾就地处理站。

2020 年，苏州市共收集餐厨垃圾 52.32 万 t，厨余垃圾 58.41 万 t。苏州市收集餐厨（厨余）垃圾总体情况详见表 14.15。

表 14.15　苏州市收集餐厨（厨余）垃圾总体情况（2020 年）

县（市、区）	餐厨垃圾收集量（万 t）	厨余垃圾收集量（万 t）
张家港市	3.072 327	7.879 9
常熟市	3.08	8.32
太仓市	2.633 8	2.355 3

续表

<table>
<tr><th>县(市、区)</th><th>餐厨垃圾收集量(万 t)</th><th>厨余垃圾收集量(万 t)</th></tr>
<tr><td>昆山市</td><td>12.264</td><td>24.236</td></tr>
<tr><td>吴江区</td><td>7.032 6</td><td>2.423</td></tr>
<tr><td>吴中区*</td><td rowspan="3">10.635 4</td><td>5.516 9</td></tr>
<tr><td>相城区*</td><td>1.112</td></tr>
<tr><td>姑苏区*</td><td>3.174 9</td></tr>
<tr><td>工业园区</td><td>6.4</td><td>2.98</td></tr>
<tr><td>高新区</td><td>7.2</td><td>0.408</td></tr>
<tr><td>合计</td><td>52.32</td><td>58.406</td></tr>
</table>

*注:吴中区和姑苏区餐厨垃圾全部由市区统一集中收集,相城区部分由市区统一集中收集。

3. 城镇生活污水处理厂污泥

2020 年苏州市共收集(产生)城镇生活污水处理厂污泥 82.74 万 t。

4. 园林绿化废弃物

2020 年,苏州市共收集园林绿化废弃物 17.59 万 t。园林绿化废弃物收集情况详见表 14.16。

表 14.16 苏州市园林绿化废弃物收集总体情况(2020 年)

县(市、区)	收集量(t)
张家港市	12 160
常熟市	15 421.58
太仓市	40 191
昆山市	35 369
吴江区	16 298.72
吴中区	12 000
相城区	16 000
姑苏区	11 162.2
工业园区	12 739
高新区	4 550
合计	175 891.5

5. 农作物秸秆

2020 年苏州市农作物秸秆可收集资源量为 70.11 万 t。秸秆离田开展资源化利用主要集中在太仓,太仓已建成秸秆收储社会化服务组织 13 家,拥有秸秆收集机具 26 套(包含打捆机、包膜机、搂草机、夹包机和大马力拖拉机),秸秆收储能力达 6 万 t。

6. 畜禽养殖废弃物

苏州市畜禽养殖废弃物采用“生物发酵＋就近还田”的利用模式，基本“无分类—收集—运输”过程。

7. 蔬菜尾菜

田间收集后，建有配套处理设施的发酵后就近利用，无配套处理设施的外运至生活垃圾中转站一并处理。

8. 蓝藻

蓝藻暴发主要集中在每年的6—11月。2020年，苏州市累计打捞蓝藻（含水）20.36万t（其中太湖水域14.18万t，约占70％）。

“十三五”期间，苏州市太湖水域累计出动蓝藻打捞人员11.82万人次，年均出动蓝藻打捞人员2.36万人次；累计出动蓝藻打捞船8.41万船次，年均出动蓝藻打捞船1.68万船次；“十三五”期间苏州市太湖水域累计打捞蓝藻35.74万t。“十三五”期间苏州市太湖蓝藻打捞工作总体情况详见表14.17。

表14.17　“十三五”期间苏州市太湖蓝藻打捞工作总体情况

类别	年份					“十三五”合计
	2016	2017	2018	2019	2020	
打捞量（万t）	1.48	6.97	3.58	9.53	14.18	35.74
累计出动人员（万人次）	—	0.76	0.73	2.74	7.59	11.82
累计出动船只（船次）	5 211	16 351	9 199	19 648	33 715	84 124

9. 淤泥

2020年，苏州市河湖清淤共产生淤泥1 392.23万m^3。通过船舶和车辆运输至排泥场堆放。

10. 河湖水生植物

河湖水生植物的运输主要是利用环卫已建成的运输体系。

11. 生活垃圾焚烧飞灰

苏州市的生活垃圾焚烧飞灰的运输能力能够满足运输量的要求。

二、处理处置体系运行现状

1. 生活垃圾（其他垃圾）

苏州市产生和收集的生活垃圾（其他垃圾）全部采取焚烧和填埋的处理处置方式。2020年，苏州市共处理处置生活垃圾（其他垃圾）537.71万t，其中焚烧发电处置433.76万t，卫生填埋51.76万t，外运委外焚烧52.19万t。苏州市域内生活垃圾（其他垃圾）焚烧率达80.7％。2020年，苏州市生活垃圾（其他垃圾）焚烧和卫生填埋处理处置运行情况详见表14.18和表14.19。

表 14.18　苏州市生活垃圾焚烧发电厂运行现状(2020 年)

县(市、区)	名称	处理处置量(t/d)	2020 年处理处置量(万 t)
张家港市	北控环境再生能源(张家港)有限公司	900	31.22
常熟市	常熟浦发热电能源有限公司(常熟市南湖生活垃圾焚烧发电厂)	600	53.9
	常熟浦发第二热电能源有限公司(常熟市第二生活垃圾焚烧发电厂)	2 700	
太仓市	太仓协鑫垃圾焚烧发电有限公司	750	27.12
昆山市	昆山鹿城垃圾发电有限公司(鹿城焚烧发电厂)	2 050	57.42
吴江区	苏州吴江光大环保能源有限公司	1 500	56.9
市区(吴江区除外)	光大环保能源(苏州)有限公司(苏州市七子山生活垃圾焚烧厂)	5 800	207.2
合计	—	14 300	433.76

注:太仓 5.73 万 t 外运焚烧,昆山 46.46 万 t 外运焚烧。

表 14.19　苏州市生活垃圾填埋场运行现状(2020 年)

县(市、区)	名称	处理处置量(t/d)	2020 年处理处置量(万 t)
张家港市	张家港市垃圾处理场	470	23.07
吴江区	吴江城市生活垃圾卫生填埋场	480	17.62
市区(吴江区除外)	苏州市七子山生活垃圾填埋场	1 600	11.07
合计	—	2 550	51.76

2. 城镇生活污水处理厂污泥

2020 年,苏州市 81.08 万 t 城镇生活污水处理厂污泥送发电厂焚烧。

3. 蓝藻

打捞上来的藻水就近运输至藻水分离站,形成含水率 85%～90%的藻泥。2020 年,苏州市藻水分离站处理蓝藻总量约 12.01 万 t,产生藻泥 2 330.47 t,其中太湖水域藻水分离 9.23 万 t(占 77%),产生藻泥 2 285.5 t(占 98%)。2020 年苏州市藻水分离运行总体情况见表 14.20。

表 14.20　苏州市藻水分离运行总体情况(2020 年)

县(市、区)	藻水分离实际处理量(t)	藻泥产生量(t)
张家港市	0	0
常熟市	0	0
太仓市	0	0
昆山市	0	0.9

续表

县(市、区)	藻水分离实际处理量(t)	藻泥产生量(t)
吴江区	42 273(41 991)	844.6(839)
吴中区	48 919(48 919)	1 430.1(1 430.1)
相城区	1 216(30)	13.5(0.5)
姑苏区	0	10.47
工业园区	26 390	15
高新区	1 341.5(1 341.5)	15.9(15.9)
合计	120 139.5(92 281.5)	2 330.47(2 285.5)

注:括号内为苏州太湖水域量;苏州市4个区濒临太湖,分别为吴江区、吴中区、相城区和高新区。

藻泥的处理处置方法:一是送至垃圾处理厂焚烧发电,实现能源化利用;二是环卫部门统一收集后,进行集中填埋处理;三是用作堆肥。2020年,苏州市打捞蓝藻产生的藻泥送至垃圾处理厂焚烧发电实现能源化利用860 t;经环卫部门统一收集后,进行集中填埋处理1 455 t。

4. 河湖水生植物

2020年,水生植物的处理处置共约56.1万t,其中集中填埋约33.16万t,与生活垃圾共同处置送至垃圾处理厂焚烧发电约18.9万t,自然晾干后就地还田4万t。苏州市河湖水生植物处理处置总体情况详见表14.21。

表14.21　苏州市河湖水生植物处理处置总体情况(2020年)

县(市、区)	填埋(t)	焚烧(t)	自然晾干后就地还田(t)	合计(t)
张家港市	4 500	1 900	0	6 400
常熟市	0	5 000	40 000	45 000
太仓市	0	12 000	0	12 000
昆山市	265 000	5 000	0	270 000
吴江区	29 925	125 977	0	155 902
吴中区	0	0	0	0
相城区	18 542.28	13 888.5	0	32 430.78
姑苏区	0	0	0	0
工业园区	13 620	600	0	14 220
高新区	0	24 570	0	24 570
合计	331 587.28	188 935.5	40 000	560 522.78

5. 生活垃圾焚烧飞灰

苏州市目前5座飞灰填埋场均能正常接纳各自区域产生的焚烧飞灰。2020年,张家港市产生的生活垃圾焚烧飞灰(螯合后)全部进入张家港市东沙垃圾填埋场，常熟市产生的生活垃圾焚烧飞灰（螯合后）全部进入常熟市南湖生活垃圾填埋场，太仓市产生的生活垃圾焚烧飞灰（螯合后）全部进入太仓生活垃圾填埋场，吴江区产生的生活垃圾焚烧飞灰（螯合后）全部进入吴江城市生活垃圾卫生填埋场，市区（吴江区除外）产生的生活垃圾焚烧飞灰（螯合后）全部进入苏州市七子山生活垃圾填埋场。

昆山市生活垃圾焚烧发电厂产生的焚烧飞灰委外处置。

第三节　资源化利用体系运行现状

1. 厨余和餐厨垃圾

2020 年，苏州市共资源化处理厨余垃圾 39.72 万 t，另有 18.69 万 t 厨余垃圾委外处理（昆山市），苏州市境内厨余垃圾资源化处理利用率达 68%；共处理餐厨垃圾 43.01 万 t，另有 9.31 万 t 餐厨垃圾委外处理（昆山市），苏州市境内餐厨垃圾资源化处理利用率达 82.21%。厨余和餐厨垃圾处理后的产物部分售卖，部分被附近的居民作为肥料领用。苏州市厨余和餐厨垃圾资源化处理利用总体情况详见表 14.22 和表 14.23。

表 14.22　苏州市厨余垃圾资源化处理利用总体情况（2020 年）

县（市、区）	资源化处理利用量（万 t）
张家港市	7.88
常熟市	8.32
太仓市	2.36
昆山市	5.55
吴江区	2.42
吴中区	5.52
相城区	1.11
姑苏区	3.17
工业园区	2.98
高新区	0.41
合计	39.72

表 14.23　苏州市餐厨垃圾资源化处理利用总体情况（2020 年）

县（市、区）	资源化处理利用量（万 t）	产物
张家港市	3.07	粗油脂、有机固渣、肥料辅料
常熟市	3.08	粗油脂、肥料辅料
太仓市	2.63	粗油脂

续表

县(市、区)	资源化处理利用量(万 t)	产物
昆山市	2.96	粗油脂
吴江区	7.03	粗油脂
相城区	0.64(分散处理)	肥料辅料
吴中区	10	粗油脂、饲料添加剂
姑苏区		粗油脂、饲料添加剂
工业园区	6.4	粗油脂、天然气
高新区	7.2	粗油脂
合计	43.01	/

2. 城镇生活污水处理厂污泥

少部分污泥堆肥后用于林木种植。2020 年,用作堆肥的城镇生活污水处理厂污泥有 1.1 万 t,另外还有 0.56 万 t 用作培养菌种。

3. 园林绿化废弃物

2020 年,苏州市共处理利用园林绿化废弃物 17.54 万 t,综合利用率达 87.4%。苏州市园林绿化废弃物资源化处理利用总体情况详见表 14.24。

表 14.24　苏州市园林绿化废弃物资源化处理利用总体情况(2020 年)

县(市、区)	处理利用量(t)	处理利用方式
张家港市	12 160	肥料化、能源化
常熟市	15 421.58	能源化、资源化
太仓市	40 191	有机肥、育秧基质、能源化
昆山市	34 906	制作有机覆盖物、制作有机基质、粉碎播撒林带、焚烧发电等
吴江区	16 298.72	肥料化、能源化(燃料棒)
吴中区	12 000	肥料化、能源化
相城区	16 000	肥料化、能源化
姑苏区	11 162.2	能源化
工业园区	12 739	能源化(切片烘干制成生物质燃料棒)
高新区	4 550	肥料化、饲料化
合计	175 428.5	—

4. 农作物秸秆

2020 年,苏州市秸秆实际利用量 70.04 万 t,综合利用率 99.9%,其中机械化还田 63.54 万 t,占 90.72%;同时形成秸秆饲料化、肥料化、基料化等多种形式的离田利用,共离田利用 5.86 万 t,占 9.28%。苏州市农作物秸秆离田资源化利用情况见表 14.25。

表 14.25　苏州市农作物秸秆离田资源化利用情况(2020 年)

序号	县(市、区)	资源化利用企业名称	资源化利用量(t)	利用方式
1	张家港市	江苏梁丰食品集团	3 275	饲料化
2		凯荣(苏州)生物科技有限公司	2 005	
3	常熟市	常熟市海虞镇徐桥劳务合作社	1 800	肥料化、基料化
4		江苏中泾新农实业有限公司	1 660	
5	太仓市	苏州金仓湖农业科技股份有限公司	25 000	饲料化
6		太仓绿丰农业开发资源有限公司	13 860	肥料化
7		太仓市浩宇农机专业合作社	11 000	基料化
合计			58 600	

5. 畜禽养殖废弃物

2020 年,全市畜禽养殖废弃物产生量 40.11 万 t,实现资源化利用量 39.83 万 t,利用率达到 99.30%。

6. 蓝藻

2020 年,苏州市打捞蓝藻产生的藻泥约有 16 t 用作资源化利用堆肥。

7. 河湖水生植物

2020 年苏州市资源化利用水葫芦、水草等河湖水生植物共计约 11.58 万 t,其中用作堆肥的约 9.7 万 t,制作饲料的原料约 1.9 万 t。苏州市河湖水生植物资源化利用总体情况详见表 14.26。

表 14.26　苏州市河湖水生植物资源化利用总体情况(2020 年)

县(市、区)	肥料化利用(t)	饲料化利用(t)	合计(t)
张家港市	0	0	0
常熟市	0	0	0
太仓市	0	0	0
昆山市	0	0	0
吴江区	8 276	0	8 276
吴中区	75 067.7	0	75 067.7
相城区	2 838	18 658.4	21 496.4
姑苏区	0	0	0
工业园区	0	0	0
高新区	10 969	0	10 969
合计	97 150.7	18 658.4	115 809.1

第四节　苏州市城乡有机废弃资源化产品市场销售现状

苏州市目前能形成资源化产品的有机废弃物主要有厨余和餐厨垃圾、园林废弃物、农作物秸秆、畜禽养殖废弃物，资源化产品主要有粗油脂、生物质气（天然气）、有机固渣、肥料辅料、饲料添加剂、蚯蚓粪、板材填充物、生物质燃料、有机基质、饲料、有机肥等。2020 年，苏州市餐厨和厨余垃圾制备粗油脂约 11 939.21 t、制备生物质气（天然气）300 万 m^3，餐厨和厨余垃圾制作有机固渣、肥料辅料、饲料添加剂 17 379.32 t，厨余垃圾制作蚯蚓粪 3 600 t，园林废弃物制作板材填充物和生物质燃料 25 921 t，园林废弃物制作有机基质（覆盖物）17 513 t，农作物秸秆制作饲料和床垫料分别为 3 200 t 和 1 280 t，畜禽养殖废弃物（猪粪、鸡粪、牛粪、羊粪等）制作有机肥 25 000 t。

资源化产品情况及其市场销售情况见表 14.27。

表 14.27　苏州市有机废弃物资源化产品体系（2020 年）

县（市、区）	分类	资源化产品	产量（t/a）	产品销售方式	利润率
张家港市	厨余垃圾	蚯蚓粪	3 600	赠送	0
	餐厨垃圾	粗油脂	2 500	直销	−29%
		有机固渣	4 500		
	园林废弃物	板材填充物、生物质燃料	8 000	定点销售	12.5%
	秸秆（水稻、小麦、油菜等）	青贮饲料	3 200	—	—
		发酵床垫料	1 280	—	—
	畜禽养殖废弃物（猪粪、鸡粪、牛粪、羊粪等）	商品有机肥	15 000	政府补贴推广＋自行销售	张家港市丰盛生物有机肥有限公司：15%；张家港市宏昌生态有机肥有限公司：28.9%
常熟市	餐厨垃圾	沼渣堆肥后做肥料辅料	485.1	—	—
		粗油脂	63.04	—	—
		发酵后做肥料辅料	9 130.22	—	—
太仓市	餐厨垃圾	粗油脂	1 017.5	外销	—
	畜禽养殖废弃物（猪粪、鸡粪、牛粪、羊粪等）	有机肥/农家肥	10 000	赠予	—

续表

县(市、区)	分类	资源化产品	产量(t/a)	产品销售方式	利润率
昆山市	餐厨垃圾	粗油脂	49	—	—
	厨余垃圾	发酵后做肥料辅料	3 264	—	—
		粗油脂	75	—	—
	园林废弃物	有机覆盖物、有机基质	17 513	—	—
		生物质燃料	17 857	—	—
吴江区	餐厨垃圾	粗油脂	1 757.5	外销	—
	园林绿化废弃物	生物质燃料棒	—	外销	—
	农作物秸秆	有机肥	—	农户自行消纳	—
	畜禽废弃物	有机粪肥	—	—	—
工业园区	餐厨垃圾	粗油脂	3 030	外销	—
		天然气	300 万 m^3	外销并网	—
	园林绿化废弃物	生物质燃料棒	64	外销	—
高新区	餐厨垃圾	粗油脂	3 447.17	外销	—
市级(姑苏区、相城区、吴中区)	餐厨/厨余垃圾	粗油脂	3 481.5	外销	−21.2%
		饲料添加剂	16 802.12	外销	
		沼气发电	84.1 268 万 kW·h	自用	

第十五章

苏州市城乡有机废弃物政策及规划体系现状

第一节　分类收处支持政策及规划体系

苏州市先后出台《苏州市生活垃圾分类管理条例》《苏州市餐厨垃圾管理办法》，市级编制了《苏州市餐厨废弃物处理规划(2014—2020)》《苏州市区生活垃圾分类实施专项规划(2016—2020)》《苏州市区生活垃圾分类收集规划(2017—2020)》《苏州市环境卫生专项规划(2021—2035)》等四部规划，并配套制定了一系列指导性、规范性文件，从源头分类、中间收运、终端处置、监督考核等方面，全面推进苏州市生活垃圾(其他垃圾)、餐厨(厨余)垃圾处理工作，基本形成了完善的垃圾分类政策法规制度体系，为垃圾分类提供制度保障。

第二节　综合利用支持政策及规划体系

苏州市目前主要对餐厨垃圾、园林绿化废弃物和畜禽养殖废弃物等有机废弃物制定了相关的综合利用支持政策。

餐厨垃圾方面。苏州市从 2007 年就开始制定出台了餐厨废弃物资源化管理的有关政策和法规，建立了政府补贴机制，构建覆盖全市的餐厨废弃物收集、运输、处理利用体系和监管体系，利用餐厨废弃物生产饲料添加剂、肥料辅料、沼气等。2011 年，苏州被列为首批 33 个餐厨废弃物资源化利用和无害化处理试点城市之一。

园林绿化废弃物方面。苏州市印发了《苏州市城市园林绿化垃圾分类处置工作实施办法(试行)》，有效推进和规范全市城市园林绿化垃圾分类处置工作，逐步建立和完善园林绿化垃圾分类处置管理体系，积极探索、建立城市园林绿化垃圾循环利用模式，实现园林绿化垃圾的资源化、无害化处理目标。

畜禽养殖废弃物资源化利用方面。苏州市大力推进畜禽养殖废弃物资源化利用工作，相继印发出台了《苏州市畜禽养殖废弃物资源化利用工作方案》和《苏州市畜禽养殖废弃物资源化利用工作考核办法(试行)》等文件，以种养结合、农牧循环为主要利用路径，以肥料化和能源化为主要利用方向，强化责任落实，完善扶持政策，严格执法监管，加强科技装备，加快构建生态畜牧业新格局。对规模养殖场农机设备实施敞开补贴，符合条件的畜牧业生产、养殖粪污处理和废弃物资源化利用设施运行基本享受农业生产用电价格。

第三节　资源化产品销售支持政策

根据苏州市政府印发的《关于支持太湖生态岛建设的若干政策意见的通知》的要求，积极推进有机肥替代化肥工程，每年安排3 000万元专项资金用于支持生态岛有机肥替代化肥，由市级财政给予50%资金补助，具体由吴中区组织实施。

第四节　示范区建设支持政策

苏州市出台了《关于支持太湖生态岛建设的若干政策意见》，明确规定“对有机废弃物处理利用等资源化综合利用项目建设，按实际投资额的30%予以补助。支持太湖生态岛生活垃圾分类收运、处置体系建设，按照应收尽收原则，逐步提升收运和处置水平。支持金庭镇创建生活垃圾分类全覆盖片区和生活垃圾资源化利用工作”。

第十六章

苏州市城乡有机废弃物体系建设任务

可持续发展是人类发展的必由之路，循环经济是可持续发展的最佳模式。苏州地区人口密度高、工农业生产活动强度大、城镇化率高，废弃物面广量多的同时，受到环境容量较小的制约。开展有机废弃物处理利用体系建设，变废为宝，在治理污染的同时，将有机废弃物转化为有用的资源和产品，符合循环经济的理念，是苏州市解决有机废弃物污染的重要发展方向。同时，有利于提升苏州市有机废弃物处理利用水平，为夯实绿色生态本底奠定基础；有利于推动有机废弃物处理利用协同治理，为长三角生态环境共保联治提供借鉴；有利于形成无害化处理、资源化利用、产业化发展、市场化运作、信息化管理模式，为全国有机废弃物处理利用树立标杆、做出示范。

第一节　建设范围

苏州市环太湖地区有机废弃物处理利用体系建设范围为苏州全市行政区域。

第二节　建设目标

持续推进环太湖地区城乡有机废弃物处理利用示范区建设，到 2025 年，完成示范区建设任务，厨余(餐厨)垃圾、畜禽粪污、生活污水处理厂污泥(市政污泥)、蓝藻(藻泥)等重点有机废弃物应收尽收，全周期管理；秸秆和园林绿化废弃物等有机废弃物以协同利用为方向，能用尽用；畜禽粪污(分散)、淤泥(河湖淤泥、鱼塘底泥)、水生植物(含水葫芦、水花生)、尾菜、茶果废弃物(果树枝条)等有机废弃物在不违反国家有关法律法规的前提下就近就地资源化处理利用。

到 2025 年，全市垃圾分类收集与处理设施覆盖率达到 95%以上，生活垃圾及焚烧飞灰、城市生活污水处理厂污泥(市政污泥)无害化处理率均达到 100%；各类有机废弃物综合利用(能源化、肥料化、饲料化、原料化、基料化)率达到 95%以上，其中厨余(餐厨)垃圾、园林绿化废弃物、畜禽粪污综合利用率不低于 95%、96%、95%，秸秆综合利用率、水稻秸秆离田率分别达到 99%、20%以上，蓝藻(藻泥)无害化处理率、综合利用率分别达到 100%、95%；有机废弃物制备生物质油(气)全部消纳，有机肥替代化肥比例不低于 20%。

到 2025 年，示范区建设达到较高水平，市场化机制基本形成，分类集中管理体制协同高效，处理利用新技术广泛应用，循环利用体系日趋完善，资源化利用产品质量标准和处理利用技术规范得到落实，较高水平构建无害化处理、资源化利用、产业化发展、市场化运作的城乡有机废弃物处理利用模式，为长三角乃至全国提供示范。

第三节　工作基础

苏州市总面积 8 657.32 km^2，2020 年，实现地区生产总值 20 170.5 亿元，第一产业、第二产业、第三产业产占比分别为 1∶46.5∶52.5，常住人口 1 274.83 万人，其中城镇常住总人口为 1 041.84 万人，城镇化率为 81.72%，常住居民人均可支配收入 62 582 元，为全国经济文化最发达地区之一。近年来，苏州市十分重视有机废弃物资源化处理和利用，按照“因地制宜、多举并重”的原则，各地各部门在探索有机废弃物处置模式、处理产品上市利用、蓝藻资源化利用等方面积累了丰富的经验，取得了明显成效，部分有机废弃物的处理利用做法走在全国前列。

全市全面推广“1+X”秸秆利用模式，加大农作物秸秆综合利用，2020 年农作物秸秆可收集资源量 70.11 万 t，实际利用量 70.04 万 t，综合利用率 99.9%。畜禽养殖废弃物采用“生物发酵+就近还田”的方式处理利用，2020 年度，全市畜禽养殖粪污产生量 40.11 万 t，利用量 39.83 万 t，利用率达到 99.30%，规模养殖场粪污处理设施装备配套率达到 100%。垃圾分类收运体系已基本建成并运行，餐厨（厨余）废弃物资源化处理，按就地处理与集中处理相结合的模式推进，2020 年全市共收集 52.32 万 t 餐厨垃圾、58.41 万 t 厨余垃圾，除 9.3 万 t 餐厨垃圾、18.69 万 t 厨余垃圾外运委外处理，其余均综合利用。园林废弃物通过制作有机肥料、燃料棒、纤维板、生物基质、绿化覆盖物等方式利用。据初步统计，2020 年共产生园林废弃物 20.08 万 t，收集 17.59 万 t，处理利用 17.54 万 t，利用率 87.4%。打捞的蓝藻实现“藻、水”分离后形成藻泥，送至垃圾处理厂焚烧发电、集中填埋、用作堆肥，开展脱毒后生产蛋白饲料试验。城镇生活污水处理厂产生的污泥无害化处理率 100%，主要处理方式为焚烧。吴中区率先开展有机废弃物综合处理利用先行先试，建设“1+2”（即临湖镇+金庭镇、东山镇）有机废弃物处理利用试点项目，目前临湖镇示范项目已进入试运行阶段，东山镇、金庭镇项目有序推进中。

苏州市较强的生态意识、活跃的市场主体、较高的经济发展水平、有机废弃物处理利用已有的经验成绩以及资源化产品利用存在的巨大潜力，为苏州市优化完善城乡有机废弃物处理利用体系建设提供了良好的工作基础，有条件、有基础、有实力为环太湖地区乃至全国有机废弃物处理利用作出示范。

第四节　面临主要问题

一、垃圾分类投放准确率有待提高

《苏州市生活垃圾分类管理条例》自2020年6月1日起实施，苏州垃圾分类进入强制实施阶段，但是部分居民缺乏对垃圾分类整体知识的了解，分类投放习惯还未完全养成，需进一步完善垃圾分类技术方法，培养居民的分类投放习惯，提高生活垃圾分类投放准确率。

二、监管体系尚需完善

因有机废弃物“产生、收集、储存、运输、处理、利用”全过程环节多，信息化监管手段、流程尚不完善，废弃物流转轨迹、数据的精确监管体系有待进一步加强。部分有机废弃物，如园林废弃物因其有利用价值的树干、树枝被直接外运利用，树叶、草屑等原地腐烂，且园林绿化分属住建、园林、绿化等多个部门管理，尾菜因蔬菜种类不同以及种植农户众多，其产生量及利用量均难以准确统计，只能估算，与实际情况存在一定误差。

三、项目落地难度大

根据《国民经济行业分类(GB/T 4754—2017)》，有机肥料及微生物肥料制造(行业代码2625)属于化学原料和化学制品制造业(行业代码26)，苏州市区域内难以通过环评审批，尤其无法落地在太湖一级保护区等生态敏感区内。为了减少运输成本和环境风险，实现“垃圾不出镇、就近处理”，厨余垃圾处置点大多位于镇村内，或者对原有的工业厂房进行改建，与总体规划、土地规划、生态红线规划相冲突，导致项目难以落地。

四、肥料登记证申领难度大

现行的肥料登记证申领程序复杂、提交材料多、办理周期长，有机废弃物协同处置处理点通常并非经工商行政管理机关正式注册，具有独立法人资格的工业企业，而且规模小、产能低，难以满足肥料登记证的申请要求，以餐厨(厨余)垃圾(经陈化和分类)为原料生产的有机肥基本无法办理肥料登记证。

五、市场化产业化渠道未打通

餐厨厌氧沼气利用并网发电审批程序不通畅，无法实现发电并网，产生的沼气少部分用于沼气锅炉，较大部分直接燃烧，未能实现沼气的资源化、效益化。餐厨、厨余、园林垃圾、沼渣等处理后产生的肥料的市场销售及政策补贴等均无相关配套政策，且长期使用的安全性尚未得到有效证实和评估，其肥料不能稳定走向市场，有时甚至只能作为废弃物焚烧处理。部分“液体肥”每日产生但施用存在季节性、阶段性，存储难度较大，难以推广。

六、缺乏相关国家标准

河道淤泥固化标准不全，固化土指标、固化工艺、废水废气排放等都没有明确的技术标准或指导意见，固化土再利用没有形成成熟的机制。

七、处理处置能力尚有缺口

部分地区垃圾处理处置能力不足。2020 年，张家港、吴江区填埋的生活垃圾量分别为 23.07 万 t、17.6 万 t，占比分别为 42.5％、23.6％；太仓、昆山委外处置的生活垃圾量分别为 5.726 万 t、46.46 万 t，占比分别为 17.4％、44.7％，未达到全量焚烧的要求。昆山市共计 9.3 万 t 餐厨垃圾、18.69 万 t 厨余垃圾委外处理，餐厨(厨余)垃圾处理能力不足。

淤泥的处理处置能力不足。河湖淤泥产生量大，绝大部分被堆放在排泥场，占用土地资源，且苏州市有限的土地资源正在限制淤泥排泥场的建设。淤泥的处理处置能力不足问题亟须得到解决。

八、有机废弃物资源化利用率有待提高

餐厨垃圾、厨余垃圾等厌氧发酵后的沼液、沼渣大多送垃圾焚烧发电厂焚烧，综合利用效率低；园林绿化废弃物处理产物附加值有待提高，部分小型的园林绿化废弃物处置点只是将园林废弃物收集粉碎后堆沤做营养土或者直接撒回绿化带起保温作用；蓝藻、水葫芦等水生植物大多填埋处理，综合利用水平仍处于较低层次，资源化利用成本较高，资源化产品销售市场路径有限，目前仍尚未形成可持续、低成本、市场化、高效化的蓝藻和水生植物资源化利用有效路径；河湖淤泥未有有效处理途径，还是以传统的堆场堆存、弃土农田等为主；秸秆机械化还田率达 90％以上，还田量大，还田时间集中，土壤降解负担较重；小规模种植基地尾菜基本作为生活垃圾处理，资源化利用率较低。

九、处理技术有待提高

大多数废弃物处理利用设备处于边行边试状态，对设施的运行效能、稳定性、使用年限等无相应标准和要求，且有其接收和处置垃圾种类的局限性，如部分涉及油水分离环节的装置并不完全适用于含水含油量较少的厨余垃圾，特别是部分农业有机垃圾容易缠绕转动设备，容易引起运行故障。蓝藻、水葫芦等缺乏有效的资源化利用技术和途径。淤泥大量堆放，占用土地资源，固化淤泥处置费用高且难消化。

十、处理体系建设不完善

部分地区有机废弃物存量、增量综合考虑不合理，导致规模过剩；部分区域设施选址不太合理，未将运输成本、产物利用途径等因素考虑在内，前期调研不全面，造成产物没地方消纳或消纳成本较高；园林废弃物收集率及质量不高，导致资源化项目运行率偏低，且影响生物质燃料棒品质。

十一、环境安全风险不容忽视

有机废弃物处理大多采用发酵工艺，虽然建有废气处理设施，但异味扰民现象时有发生，信访投诉不断，周边群众意见较大。餐厨/厨余垃圾干化或好氧发酵后的产物利用过程中有可能产生二次污染。河湖淤泥大部分采用就近堆场堆存，占用土地资源，而且一旦下雨，会造成二次污染。部分园林绿化废弃物为临时堆点，管理松散，现场环境较差，存在安全隐患。

第五节　总体思路

以习近平新时代中国特色社会主义思想为指导，全面贯彻党的十九大和二十大精神，落实《长三角区域一体化发展规划纲要》《环太湖地区城乡有机废弃物处理利用示范区建设方案》《江苏省推进环太湖地区城乡有机废弃物处理利用示范区建设工作计划》，在低碳、循环、生态的先进理念指引下，进一步摸清有机废弃物底数，围绕有机废弃物无害化处理、资源化利用、产业化发展、市场化运作、信息化管理，立足先行先试、统筹布局、打通市场化应用堵点，充分发挥苏州优势，积极开展探索，研判区域有机废弃物的处理利用技术路线，科学合理规划未来各市、区有机废弃物处理设施布局（集中+分散），完善相关政策，着力建立健全部门和区域协同的管理体制机制，着力提升有机废弃物处理利用能力，着力推动形成有机废弃物利用新途径，大幅提升有机废弃物的资源化利用水平，将我市建成管理体制协同创新、处理方式集约高效、市场转化渠道畅通的城乡有机废弃物处理利用示范区，形成国内领先的有机废弃物循环经济产业体系。

第六节　城乡有机废弃物体系建设任务

一、结构减量

制定实施相关引导政策，从源头减少有机废弃物的产生。积极倡导绿色消费、适度消费的理念，践行“光盘行动”，减少餐厨垃圾和厨余垃圾的产生量。减少一次性用品使用，推进产品包装物、快递包装物的减量工作，减少生活垃圾的产生量。

推行绿色办公,优先采购可循环利用、资源化利用的办公用品,减少一次性办公用品消耗。开展垃圾源头减量和分类收集处理,推进资源节约和循环利用。

二、分类—收集—运输体系建设

健全完善有机废弃物分类—收集—运输体系建设,建立有机废弃物分类管理制度,引入社会化专业机构参与有机废弃物收集、储存、运输各环节,利用大数据平台加强行业监督,提升城市、乡村、太湖水域有机废弃物收储运效率。根据处理利用重点强化生活垃圾、餐厨废弃物等源头统一分类收集和运输,地方政府加大对船舶生活垃圾接收设施合理规划及财政投入,在入湖口门(闸口)、港口及码头设置固定式接收设施,做好日常管理工作;园林绿化废弃物按"谁管理,谁负责;谁养护,谁负责"的原则,由各园林绿地管理单位和养护单位负责组织收集、运输;加强秸秆、畜禽粪污、污泥等专业化储存运输。

三、处理处置体系建设

充分发挥已建有机废弃物处理设施作用,规划建设一批新的处理设施。针对部分有机废弃物处理设施老旧的问题,加快升级改造,提升处理能力和技术水平。鼓励各县级行政区域结合自身实际,综合考虑各地生活模式、人口结构、产业布局、现有设施、处理半径等,坚持有机废弃物处理利用与生态效益和经济效益相结合,因地制宜合理采用最适宜、最科学的处理设施,统一规划,科学合理布局,进一步做好终端处理设施的统筹规划和建设。学习借鉴国内外先进管理经验,引进先进处理装备,提高处理技术水平。构建区域内循环机制,加快推进区域内产业互补。

加快推进现有生活垃圾焚烧设施的升级改造和张家港、太仓、昆山和吴江区生活垃圾焚烧设施的建设,实现生活垃圾全量焚烧。进一步加大生活污水处理厂污泥减量化,在全面完成现有污泥处理设施升级改造的基础上加强设施运行监管。

四、资源化利用体系建设

1. 积极推动有机废弃物资源化利用。依据有机废弃物原料属性、处理成本、技术水平和市场需求合理确定、处理、利用鼓励类产品,科学研判和合理规划不同原料的协同,明确不同原料的处理利用技术路线。通过餐厨废弃物、园林废弃物、农村畜禽粪污、秸秆、蓝藻、水生植物等制备有机肥、土壤调理剂、营养土等产品,鼓励用于园林绿化、土壤改良、大田种植等,鼓励农林种植基地开展有机肥替代化肥行动,引导种植主体使用有机废弃物生产的符合国家标准的有机肥。餐厨垃圾处理制备的油脂,主要用作工业原料,深加工为生物质柴油。支持环太湖一、二级保护区外地区加油站点增设生物柴油储运和加油设施,引导市场主体销售生物质柴油。成型燃料通过城市园林废弃物和农村秸秆分别制备,主要用作工业燃料。统筹安排秸秆机械化还田和离田收储利用,积极培育壮大高附加值的秸秆综合利用产业。建立农牧循环生态链条，建立养殖场与农作物生产用田结合消纳机制。把尾菜资源化利用列入苏州市高标准蔬菜生产示范基地的考核内容，建设尾菜综合利用处理设施。严格控制处理利用过程产生二次污染，确保资源化利用产品环境风险可控。

2. 优化提升有机废弃物资源化利用设施。大力开展餐厨（厨余）垃圾终端处理设施建设，采用集中为主、分散为辅的模式。建设畜禽粪污资源化利用公共调节池，定点定区域处理畜禽粪污；推动粪污资源化利用设施设备提档升级，指导新建规模畜禽养殖场粪污资源化利用设施设备建设，开展沼气利用，切实提升畜禽粪污资源化利用水平。蓝藻资源化利用采用就近、集中处理模式，各市区政府因地制宜，统一规划，在全面实施藻水分离的基础上，推广运用藻泥脱毒生产蛋白饲料、制肥技术，加大蓝藻资源化利用力度。加快园林废弃物终端处理设施建设，健全园林废弃物收集、转运和综合利用体系，逐步形成规模化、效益化发展模式。

3. 强化有机废弃物资源化利用技术研究。以科技创新为动力，加快有机废弃物综合利用新技术研发、创新及应用，积极开展厨余垃圾、蓝藻、河湖水生植物、淤泥资源化利用、秸秆还田以及秸秆离田资源化处理利用专题研究，提升有机废弃物综合利用水平。研究高附加值利用模式，集中精力组织攻坚，突破一批关键性技术，研发应用一批先进生产技术，加强有机废弃物处理科技成果应用，实现资源化产品推广应用，增加有机废弃物处理利用经济效益。探索推动形成厨余垃圾、畜禽粪污、蓝藻藻泥、水生植物、园林绿化废弃物、秸秆、尾菜等各类有机废弃物处理利用协同治理技术路线，推动形成循环农业发展模式。鼓励开展淤泥、焚烧飞灰资源化技术的研发与工程示范，节约填埋空间和土地资源。

五、体制机制创新体系建设

1. 建立健全各部门高效协同的管理体系。落实国家《环太湖地区城乡有机废弃物处理利用示范区建设方案》和《江苏省推进环太湖地区城乡有机废弃物处理利用示范区建设工作计划》，系统集成政策制度和举措，实行“牵头不包揽、统筹不代替”，市城管、农业农村、园林绿化、水务等各专业管理部门在职责范围内开展工作，形成部门高效协同的管理体系。加强城市、乡村、太湖水域各管理部门之间的协调衔接联动，形成一体化的区域环境治理格局。加强学习交流，强化互学互鉴，促进有机废弃物协同处理利用，建立健全有机废弃物处理利用联动合作机制。

2. 探索以社会资本为主的投入机制。积极探索有机废弃物处理利用的市场化运作模式，建立健全社会资本投入为主、财政支持为辅的多层次、多渠道、多元化的投入机制，在先行先试的过程中严格遵循“谁产废，谁付费；谁处理，谁受益”的原则。健全财税政策引导机制，落实好税收优惠、国家补贴等相关政策。加大资金投入、金融机构信贷等多渠道支持。探索在用地、建设、设备、收储、运输、处理、产品应用、科研等环节予以支持和补贴，提高企业或主体的参与积极性。

3. 探索建立有机废弃物利用产业新模式。坚持有机废弃物处理利用产品市场化产业化发展方向，培育产品市场，打造城乡有机废弃物循环利用示范样板。鼓励各地因地制宜，在现有发展基础和模式基础上创新探索。通过吴中区先行先试，探索有机废弃物以资源化利用为主、能源化利用为辅的产业新模式，在总结经验、完善模式、结合实际、保留特色的基础上，进一步推广运用。大力推行第三方治理模式，支持国有企业等各类经济实体积极参与有机废弃物资源化处理设施的投资、建设和经营。支持建设有机废弃物处理利用生态产业园区，引导社会资本全链条参与有机废弃物处理利用，推动有机废弃物处理利用的规模化、规范化、集约化，打造产业链上下游利益联结体。

4. 完善处理利用产品价格形成机制。实施产品标准体系和处理技术规范，打通市场化应用堵点。建立市场决定价格、政府视情补贴的产品价格形成机制。加强处理利用产品成本监审和市场监管，严厉打击套取政府补贴行为。畜禽粪污和秸秆等农业农村废弃物处理利用设施运行用电基本执行农业生产用电价格。

第十七章

苏州市"十三五"基本情况

第一节　流域概况

一、自然地理概况

苏州市地处太湖流域东北部、江苏省东部，为江苏省辖地级市，北枕长江，东与上海市接壤，南连浙江的嘉兴、湖州，西及西南与无锡毗邻，地处北纬 30°47′～32°02′，东经 119°55′～121°20′。全市总面积 8 657.32 km^2，约占江苏省总面积的 8%。

苏州市全域属于太湖流域，区内河湖资源丰富，河道纵横，湖泊众多，河湖相连，形成"一江、百湖、万河"的独特水网水系格局。全市约有大小河道 21 879 条，总长 2 万余 km，包含长江、太湖在内的水域总面积为 3 205.005 km^2，水面率达 36.9%，是江苏省水面覆盖率最高的城市。长江干流沿苏州北边界，呈西北东南走向，与苏州境内张家港、十一圩港、常浒河、白茆塘、七浦塘、杨林塘、浏河、吴淞江等若干通江骨干河道垂直相交，完成水质水量交换。太湖是苏州重要饮用水水源地和洪水调蓄区，望虞河、太浦河、苏南运河等是承接太湖排涝的主要通道。

全市湖泊湖荡星罗棋布，苏州市大小湖荡 401 个，总面积为 21.98 万 hm^2，其中，500 亩以上的湖荡 131 个，千亩以上的湖荡 87 个，是江苏省湖泊湖荡最为密集的城市。太湖为全市最大湖泊，湖面面积 2 338 km^2，整个太湖约四分之三的湖面面积位于苏州界内。除太湖外，较大的湖泊有阳澄湖、淀山湖、澄湖、昆承湖、元荡、独墅湖等，主要分布在昆山市、吴江区、相城区、苏州工业园区。苏州市列入江苏省湖泊保护名录的有 48 个重要湖泊（不含太湖）以及阳澄、淀泖及浦南三大湖泊群。

二、社会经济概况

苏州下辖四个县级市：常熟市、张家港市、昆山市和太仓市；六个建成区：姑苏区、吴江区、吴中区、相城区、苏州高新区（虎丘区）和工业园区。截至 2020 年末，苏州市总人口（户籍）为 744.3 万人，常住人口 1 274.83 万人，其中城镇常住总人口为 1 041.84 万人，城镇化率为 81.72%。苏州市是江苏省的人口净流入地区，人口增长快于江苏省平均水平，城镇化率（常住人口）高于江苏省平均水平（69.61%）。

2020 年，苏州市实现地区生产总值 20 170.5 亿元，按可比价计算比上年增长

3.4%,第一产业、第二产业、第三产业产比例为1.0∶46.5∶52.5。2020年,全市规模以上工业总产值为34 823.95亿元。计算机、通信和其他电子设备制造业规模以上工业总产值最高,占规模以上工业总产值30.65%,其次是通用设备制造业,占比8.31%。全市工业主要分布在园区(开发区)中,目前省级及以上的开发区有18家(不包括2家旅游度假区),创造了全市90%以上的工业增加值。2020年,全市居民人均可支配收入62 582元,其中城镇居民人均可支配收入70 966元,农村居民人均可支配收入37 563元。

三、水生态环境状况

2020年,太湖(苏州辖区)高锰酸盐指数平均浓度为3.6 mg/L,符合Ⅱ类;氨氮平均浓度为0.07 mg/L,符合Ⅰ类;总磷平均浓度为0.065 mg/L,符合Ⅳ类;总氮平均浓度为1.18 mg/L,符合Ⅳ类。主要入湖河流考核断面望虞河312国道桥断面(考核无锡、苏州)高锰酸盐指数平均浓度为3.4 mg/L,符合Ⅱ类;氨氮平均浓度为0.05 mg/L,符合Ⅰ类;总磷平均浓度为0.054 mg/L,符合Ⅱ类;总氮平均浓度为1.27 mg/L。太湖苏州辖区连续14年实现安全度夏。46个太湖流域考核断面水质达标率为93.5%。

2020年,全市主要水污染物排放量分别为COD 57 650.85 t、氨氮11 545.31 t、总氮29 666.96 t、总磷2 342.72 t,较2015年分别下降15.29%、17.1%、14.26%、13.87%,达到“十三五”减排目标。

2020年,10个主要河流断面底栖动物多样性处于“丰富”和“较丰富”断面占80%,着生藻类为100%;太湖、阳澄湖底栖动物、浮游动物处于“丰富”和“较丰富”的点位占40%、100%。“十三五”期间苏州市主要湖泊中太湖(苏州辖区)、阳澄湖、淀山湖(苏州辖区)和元荡均处于轻度富营养状态,其中元荡综合营养状态指数相对较高(56.7)。

第二节 “十三五”治理成效

一、水环境质量明显改善

2020年,全市集中式饮用水水源地水质(湖泊总磷除外)达标率100%。2017年至2020年,苏州市国考断面水质达到或优于Ⅲ类比例从68.8%提高到81.3%,省考断面水质达到或优于Ⅲ类的数量占比从72%提高到92%,全市国省考河流断面年均水质首次全部实现Ⅲ类,创“水十条”考核以来最好成绩。2015年到2020年,全市155个市控断面水质优良比例从41.3%上升到72.9%,劣Ⅴ类比例从11.9%下降到0.6%,水环境质量大幅提升。

二、污染减排成效明显

一是产业结构不断优化。全市共完成关停及实施低效产能淘汰企业(作坊)7 344家,关停化工企业661家,全市化工园区(含集中区)压减至6个,累计整治散乱污企业约5.4万家,完成太湖流域六大重点行业提标改造项目69项。2020年全市新一代信息技术、生物医药、纳米技术应用、人工智能四大先导产业产值占规上工业总产值比重达四分之一。新兴产业产值占规上工业总产值比重达55.7%,五年提高了7个百分点。

二是城乡生活污水治理高质量推进。污水厂尾水实现准四类标准排放(苏州特别排放标准),新(扩)建33座污水处理厂,新增处理能力36万t/d;新增污水管网3 816 km;完成20个尾水生态湿地建设,新增再生水利用能力35.6万t/d;新增污泥处理处置能力1 450 t/d;全面推进农村生活污水治理,10 143个自然村、38万农户受益。城市、集镇区、农村生活污水处理(治理)率达到98%、90.5%、93.5%。

三是农业绿色发展水平持续加强。深化化肥农药减量增效,2020年,全市化肥、农药使用量分别比2015年减少22%、22.9%,太湖一级保护区内化肥、农药使用量较2015年减少34%、22.6%。整体推进畜禽粪污资源化利用,开展规模养殖场粪污资源化设施设备提档升级,全市规模养殖场粪污设施配套率和治理率均达到100%,畜禽粪污综合利用率99.29%。全力实施高标准池塘改造,全市累计改造面积达24.05万亩。

四是船舶、码头污染治理有效提升。完成小吨位货船生活污水治理改造工作,改造江苏籍船舶1 951艘;完成船舶污染物接收设施建设,积极提高流动接收能力、扩大流动接收范围;建设太仓港水上绿色综合服务区、太仓港船舶污染物接收转运处置中心等,极大提升船舶污染物的接收能力。

三、生态保护和修复持续深化

重要生态空间保护力度持续加大,划定生态空间保护区域3 257.97 km^2,占全市国土面积比重达37.63%,建成涉及自然保护区、风景名胜区、地质公园、森林公园、湿地公园等5种类型的30个自然保护地。积极推进生态涵养发展实验区建设,发布《苏州生态涵养发展实验区规划》,66个生态涵养发展实验区重点项目加快实施。纵深推进以太湖、阳澄湖和长江大保护为核心,湿地保护小区为主体,湿地公园为亮点的健康湿地城市建设,先后建成各级湿地公园21个,自然湿地保护率达到64.5%,主要湿地保护指标均位居全国前列。实施生态修复工程,完成东太湖11条支流支浜生态河道整治,建设环湖生态缓冲带,吴中区完成太湖湿地恢复面积5 835亩,形成规模化浅滩湿地,建成阳澄湖湿地2 610亩。

四、重大治太项目取得突破

"十三五"以来,全市共实施太湖流域重点项目449个,投资226.9亿元,综合推进工业、城乡生活、农业农村、船舶交通等污染治理。完成太湖湖体 4.5 万亩围网养殖拆除和太湖沿线 3 km 范围内 7.78 万亩池塘养殖改造和退出，太湖一级保护区内化工企业、规模化畜禽养殖场全部关停。累计排查疑似排污口 14 687 个，敏感区 7 162 个，确认排污口总数为 9 938 个，占太湖流域总数的 46%。城乡黑臭水体治理圆满收官，完成 932 条黑臭水体整治，苏州黑臭水体治理工作列入住建部典型案例。持续推进阳澄湖综合治理，实施阳澄湖生态优化行动“八大类”202 项重点项目，累计投资 42.91 亿元；积极落实长三角生态绿色一体化发展示范区建设要求，启动实施元荡生态修复工程和太浦河共保联治江苏先行工程。

五、体制机制不断创新

全面落实河(湖)长制、断面长制，覆盖 24 643 条河道、394 座湖泊。建立跨界河湖联防联控联治体系，“联合河长制”、“河湖长制+”等创新经验向全国推广。系统谋划，在全国率先推进生态美丽河湖建设，建立评估体系，印发建设技术指南，全市建成 387 条(个)可观可感生态美丽河湖。针对未达Ⅲ类或达Ⅲ类不稳定断面实施“一断面一方案”攻坚行动，开展大运河干支流加密监测，严控支流支浜污染。

第三节 “十三五”存在的主要问题

一、流域主要湖泊总磷、富营养化问题突出

太湖处于轻度富营养化状况，“藻型”生境尚未根本改变。2020 年太湖(苏州辖区)出现水华现象 87 次，最大面积约 628 km^2，虽然同比均有下降，但仍然处于高位。“十三五”期间太湖湖体(苏州辖区)总磷浓度偏高，多次触发蓝藻水华发生阈值。流域内阳澄湖、淀山湖(苏州辖区)、昆承湖、元荡等主要湖泊总磷浓度普遍偏高，超Ⅲ类水湖泊标准。阳澄湖湖体“十三五”期间的藻密度年均值总体呈上升趋势，2020 年达到 1 433 万个/L，较 2016 年上升 126%。总磷浓度高和湖泊富营养化问题成为苏州市湖泊水质达标的主要制约因素。

二、区域污染负荷仍然偏大

一是生活污染排放总量大。据第七次全国人口普查数据，苏州市常住人口 1 275 万人，与“六人普”相比增加 229 万，增长 21.88%，增量和增幅均列全省第一，人口密度远超全国平均水平，生活污染产生量逐年增加。

二是结构性污染仍然存在。苏州市工业发达，但化工、纺织、造纸、电镀、印染等水污染重点行业占比较高，工业废水及主要污染物排放总量仍处于高位，其中纺织对工业源化学需氧量贡献值达 56.7%。

三是农业面源污染负荷高。苏州市总磷溯源专题研究结果表明，点源排放占

总负荷 47.3％，面源占 52.7％，其中，种植业、水产养殖、畜禽养殖总磷负荷共占面源的 62.6％，农村居民占 8.5％，剩余 28.9％为城镇地表径流污染。

三、河湖生态系统依然脆弱

太湖水生植被覆盖面积下降，东部湖区面临“清水草型”向“浊水藻型”演替的风险；由于常年过度开发捕捞，太湖水生生物链结构遭到破坏，鱼类和浮游动物趋于单一化、小型化，对藻类的摄食能力降低。苏州市生态系统调查专题研究结果表明，全市河湖的浮游植物、浮游动物、底栖动物、水生植物、鱼类多样性总体较差。娄江、傀儡湖、东太湖、同里湖、阳澄湖、独墅湖、元和塘、京杭大运河、太浦河、吴淞江、青秋浦等河湖检测到藻类优势种为蓝藻门微囊藻和硅藻门小环藻，存在水华风险；底栖动物多以耐污种为主；多处水域发现外来入侵物种凤眼莲（水葫芦）和福寿螺等。苏州市主要河湖生态系统面临环境要素与生物组分失衡、生物多样性下降和特有物种减少、生态系统的服务功能退化等问题。

四、环境基础设施存在短板

环境基础设施建设整体滞后于城市发展，存在历史“欠账”。生活污水管网收集系统还不完善，城郊接合部、城中村、老旧城区仍存在管网覆盖空白区，污水管网渗漏、错接、混接等问题比较突出。苏州市水平衡专题研究结果显示，全市污水处理量约为测算实际排水总量的 87.8％；按《江苏省城镇区域水污染物平衡核算方法（试行）》核算，核算区域内以年计生活污水集中收集处理率为 80.9％。部分污水厂进水浓度仍然偏低，2020 年，全市城镇污水厂 CODcr 平均进水浓度为 263 mg/L，BOD_5 平均进水浓度为 108 mg/L，其中 6—9 月汛期进水浓度下降明显。全市农村污水依托农村集中式处理设施、市政设施处理的比例不高，约 50％。分散式农村生活污水处理设施运行管理不到位，不能保证长期有效稳定运行。

第十八章

“十四五”太湖综合治理总体要求

第一节　指导思想

以习近平生态文明思想为指导，全面贯彻党的十九大和二十大精神，认真落实习近平总书记对江苏、苏州工作的一系列重要讲话精神，深入践行“争当表率、争做示范、走在前列”新使命新要求，立足新发展阶段，完整、准确、全面贯彻新发展理念，构建新发展格局。紧扣长江经济带发展和长三角一体化发展战略目标，全面落实国家总体方案、江苏省“十四五”太湖综合治理规划和美丽苏州建设要求，以“控源截污、生态扩容、科学调配、精准防控”为主线，统筹水安全、水资源、水生态、水文化等要素，强化源头治理、系统治理、协同治理，确保饮用水安全，确保不发生大面积水质黑臭，将太湖建设成为长三角区域一体化发展的生态支撑、江南水乡山水城湖和谐发展的典型示范、全国富营养化湖泊治理的标志标杆，为建设“强富美高”现代化强市奠定坚实的环境基础，不断谱写美丽太湖新篇章。

第二节　基本原则

生态优先，绿色发展。坚持“绿水青山就是金山银山”理念，围绕长三角一体化、长江经济带、环太湖科创圈等重大战略决策部署，注重保护与发展的协同性、联动性、整体性，以水定城、以水定地、以水定人、以水定产，促进经济社会发展与水资源水环境承载能力相协调，以高水平保护引导推动高质量发展，不断提升经济社会发展的“绿色含量”。

以人为本，可观可感。坚持以人民为中心，积极回应群众关切，顺应群众对美丽河湖的向往，统筹城乡环境治理和改善农村人居环境，着力解决人民群众关心的水生态环境问题，不断提供更多优质的水生态产品，持续满足人民群众景观、休闲、游览等亲水需求，不断增强人民群众获得感、幸福感、安全感。

系统谋划，彰显特色。坚持“山水林田湖草沙生命共同体”理念，从生态系统整体性和流域系统性出发，以水生态环境质量目标为导向，强化山水林田湖草沙等各种生态要素的协同治理，统筹水安全、水资源、水生态、水文化等要素，增强各项举措的关联性和融合性。彰显苏州特色，打造诗意栖居、梦里水乡的美丽城市。

整体推进，重点突破。坚持精准、科学、依法治污，着力补短板、强弱项，准确研判问题症结，因地制宜，科学施策。提升生态环境治理现代化水平，加快制定治理制度、政策，推进科技创新，力争在若干难点问题和关键环节率先实现突破，带动水环境治理、水生态保护、水资源节约、水安全保障各项工作整体推进。

多元共治，落实责任。坚持党委领导、政府主导、企业主体、公众参与的多元共治格局，建立健全政府、社会和公众协同推进机制，增强价值认同，凝聚整体合力。深入实施污染防治攻坚战，强化“党政同责”“一岗双责”，地方人民政府是规划实施和水生态环境保护责任主体，对问题、目标、措施等实施清单管理，确保水生态环境质量“只能更好、不能变坏”。

第三节 分区治理任务

按照国家《太湖流域水环境综合治理总体方案》划分的太湖湖体保护区域、江苏上游地区、浙江上游地区和太湖下游地区四类分区，在积极主动配合上游区开展综合治理，确保湖体保护区域综合整治各项任务落实落地的同时，针对苏州市属于太湖下游地区的特点，围绕国家总体方案明确的“坚持节水优先，提高区域水资源利用效率，全力提升河网湖荡水质，恢复水生态功能”主要任务下功夫，使实劲。

第四节 治理目标

一、明确太湖治理分区“十四五”主要目标任务

按照环境质量“只能更好、不能变坏”的要求，到2025年，湖泊富营养化程度得到基本控制，太湖蓝藻水华发生频次明显降低，蓝藻水华危害明显减轻；全市水环境综合治理成效持续巩固，入河湖污染物大幅削减，推动加快实现入湖污染负荷与太湖水环境容量之间的动态平衡，水生态环境质量明显改善；水资源利用效率进一步提升，河网湖荡水生态功能持续恢复；江南水乡特色更加明显，水环境、水生态、水资源、水安全、水文化统筹推进格局基本形成。

高质量实现“两个确保”（确保饮用水安全、确保不发生大面积水质黑臭）。高质量完成饮用水水源地达标建设和城市供水体系建设，逐步建立水源地和自来水“优质供水”体系，饮用水安全保障水平持续提升。

流域水环境质量持续改善。太湖湖体（苏州辖区）水质稳定保持在Ⅳ类，望虞河水质达Ⅲ类，重点断面水质达标率达100%。淀山湖（苏州辖区）高锰酸盐指数、氨氮浓度优于Ⅳ类，总磷浓度达到Ⅳ类，总氮浓度在达到Ⅴ类基础上持续改善，湖泊富营养化趋势得到遏制。

河湖水生态系统得到有效恢复。太湖水生植物面积持续增加。流域生态系统质量持续提升，水生态环境综合评价指数达到“良好”，自然湿地保护率稳定在

70%以上,湿地面积不减少。

太湖湖体(苏州辖区)水质目标见表18.1;主要入湖河流望虞河高锰酸盐指数、氨氮目标不高于2020年现状并有所降低,总磷、总氮目标见表18.2。同步设置约束性目标和预期性目标,约束性目标为强制性考核目标,预期性目标为激励性目标。

表18.1　太湖湖体(苏州辖区)水质目标　(单位:mg/L)

<table>
<tr><th colspan="2">水质指标</th><th>高锰酸盐指数</th><th>氨氮</th><th colspan="2">总磷</th><th colspan="2">总氮</th></tr>
<tr><td rowspan="2">2020年现状</td><td>浓度</td><td>3.6</td><td>0.07</td><td colspan="2">0.065</td><td colspan="2">1.18</td></tr>
<tr><td>类别</td><td>Ⅱ</td><td>Ⅰ</td><td colspan="2">Ⅳ</td><td colspan="2">Ⅳ</td></tr>
<tr><td rowspan="3">2025年目标</td><td rowspan="2">浓度</td><td rowspan="2">≤4.0</td><td rowspan="2">≤0.15</td><td>约束性</td><td>预期性</td><td>约束性</td><td>预期性</td></tr>
<tr><td>≤0.065</td><td>≤0.055</td><td>≤1.20</td><td>≤1.05</td></tr>
<tr><td>类别</td><td>Ⅱ</td><td>Ⅰ</td><td>Ⅳ</td><td>Ⅳ</td><td>Ⅳ</td><td>Ⅳ</td></tr>
</table>

表18.2　2020年望虞河水质年均控制浓度值　(单位:mg/L)

断面	总磷			总氮		
	现状	约束性目标	预期性目标	现状	约束性目标	预期性目标
312国道桥	0.054	0.100	0.051	1.27	1.50	1.10

二、2035远景目标

到2035年,全市水环境质量实现根本好转,太湖(苏州辖区)水质总体达到Ⅲ类,氨氮稳定保持在Ⅰ类,高锰酸盐指数稳定保持在Ⅱ类,达到中营养水平,蓝藻暴发强度大幅度降低,河湖生态缓冲带得到维持和恢复,生物多样性保护水平明显提升,流域水生态系统实现良性循环,建成全国湖泊治理的标杆区、美丽河湖样板区,率先实现流域水环境治理现代化,进一步巩固“清水绿岸、鱼翔浅底”的苏州绿色水乡底色。规划目标指标体系详见表18.3。

表18.3　规划目标指标体系表

类别	序号	指标名称	2020年现状	2035年目标	指标来源与依据
水环境质量	1	重点断面达到或优于Ⅲ类比例	93.5%	≥93.5%	《江苏省太湖流域水环境综合治理规划(2021—2035年)》
	2	重点断面水质达标率	93.5%	100%	《江苏省太湖流域水环境综合治理规划(2021—2035年)》
	3	城市黑臭水体消除比例	基本消除	100%	《江苏省太湖流域水环境综合治理规划(2021—2035年)》
水生态保护与修复	4	湿地面积	26.46万 hm^2	面积不减少	《江苏省太湖流域水环境综合治理规划(2021—2035年)》
	5	自然湿地保护率	64.5%	≥70%	《苏州市“十四五”生态环境保护规划》
	6	林木覆盖率	20.43%	≥20.5%	《苏州市“十四五”生态环境保护规划》

续表

类别	序号	指标名称	2020年现状	2035年目标	指标来源与依据
水资源利用	7	万元工业增加值用水量较2020年下降	—	≥19.2%	《苏州市水资源综合规划(2021—2035年)》
	8	万元GDP用水量较2020年下降	—	≥20.9%	《苏州市水资源综合规划(2021—2035)》
	9	规模以上工业用水重复利用率	88.59%	≥93%	《苏州市推进污水资源化利用实施方案》
	10	农田灌溉水有效利用系数	0.683	≥0.69	《苏州市水资源综合规划(2021—2035)》
	11	城市再生水利用率	—	≥30%	《苏州市推进污水资源化利用实施方案》
污水收集处理	12	城市生活污水集中收集率	80.9%	≥88%	《苏州市全面提升城市污水集中收集处理率实施方案》
	13	农村生活污水治理率	93.7%	≥96%	《苏州市“十四五”农业农村现代化发展规划》
	14	农村生活污水治理设施运行率	—	≥95%	《苏州市农村生活污水治理提质增效实施意见》
	15	污水处理厂污泥和管网清疏污泥规范化处理处置率	—	100%	《江苏省太湖流域水环境综合治理规划(2021—2035年)》
资源化利用	16	农作物秸秆综合利用率	98%	≥98%	市委办、市政府办《关于“十四五”开展农村人居环境整治提升行动全面推进生态宜居美丽乡村建设的实施方案》
	17	畜禽粪污综合利用率	95%	≥95%	《苏州市“十四五”农业农村现代化发展规划》
	18	园林绿化垃圾资源化利用率	87.4%	≥96%	《苏州市环太湖地区城乡有机废弃物处理利用示范区建设规划(2021—2025年)》
	19	蓝藻综合利用率	38%	≥92%	《苏州市环太湖地区城乡有机废弃物处理利用示范区建设规划(2021—2025年)》
	20	生活垃圾分类收集与处理设施覆盖率	—	≥92%	《苏州市环太湖地区城乡有机废弃物处理利用示范区建设规划(2021—2025年)》

第十九章

“十四五”主要任务

第一节　推动绿色低碳，打造高质量发展新高地

一、引导产业合理布局

加快产业结构调整。认真落实《江苏省太湖水污染防治条例》和长江经济带发展负面清单等管控要求，严格实施“三线一单”生态环境分区管控方案，加强“三线一单”成果应用，建立动态更新调整机制。推进镇村两级工业集中区优化整治提升，加快低质低效企业转型转产和落后产能淘汰。推动生态敏感区内不符合产业发展政策、存在重大安全隐患和环境风险且不具备整治条件的企业依法关闭或搬迁至合规工业园。完成太仓塑料助剂厂有限公司、英科卡乐油墨(昆山)有限公司、苏州工业园区金华盛纸业等企业关停。

升级传统优势产业。推进钢铁、化工、冶金建材、纺织印染等行业绿色化、智能化改造。推动化工产业向集中化、大型化、特色化、基地化转变。推动常熟、太仓、吴江等印染行业集聚整治，推动沿江钢铁、石化等重工业有序升级转移。持续开展“千企技改升级”行动计划，加快推广“智能工厂”“数字车间”建设。

大力发展战略性新兴产业。以重大技术突破和重大发展需求为基础，推动产业链与创新链双向融合，以新一代信息技术、纳米技术、人工智能等先导产业为基础，大力发展生物技术和新医药、航空航天、高端装备制造、节能环保、新材料等战略性新兴产业。健全完善集群培育工作机制，建设一批苏州市特色先导产业集聚区和特色先导产业园，聚力打造新型显示、光通信、软件和集成电路及高端医疗器械等一批千亿级产业集群。

不断提升科技创新水平。突出环太湖、环阳澄湖，重点布局总部经济、研发设计、绿色销售等产业，围绕产业布局创新链，打造具有全球竞争力的产业新高地。以特色化、集约化为导向，推动未来产业园、特色产业园和现代服务业产业园建设，布局重大科技创新平台，高水平规划建设环太湖科创圈、太湖科学城、吴淞江科创带，打造标志性现代化产业链。

二、加快制造业绿色化改造

加快构建绿色制造体系。深入实施智能制造和绿色制造工程，创新服务型制

造新模式，推动企业实施技改、"上云"行动，加快传统制造业数字化、网络化、智能化建设步伐。推广共性适用的新技术、新工艺、新材料、新标准，推动生产方式向柔性、智能、精细转变，实现相关产业绿色发展和绿色改造。鼓励绿色制造关键核心技术攻关，推进企业开展产品全生命周期绿色管理，积极推广使用核心关键绿色工艺技术及装备，从源头上预防和减少环境问题。分领域打造具有行业推广示范性的绿色工厂，培育绿色技术创新龙头企业，争创国家级绿色产业示范基地和省级绿色产业发展示范区。加大绿色供应链管理示范企业培育力度，实施绿色伙伴式供应商管理。预计到2025年，累计创建绿色工厂、绿色产品、绿色工业园区、绿色供应链管理示范企业150项，继续保持全省领先。

提升产业园区和产业集群循环化水平。推动园区循环化改造升级，构建钢铁、有色、冶金、石化、装备制造、轻工业等行业的循环产业链，打造一批具有示范带动作用的绿色园区和节水型园区。建立健全循环链接的产业体系，积极推动园区循环链条培育延伸，探索建立资源联供、产品联产和产业耦合共生的循环经济发展模式。推动公共设施共建共享、能源梯级利用、资源循环利用。

全面提升工业企业清洁化生产水平。依法实施强制性清洁生产审核和清洁生产改造，强化能耗、水耗、环保、安全和技术等标准约束。推动企业采用减量化、无害化的高效清洁工艺，优化工艺流程，提升装备技术水平，提高原材料转化和利用效率，重点工业企业清洁生产水平达到同行业领先。创新产业园区和产业集群整体审核模式，配合国家清洁生产审核创新试点。积极探索在水环境治理中实施节能减碳行动。

三、推动生态产业发展

构建新时期绿色循环农业新模式。大力推进产业布局科学化、生产方式清洁化、投入品使用减量化、废弃物利用资源化、面源污染治理精准化。加快形成节约资源和保护环境相融合的农业产业结构、生产方式和空间格局。突出绿色生态循环等要素，推进农业园区提档升级，构建智慧农业生产经营体系、管理服务体系、决策应用体系和"智慧农业"示范园区。大力推广节肥节药节水、种养结合、套种结合等绿色生产模式。因地制宜发展高效精品农业和都市农业。

积极营造农文旅融合良好环境。科学谋划太湖流域生态环境保护与农文旅协调发展，推动农村人居环境与产业发展互促互进。优先实施城乡污水处理提质增效精准攻坚"333"(三消除、三整治、三提升)行动，全面提高治理能力和水平。推进"两湖两线"("环阳澄湖""环澄湖""长江沿线""太湖沿线")跨域示范区建设，探索"休闲农业+"，开展"苏韵乡情"乡村休闲旅游活动，推广一批乡村旅游精品线路，营造医养康养优良环境。预计到2025年，全市累计培育乡村旅游精品线路60条，建成共享农庄(乡村民宿)100个。

四、促进城乡品质提升

着力优化城市空间布局。严格生态保护红线、城镇开发边界等空间管控，坚守苏州“四个百万亩”底线，建立分层次、分区域协调管控机制。以自然资源承载能力和生态环境容量为基础，科学制定城市发展规划，推进产城融合、生态宜居、交通便利的郊区新城建设，推动多中心、组团式发展。以城市生态用地为重点，协同建设区域生态网络。加强城市绿地系统构建，实施城市生态修复工程，保护城市自然风貌，构建连续完整的生态基础设施体系，增强城市生物多样性，不断拓展生态碳汇空间。以环太湖、环阳澄湖、苏南运河、吴淞江、太浦河等重要水体为主体，恢复和保障骨干河道及其沿线支浜两岸生态空间。

恢复提升农村生态系统功能。深入实施农村清洁河道行动，建设生态清洁型小流域，推动河湖长制向村级延伸，确保农村河道综合管护实现全覆盖。贯通畅活农村河道水系，加快推进农村水利工程提档升级改造，充分利用现有沟、塘、渠等，建设生态安全缓冲区、生态沟渠、地表径流集蓄与再利用设施，有效拦截和消纳农田退水和农村生活污水。构建环境友好型的种植制度和轮作休耕机制，太湖流域一级保护区采取常年轮作休耕。深入开展村庄清洁行动，做好生态环境设计，加强乡村公共空间治理，推进村庄绿化美化，加快改变农民生活习惯，加强传统村落保护，减少农村水土流失和地表径流污染，塑造“新鱼米之乡”特色形态。

五、推行生态低碳生产生活方式

以绿色低碳理念引领社会生活和消费，推动绿色城市、森林城市、“无废城市”建设，倡导绿色生活理念，加强生态文明宣传教育。全面推广使用节能、节水、环保等绿色产品，强化再生利用理念，畅通再生利用途径。建立和完善绿色消费激励回馈机制，开展绿色生活、绿色消费统计，定期发布城市和行业绿色消费报告。开展含磷洗涤剂禁用政策执行情况调查，采取有力措施严禁销售、使用，全面推行无磷洗涤用品使用。

第二节　深化控源截污，不断提升污染治理水平

一、系统推进入河(湖)排污口排查整治

根据“查、测、溯、治”任务节点，建立“政府牵头、部门协作、属地落实”分类整治责任体系，按照“依法取缔一批、清理合并一批、规范整治一批”原则，制定专项工作方案，对工业、农业农村生活污水、畜禽水产养殖、种植业、城镇生活污水、港口码头、城镇雨洪、支流支浜等 8 大类排污口实施“一口一策”规范化整治，以“抓住重点、突破难点、打通堵点、彰显亮点”为基本思路，优先推进重点湖泊排污口整治，消

除河湖工业、生活直排口。通过排污口标准化、规范化整治，倒逼源头污染治理，加强环境基础设施建设，着力补齐能力短板，不断提高治污效能。建成并完善监管体系，实现“受纳水体—排污口—排污通道—排污单位”全过程监督管理。

二、强化工业污染综合治理

推进工业园区集中污水处理设施建设。推进省级及以上工业园区和化工、电镀、造纸、印染、制革、食品等主要涉水行业所在园区配套独立的工业废水处理设施建设，对建设标准较低、不能稳定达标排放的现有设施进行限期改造，确保实现污水管网全覆盖，工业废水集中处理设施稳定达标运行。实施张家港市晨丰、常熟市滨江二期、太仓市沙溪镇和璜泾镇等一批工业污水厂建设工程。

提升工业园区雨污水管网建设水平。推进工业集聚区雨污水管网的建设与改造，提升工业园区雨污分流和初期雨水收集处理能力。实施昆山石牌工业区污水管网改造、昆山精细材料产业园化工专管明管建设等一批工程项目。鼓励有条件的相邻企业，统筹开展雨污分流改造，实施管网统建共管。鼓励有条件的园区实施化工企业废水分类收集、分质处理、一企一管、明管输送、实时监测。探索工业企业实施生产废水、生活污水、雨水和清下水“四水分离”。

加强重点行业污水处理设施提标改造。大力推进印染、化工、造纸、钢铁、电镀、食品(啤酒、味精)等重点行业企业废水深度处理，加快推进太湖三级保护区内重点行业污水处理设施参照《太湖地区城镇污水处理厂及重点工业行业主要水污染物排放限值》(DB 32/1072—2018)一、二级保护区内主要水污染物排放限值开展提标改造。

加快推进工业废水与生活污水分类收集、分质处理。新建、改建、扩建的化工、电镀、印染、钢铁、电子等工业企业，不得排入城镇污水集中收集处理设施。已接入城镇污水收集处理设施的重点行业工业企业组织全面排查评估，经评估认定不能接入的，限期退出；认定可以接入的，须预处理达标后方可接入。接管企业出水应与城镇污水处理厂联网实时监控。

加强工业企业污水排放监管。完善工业园区(集中区)环境治理体系，全面推进工业园区污染物排放限值限量管理，“一园一策”编制实施方案。推进省级以上工业园区废水主排口所在水体的上、下游水质自动监测站点建设。加强工业企业污水排放监测监控，完成全市 500 t 以上工业污水集中处理设施水量、水质自动监测设备及配套设施的建设，并与省、市生态环境部门联网。加强特征污染物监管，强化氟化物、挥发酚、锑等特征水污染物的管控，建立有毒有害水污染物名录库，逐步推进将有毒有害污染物相关管理要求纳入排污许可管理。

推进涉磷企业调查整治。摸清流域涉磷企业现状，制定涉磷企业规范整治工作方案，科学、系统推进工业总磷源头治理。突出表面处理、印染、食品加工、机械加工等行业，聚焦重点工段，全面核查企业涉磷原辅料的储存、使用情况，“一企一策”推进分类整治。建立企业数字化“磷账本”和区域“磷清单”制度，实现涉磷企业清单化动态管理，清单外的涉磷项目，严格执行《江苏省太湖水污染防治条例》规定，限期关闭搬迁。预计到2025年年底完成7 209家涉磷企业标准化、规范化整治。

三、推进城镇污水收集处理

加快推进城镇污水管网建设。充分运用区域水污染物平衡核算结果，补齐城镇生活污水收集短板。大力推进雨污分流，加快实施管网混接错接排查和管网修复、更新、改造，消除污水直排口和污水收集管网覆盖空白区。对现有进水污染物浓度明显偏低的城镇污水处理厂，开展“一厂一策”整治。稳步推进城市污水处理提质增效达标区建设，全面整治达标区内小餐饮店、理发店、洗车场、洗衣店等排污散户，纳入排水许可证管理。加大阳台污水整治力度，新建小区阳台设置污水收集管道，老旧小区阳台污水采取雨污分流改造。预计到2025年年底，城市建成区和江南水乡古镇区污水处理提质增效达标区建成率达90%，乡镇(含被撤并乡镇)建成区达80%，建成“污水处理提质增效达标城市”；建设污水收集主管网不少于394 km，基本消除管网空白区；力争排水散户排水许可证发放率达100%。

提高城镇污水综合处理水平。按照“总量平衡、适度超前”原则，科学布局污水处理设施，整合处理规模较小和运行效能低的城镇生活污水处理厂。推动苏南运河两侧1 km参照执行太湖流域一、二级保护区排放限值。推进城镇污水处理厂尾水再生利用和污泥无害化、资源化利用，统筹建设城镇污水厂污泥综合利用或永久性处理处置设施。加强污水处理厂尾水生态湿地建设，实施福星污水处理厂等一批尾水净化湿地工程。预计到2025年年底，新增城镇生活污水处理能力34万m^3/d以上，每个县(市、区)至少建成1个生态净化型安全缓冲区。

加强城镇初期雨水管控。加强城镇建成区初期雨水管控，开展城市雨洪排口、直接通江入湖涵闸、泵站等初期雨水污染控制，结合海绵城市建设，探索城市面源污染治理模式，完善城市绿色生态基础设施功能。因地制宜建设初期雨水调蓄池，推动雨水收集、贮存、净化和资源化利用，减少初期雨水对地表水水质的影响。

四、突出农业农村污染防控

强化种植业污染治理。以太湖流域一、二级保护区和苏南运河沿线为重点，强化对果树、茶园、蔬菜等施肥强度高的农作物实行化肥限量使用。鼓励开展统测、统配、统供、统施“四统一”服务，实现在粮食主产区及果菜茶等经济作物优势区的测土配方施肥全覆盖。积极推广农药“统一配供、限量使用”模式，提高农药利用效率。加强常熟、太仓等复种指数高的地区化肥农药减量增效工作，分区域、分作物制定化肥施用限量标准和减量方案。深化高标准农田和排灌系统生态化改造，基本实现“退水不直排、肥水不下河、养分再循环”。加强农田退水监测体系建设，形成农业面源污染负荷"一张图"。预计到2025年,建设不少于40个高标准农田示范区,化肥、农药使用量分别较2020年削减3%、2.5%,主要农作物测土配方施肥覆盖率达到98%。

推进畜禽养殖场粪污综合利用和污染治理。开展标准化生态健康养殖普及行动,着力打造一批种养结合、生态循环畜牧业绿色生产示范基地。支持在田间地头配套建设管网和储粪(液)池等基础设施,解决粪肥还田"最后一公里"问题,建立健全粪肥还田监管体系,防止进入地表水体造成污染。新建、改建、扩建规模化畜禽养殖场(小区)要实施雨污分流、粪便污水资源化利用,畜禽散养密集区应分户收集、集中处理利用。推行养殖清洁生产,推广节水、节料、节能养殖技术,提高畜禽养殖自动化、智能化、规范化水平,持续推进美丽生态牧场建设,到2025年全市规模畜禽养殖场美丽生态牧场实现全覆盖。

推进水产养殖污染防控。严格执行江苏省《池塘养殖尾水排放标准》(DB 32/4043—2021),强化养殖尾水监测、监管,严格管控清塘等养殖废水的集中排放。强化水产养殖投入品监管,限制使用抗生素等化学药品,提升水产健康养殖水平。阳澄湖围网养殖控制在1.6万亩以内,禁止投喂冰鲜鱼(海鱼)及畜禽动物内脏。加快推进太湖流域百亩连片养殖池塘生态化改造,推广养殖池塘"三池两坝"、生态湿地净化技术运用。预计到2025年年底,新增高标准池塘20万亩;规模以上养殖池塘标准化改造全面完成,实现尾水循环利用和达标排放。

提高农村生活污水治理水平。推进城镇污水管网向周边村庄延伸覆盖,以乡镇政府驻地和中心村为重点,梯次推进农村生活污水治理,实施张家港市、常熟市、太仓市等一批农村生活污水治理工程,提高农村生活污水集中处理率。鼓励将农村生活污水通过人工湿地、林果园灌溉等方式实现再利用,严控污水直接入河。提升农村生活污水处理设施监测监控能力,对日处理量20 t以上的农村生活污水处理设施试点开展工况监控。提高农村生活污水处理设施正常运行率,鼓励将污水处理设施运营权以招标的方式委托给具有资质的专业污水处理公司进行规范化管理。

五、提升港航防污治污能力

强化船舶污染管控。严格执行船舶水污染物排放控制标准,依法淘汰不符合标准要求的高污染、高能耗、老旧落后船舶,严禁新建不达标船舶进入运输市场。提升船舶生活污水、含油污水、化学品洗舱水及危险废物等收储、处置能力。建立完善船舶含油污水联合监管和处置机制,加强对船舶洗舱行为的监督管理。提高船舶污染水域应急处理能力。预计到2025年年底,辖区营运货船基本实现生活垃圾、生活污水和含油污水、残油、废油的收集或处理装置全部按规范要求配备齐全并规范使用,新建船舶防污设备达标配备率达到100%。

提升港口码头治污水平。优化码头布局,严格化学品码头建设项目审批。推进船舶污染物接收设施和自身环保设施能力建设，理顺船舶水污染物处置的运行和监管机制。加快推进港口船舶污水接收设施与城市公共转运处置设施互联互通，实现“船—港—城”连通，“收集—接收—转运—处置”衔接一体化。预计到2025年年底，各类接收、转运和处置设施的配备和使用与辖区航行船舶水污染物产生量总体匹配，长江苏州段、太湖、京杭大运河等重点水域基本实现污水零排放；信息系统全面覆盖辖区所有港口码头以及靠港中国籍船舶，船舶水污染物接收、转运和处置单位100%注册并使用，船舶水污染物接收、转运和处置基本做到数据共享、服务高效、全程可溯、监管联动。

第三节　推进生态保护和修复，促进人与自然和谐共生

一、优化生态空间格局

构建生态网络体系。充分发挥苏州山水环绕、襟江带湖的自然禀赋，以“三核四轴四片”为主体，构建以太湖为核心，长江生态带、水乡湿地带环绕，山林、湿地、河流、自然保护地多廊多点交错融合的江南水乡山水格局，以多廊多源地为支撑，连通湖泊、河流、湿地、山体、森林、农田等生态廊道和斑块，着力构建由山林生态屏障、江河湿地团块、水生态廊道与农田生态基质组成的江河湖连通的生态空间格局，提升生态系统质量和稳定性。

严格实施生态空间管控。围绕“功能不降低、面积不减少、性质不改变”的总体要求，对生态空间保护区实施分级分类管控措施，国家级生态保护红线按禁止开发的要求进行管理，省级生态空间管控区以生态保护为重点，原则上不得开展有损主导生态功能的开发建设活动。逐步建立完善遥感监测和地面监测相结合的生态空间管控区监测网络体系，建立常态化巡查、核查制度，严格查处破坏生态空间违法行为。

加强自然保护地生态保护修复。明晰自然保护地边界范围，开展保护地本底资源调查，加强资源保护管理。构建归属清晰、权责明确、监管有效的自然资源资产产权制度，健全自然资源资产有偿使用机制，实施独墅湖、七浦塘、石湖、西塘河、同里国家湿地公园统一确权登记项目。推进自然保护地水生态治理、湿地植被修复、野生动植物栖息地生境构建工程。开展退塘还湿、生态补水、水体疏浚、污染底泥清理工程，推进原生植被恢复，清理防控外来入侵物种，实现本土植被重建。

构建太湖生态安全屏障。严格重要水源涵养区用途管制，强化水源涵养区保护修复。开展生态清洁型小流域建设和平原区河湖库塘沟渠生态建设。推进生态安全缓冲区建设，在太湖、长江沿岸、城市近郊等区域整合湿地、水网等自然要素，建设生态安全缓冲区，实施人工湿地、水源涵养林、沿河沿湖植被缓冲带和隔离带等生态治理和保护措施，提高水环境承载能力，构建区域生态安全屏障。围绕太湖

湖体湿地、环太湖湖滨带、重点出入湖河口湿地、环太湖幸福河道建设等，积极推进环太湖湿地生态修复，实施阴山岛至慈里江西湖滨湿地带生态修复，筑牢环太湖生态安全屏障。

二、统筹推进生态保护修复

大力推进湖泊生态修复。推进太湖生态修复，开展东部湖区水生植被生境构建，为沉水植物生长营造有利条件，促进生态自然修复、自我演替。实施太湖金墅水源地退圩还湖生态修复工程、渔洋山水源地水下森林恢复试点工程。落实长三角一体化示范区建设要求，协同制定“一河三湖”重点跨界水体生态建设实施方案，完善和落实共保共治体制机制。推广应用阳澄湖水生植被恢复试点项目成功经验，开展淀山湖、元荡、昆承湖、澄湖、漕湖和吴江湖泊群等主要湖泊水生态治理，着力降低湖泊氮磷浓度，改善湖泊富营养化水平。实施河湖缓冲带保护修复，以吴中区金庭镇消夏湾生态缓冲区建设为示范，全面推进连区成带工程。

推进生态绿廊建设。打造望虞河清水绿廊，在漕湖、鹅真荡等湖荡非行洪区建设生态缓冲区，降低调水入湖污染负荷。巩固提升太浦河清水绿廊，加快实施太浦河后续工程，启动太浦河蓝色珠链片区水生态修复工程和生态清洁小流域治理。连通“澄湖—独墅湖—吴淞江”生态廊道，重点布局澄湖周边造林绿化，开展独墅湖周边绿带建设，加快吴淞江环境整治。建设由古城通往郊野的元和塘、西塘河、上塘河、胥江、石湖、黄天荡、斜塘河、娄江、外塘河等 9 条特色滨水绿道，实施环古城河景观绿道提升和京杭大运河历史文化绿道项目，全力打造大运河文化带精彩苏州段。

加强重要河湖湿地保护和修复。规范湿地管理，严禁非法围占自然湿地，确保全市湿地面积总量不减少。加强对太湖、长江、阳澄湖等区域特别重要或受到破坏的自然湿地抢救性保护与退化湿地生态修复治理。推进虎丘综合改造工程，提升“三角咀”生态涵养功能，修复虎丘湿地公园及周边地块；有机结合“环太湖科创圈”建设，加强“七子山—石湖—太湖”山林湿地资源保护。实施太仓市城北河湿地公园景观提升工程、双凤生态湿地景观工程、太湖三山岛湖滨湿地建设等一批湿地恢复工程。

推进生态美丽河湖建设。积极打造生态美丽河湖示范样板，按照“一轴、二带、六廊、三群、五网”总体格局，推进全市河湖综合治理。突出澄湖、七浦塘、阳澄湖等生态修复示范，形成“个十百千”生态美丽河湖大格局。预计到 2025 年底，打造 10 条省级、200 条市级、2 000 条县市(区)级生态美丽示范河湖，建成 2 至 3 条有全国影响力的生态美丽河湖样板和阳澄湖、澄湖、昆承湖、淀山湖元荡、同里湖、北麻漾等 6 大生态美丽湖泊群，夯实绿色本底。

三、提升生物多样性保护水平

开展全市主要河湖水生生物多样性调查，在太湖、京杭大运河等河湖，试点开展水生生物完整性指数评价。以太湖上游入湖河口、长江、京杭大运河等沿线及重要支流汇水区为重点，加大重要湖泊、河流特有水生生物的保护力度。严格落实长江、太湖、阳澄湖等渔业水域禁渔期、禁渔区制度，科学实施增殖放流。综合利用人工干预、生物调控、自然恢复等措施，着力构建生物多样性保护体系，增强水生生物栖息地功能。着重对现有水葫芦、福寿螺等外来有害物种的防控。加强出入境检验检疫工作，从源头阻绝外来有害入侵物种进入"市门"，跟踪潜在有害外来生物，持续开展监测预警和阻截带建设，构建完善的外来物种监测、评估和风险预警体系。

四、高标准建设太湖生态岛

对标上海崇明世界级生态岛，紧扣生态保育、绿色发展、生态治理和民生幸福，高起点、高标准规划建设太湖生态岛。积极推动太湖生态岛建设立法工作。坚持"生态+"，不断增强内生发展动力，开拓生态优势转化为发展优势新路径。以创新实践推进镇村建设和现代农业发展，推动农文旅产业全面提升，打造特色产业发达、综合环境优美、服务配套全面的"生态绿心"样板。积极探索生态产品价值实现的理论体系、技术体系和政策体系，探索政府主导、多元化参与的生态产品价值实现机制，为"两山"转化提供可复制的实践经验。预计到 2025 年年底，完成岛上 42 座农村污水独立处理设施改接管，实现农户接管率达到 100%，新增 2 万 t/d 生活污水处理能力；修复环岛受损滨湖岸线 7.8 km，建设生态型护岸 35.51 km，完成清淤疏浚河道 95 条、池塘(蓄水池)156 个；建成 22.5 hm^2 浅水型涉禽栖息地和 500 hm^2 深水型游禽栖息地。

第四节 提升节水增效水平，加强水资源节约集约循环利用

一、强化水资源刚性约束

落实国家节水行动，建立水资源刚性约束制度。优化水资源配置，完善水资源调配体系，提高综合调配能力和水平。完善区域用水总量和强度双控管理制度，根据总量和强度控制指标，制订区域用水计划，强化行业和产品用水强度控制，探索建立生活、生产、生态分行业用水总量控制指标体系，推进苏州工业园区可持续水管理体系国际国内"双贯标"认证项目。加强取水用水过程管理，推进水资源论证区域评估，严格落实计划用水管理、取水许可和水资源有偿使用等制度。

二、加强重点领域节水

推进工业节水改造，完善供用水计量体系和在线监测系统，严控高耗水行业产能扩张。大力推行企业和园区水循环梯级利用，引导企业间用水集成优化，推行尾

水循环再生利用。开展造纸、印染等高耗水行业工业废水循环利用示范，率先在纺织印染、化工材料等工业园区探索建设“污水零直排区”，实施盛泽镇南部工业区 8 万 t/d 水质净化和中水回用工程。结合高标准农田建设，打造节水型农业园区，大力发展高效节水灌溉技术，推动农业灌溉精细化、精准化管理，实施相城区节水型农业示范园区提标改造等工程。严格控制高耗水服务业用水，多领域推进“水效领跑者”行动。推进昆山、吴江、吴中、相城、苏州高新区等地节水型社会建设，创建节水载体不少于 250 个，高质量建成一批节水型企业、单位、小区等，预计到 2025 年年底，全市节水型载体覆盖率达 40%。

三、推进非常规水资源利用

将非常规水资源纳入水资源配置体系，出台非常规水资源利用政策，结合海绵城市建设，加强非常规水资源利用项目建设，提升雨水、中水、再生水等水资源利用效率。在张家港市、常熟市、吴江区、姑苏区建设区域再生水循环利用工程，完善再生水供水站和管网。支持污水处理企业与用水单位按照“优质优价”原则自主协商定价开展再生水交易。推动城市景观绿化、道路清扫、工业等领域优先使用非常规水。

第五节　增强应急防控能力，切实保障饮用水安全

一、深化饮用水水源地保护和管理

强化饮用水水源地保护。严格落实水源地一、二和准保护区相关要求，充分论证，做好水源地保护区划分及优化调整工作，完成阳澄湖水源地保护区优化调整，实现全市水源地保护区矢量图集的动态更新。推进水源地规范化和安全保障达标建设，定期开展县级以上集中式饮用水水源地环境状况调查评估，加强对双山岛分散式水源地的管理，加强饮用水水源地环境安全隐患排查整治，建立健全风险源名录。

提升饮用水应急保障能力。制定完善水源地应急预案，落实“一源一案”。加强水源地多源互补和供水管网互联互通，完善应急水源工程的规划和建设，开展常熟长江应急水库生态系统完善、太仓市浏河水库清淤和白茆口水源地建设评估研究、吴江区应急备用水源地升级改造。按照“区域互补，多网联动”的原则优化供水布局，完善城市区域供水体系，提高城市整体供水安全保障程度和效率。推进市域供水一体化，开展张家港、常熟、太仓等相邻供水区域清水管网互联互通建设，提升应急供水保障能力。

二、强化优质供水保障

继续加大城市水厂、供水管网能力建设，在有条件的地区开展分质供水试点。

全面完成全市水厂深度处理改造，完成相城水厂建设工程，高新区第二水厂扩建，张家港市双山水厂达标建设，张家港第四水厂深度处理改造工程。推进供水管网新改建，开展吴江区8处高品质供水试点建设，分阶段、分区域逐步实现全域高品质供水。

三、加强蓝藻、湖泛防控体系建设

推动蓝藻主动防控体系建设。以太湖安全度夏为抓手，进一步完善"空天地人"一体化监测预警、巡测体系，进一步提升水文、气象、水质和藻类自动监测能力建设。强化蓝藻防控主动性，推进蓝藻由固定打捞向机动打捞、近岸打捞向离岸打捞转变，实施傀儡湖水源地防蓝藻设施更新维护、吴江区蓝藻及水生植物处置及资源化利用等工程。科学设置水源地周边水域围隔导流设施，实施吴中区蓝藻挡藻导流围隔二期建设等工程。加强高效打捞机泵、机械化打捞船等先进设备研发配置，增设藻水打捞分离船，配强蓝藻打捞队伍，充实机动打捞力量，进一步增强蓝藻打捞处理能力。预计到2025年年底，蓝藻打捞及分离能力提升30%以上，打捞藻水减量化处理率达100%。

完善蓝藻打捞监督管理机制。严格落实蓝藻打捞属地责任，按分担负责的原则，做到"人员、设施、责任、制度"四落实。建立健全蓝藻打捞、输送、藻水分离设备设施在线监测体系和蓝藻打捞计量和核算制度。预计到2025年年底，沿湖蓝藻打捞、输送、处置过程实现在线监测监控全覆盖。

完善湖泛应急处置体系。按照"常态＋应急"相结合模式，不断完善湖泛监测巡查体系，重点关注入湖河口、近岸芦苇荡等湖泛易发区。落实蓝藻暴发应急预案，完成苏州工业园区集中式饮用水水源地突发环境事件应急预案修编。做好隐患排查和应急物资储备，开展应急演练，提升湖泛防控实战能力。完善启动人工增雨和调水引流作业协调机制，明晰必须采取增氧曝气、围隔阻挡等应急处置手段条件。

第六节　坚持低碳循环生态，建立健全有机废弃物处理利用体系

一、加快收运处理处置能力建设

全面推进生活垃圾分类投放、分类收集、分类运输、分类处置，建立健全与生活垃圾分类投放收集相匹配的运输网络，合理布局与分类运输要求相适应的转运站点。建设与垃圾分类相匹配的终端处置设施，加快现有生活垃圾焚烧设施的升级改造，推进张家港、太仓、昆山和吴江生活垃圾焚烧设施的建设。预计到2025年，全市新增生活垃圾(其他垃圾)焚烧处理能力达到10 500 t/d，实现原生生活垃圾全量焚烧零填埋零处运，基本建成城乡生活垃圾分类和处理系统。按"谁管理，谁负责；谁养护，谁负责"的原则，健全园林废弃物分类收集、压缩转运和处理利用体系，

实施常熟市绿化废弃物处理优化提升、昆山市经济开发区绿化废弃物资源化利用基地、苏州高新区科技城和狮山横塘街道集运中心大件及园林绿化垃圾处理站等一批工程项目，到2023年，各市、区建设园林废弃物综合利用处理点不少于1处，逐步形成规模化、效益化处理模式。采用就近、集中处理模式，以蓝藻藻水分离站为中心，实现蓝藻“打捞—运输—利用”全闭环，环太湖吴江、吴中、相城、高新区及环阳澄湖常熟、昆山、相城、工业园区等地在蓝藻重点发生和水草广泛聚生区域，建设蓝藻、水生植物“巡查—打捞—运输—处置—资源化利用”一体化工程。通过养殖场粪污处理工艺改进、设施设备改造等，推动粪污科学化处理和资源化利用。健全农业废弃物收储运利用体系建设，加强秸秆收储运体系建设，统筹安排秸秆机械化还田和离田收储利用，推进太仓市中央农作物秸秆综合利用试点项目。预计到2025年年底，农药包装废弃物回收覆盖率达100％，无害化处理率达100％，回收监测评价良好以上等级率达90％。

二、完善资源化利用体系建设

拓宽肥料化、能源化、饲料化、基料化、材料化利用途径，大力推进农业废弃物、淤泥、污泥等有机废弃物资源化利用。完善粪污资源化利用技术、装备与配套建设，推广污水减量、厌氧发酵、粪便堆肥等生态化治理模式。持续开展农膜回收行动，大力推广标准地膜应用、专业化回收、资源化利用。结合滨水湿地恢复、培堤加固、制砖等，推进河湖淤泥资源化利用研究和实践。推进污泥焚烧发电、生产建材等资源化处理利用方式，提升污水厂、管网通沟等污泥无害化、减量化、资源化的处理利用水平。建设苏州高新区镇湖蓝藻资源化平台、中电环保污泥耦合发电、吴中生物质综合利用项目等一批资源化利用和处置设施，支持乡村合理设置有机废弃物资源化处理点或有机废弃物综合处理中心。预计到2025年年底，园林绿化垃圾资源化利用率达96％，蓝藻综合利用率达92％，农作物秸秆综合利用率达98％，畜禽粪污综合利用率达95％，废旧农膜回收利用率达98％以上。

三、建立健全支撑保障体系建设

遵循“谁产废，谁付费；谁处理，谁受益”的原则，探索有机废弃物以资源化利用为主、能源化利用为辅的产业新模式，率先开展吴中区“1＋2”（即临湖镇＋金庭镇、东山镇）有机废弃物处理利用试点。强化有机废弃物处理利用科技支撑，鼓励有机废弃物处理利用企业加强与科研院所合作，突破一批关键核心技术，形成以企业为主体、产学研紧密合作的科技支撑体系。建立健全社会资本投入为主、财政支持为辅的多层次、多渠道、多元化的投入机制，鼓励通过政府投入、市场竞争、购买服务、赋权开发或经营等多种模式，积极引入社会资本。提高行业补贴标准，畜禽粪污和秸秆等农业农村废弃物处理利用设施运行用电全面执行农业生产用电价格。明确资源化能源化利用主要产品应用方向，打通市场化应用渠道，完善产品价格形成机制。

第七节 加强改革创新，提升治理体系和治理能力现代化水平

一、完善生态环境管理制度

强化排污许可管理机制。构建以排污许可制为核心的固定污染源环境监管制度体系，强化对排污企业建设、生产、关闭等全生命周期全过程管理。推进排污许可制度改革创新，推进建立基于水质的排污许可管理制度，在水质不达标及环境敏感地区进行重点推广应用。规范排污许可证核发与日常监管，严格落实企事业单位按证排污、自行监测、台账编制和定期报告责任，按照“谁核发、谁监管”的原则，依证严格开展监管执法，严厉查处违法排污行为。推动排污许可与环境执法、环境监测、总量控制、排污权交易等环境管理制度有机衔接。

实施环境权益交易。全面推行排污权有偿使用和交易，探索新改扩建项目排污权有偿取得途径，逐步实现现有排污单位排污权有偿使用。完善减污降碳成效挂钩财政政策，加快推进排污权交易，探索实施区域总量与企业总量联动控制，实现环境资源的最佳优化配置。

加快建立生态补偿机制。依据水生态环境承载力和水资源利用上限，推动建立兼顾水质和水量的跨界水生态区域补偿机制。逐步建立“全覆盖、多方位、规范化”的生态保护补偿长效机制，促进生态保护地区与受益地区的良性互动。依托长三角生态绿色一体化发展示范区建设，协调建立太浦河生态保护补偿机制。

建立健全生态产品价值实现机制。以维系生态系统原真性和完整性为导向，探索建立具有苏州特色的生态产品价值核算评估指标体系、技术规范和核算流程，并逐步开展生态产品价值核算评估试点。探索推行 GDP 与 GEP 双核算、双运行、双提升机制，实现苏州发展质量变化情况的常态化跟踪评估，并将考核结果作为评价领导干部政绩、评优和选拔任用干部的重要依据。创新生态产品价值多元实现路径，以建设苏州生态涵养发展实验区为引领，高标准规划建设太湖生态岛、张家港湾，开展“绿水青山就是金山银山”实践创新基地建设，探索绿水青山转化成金山银山的有效通道，树立可复制可推广的生态产品价值实现“苏州样板”。开展基于生态产品价值的绿色金融服务创新，探索“生态资产权益抵押＋项目贷”模式，支持区域内生态环境提升及绿色产业发展。

二、强化水环境达标精细化管理

强化重点问题清单化管理。构建水环境“问题库”，重点聚焦不达标断面和劣Ⅴ类河道，以清单化管理推动责任落实、过程严管，倒逼水环境质量提升。聚焦劣Ⅴ类河道，强化巡查整治，实行动态清零。完善环境网格化管理机制，乡镇街道严格落实属地管理责任。

细化行政管理责任。以国省考断面为基础，合理设置水质重点关联断面，确定水质目标，优先在水环境较差地区设置断面，建立重点关联断面动态调整机制，以断面水质状况判别区域水环境治理短板，制定并实施限期达标方案。强化地方各级政府水生态环境责任传导机制，逐步构建镇界出入境断面考核体系，与河湖长制考核衔接，落实责任追究机制。

强化汛期水质保障。针对辖区内汛期出现水质明显下降的国省考断面，建立汛期国省考断面和跨界河流水质异常预警预报制度，根据气象状况及水质动态，及时采取应对管控措施。全面排查梳理支流支浜、重点污染源、排涝泵站闸口、重点农田退水口等，形成问题清单。开展支流支浜专项整治、闸上污水专项治理，推进城镇污水收集处理，加强农业面源污染治理等措施，提升汛期断面水质。

三、加强监测监控能力建设

提高监测溯源能力。统筹优化地表水自动监测网络，在国省控断面周围增设预警点位及溯源点位，重要水体（功能区）市界县界全覆盖。加快推进国考断面附近排涝泵站引河的水质自动监测和视频监控装置安装。推进污染物通量监测监控体系建设，逐步补齐重要通江口门、交界河道、出入湖河道关键断面水质、水量自动监测站，提升溯源治污能力。探索开展农业面源、城镇初期雨水径流监测。利用遥感卫星解译反演等手段，分析河湖水华空间分布与水环境异常区域，研判环境风险，开展异常分析溯源，为水环境日常管理工作提供支撑。

构建重点污染源监测监控及预警体系。加强重点污染源污染排放定量化监控，建立重点企业、工业园区进出水口水量水质自动监控体系，实施常熟市“天网”信息化环境监管系统、太仓市污染物限值限量监测监控系统与“智慧化”管理平台、相城区企业全联全控等一批项目建设。对重点行业企业、典型工业园区（集聚区）的排污口开展“一口一测”试点。依托管网 GIS 信息化系统管理，构建实时动态“厂—网—口—河”一体化监测体系和预警网络。推进排污许可单位污染排放自动监测与视频监控及主要工段用能（包含用电、用水）监控的安装并实施集成联网。预计到 2025 年年底，实现排污许可重点管理单位排污、视频、用能联网监控全覆盖。

四、提升生态环境执法效能

加快推进生态环境综合行政执法改革，全面推进执法能力标准化建设。完善移动执法系统，全面实现执法全程信息化。创新执法方式和手段，推进非现场执法。围绕太湖安全度夏和饮用水安全开展部门联动执法、区域交叉执法，对违法排污行为始终保持高压态势。加强突发水污染事件排查防控，严厉打击涉水违法案件。

五、推进长三角区域联保共治

共同推进流域水环境综合治理。落实《长三角生态绿色一体化发展示范区重点跨界水体联保专项方案》，推进跨界河湖周边及沿岸地区工业源、生活源、农业源、移动源污染治理，有效削减污染排放总量，继续深化联合河（湖）长制，统筹解决跨界区域水环境问题。

建立“共管共治”协同机制。落实好长三角生态绿色一体化发展示范区环境标准、监测监控、监管执法“三统一”制度，推进区域统一生态环境执法裁量权，开展生态环境治理联动，定期开展联合执法巡查，共同打击环境违法行为，进一步提升区域污染防治科学化、精细化、一体化水平。依托示范区“智慧大脑”系统，加强区域间生态环境信息整合，建设统一的生态环境数据信息共享平台，全面支撑区域生态环境综合决策和管理。